# LabVIEW 図解 データ集録プログラミング

計測用DAQデバイスによる
アナログ入出力，
データ保存のすべて

小澤 哲也 著

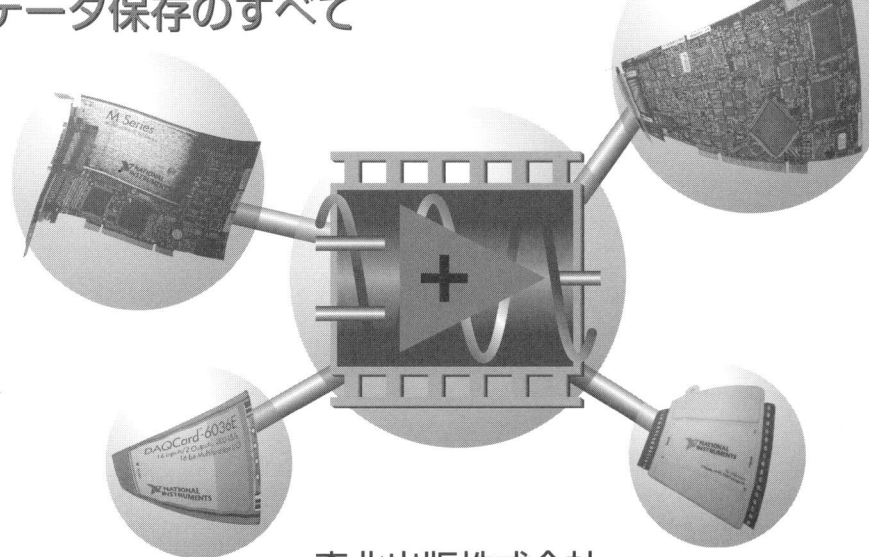

森北出版株式会社

本書に掲載されている会社名，システム名，製品名，ソフトウェア名などは，一般に各組織の商標または登録商標です．

### 本書とLabVIEWのバージョンについて

本書はLabVIEW8.5を用いていますが，本書が対応できるLabVIEWのバージョンを限定しているわけではありません．

本書は，DAQデバイスのプログラミング方法として，DAQアシスタント（NI-DAQmx）を採用しているため，DAQアシスタント（NI-DAQmx）が採用されたLabVIEW7以降ならば同等のプログラミングが可能です．

### DAQデバイスの呼称について

DAQデバイスは，形状によってDAQボードと呼んだり，DAQカードと呼んだりする場合がありますが，本書では，これらをまとめてDAQデバイスに統一しています．

■本書のサポート情報などをホームページに掲載する場合があります．
下記のアドレスにアクセスしご確認ください．
http://www.morikita.co.jp/support

■本書の無断複写は著作権法上での例外を除き禁じられています．
複写される場合は，そのつど事前に(社)出版者著作権管理機構
（電話 03-3513-6969，FAX 03-3513-6979，e-mail:info@jcopy.or.jp）
の許諾を得てください．

# まえがき

　新製品の開発や研究は，試作→測定→考察→試作のシーケンスを繰り返すことが基本になっています．さらなる生産コストの削減や研究開発のスピードアップを図るために有効な手段は，測定の自動化です．

　開発した新製品や研究対象となる物理現象の測定を自動化すれば，そのぶんの時間は「考察」に割り当てることができるので，効率よく，よりよい成果を得られることになります．たとえば，試作したトランジスタなどの電子部品の特性を手動操作で制御して，目視で測定し，測定結果を手書きでノートに書き写す光景は，大学でも企業でも研究室ならばよく見られる光景です．電子部品の試作，そしてその特性の評価は何度も繰り返されることですから，「コンピュータのマウスクリック一つで自動的に測定が行われて，グラフと表データが得られる」という測定の自動化ができれば，とても便利であることはいうまでもないでしょう．

　ところがまだまだ自動化されていないのが現状です．その理由は，二つあります．

　一つ目は，研究で必要な測定の自動化の内容がとても特異なものであり，市販化されていないためです．市販化されていないので，自作しなければなりません．

　二つ目は，自作するためにプログラミングを勉強しなければならないことは承知しているが，プログラミングの勉強に割り当てる時間がなく，自動化に至らないという現状があるためです．

　実は，筆者は電気回路の半田付けや機械構造ばかりに興味をもつハードウェア派一点張りの時代があり，プログラミングにまったく興味がなかったときがあります．プログラミングの受け入れ拒絶状態です．ところが，どうしても自分で作った電気回路や機械をプログラミングという手段で自動的に電圧測定，電圧制御をしなければならない状況に追い込まれ，プログラミングに日夜を費やし，挫折を繰り返しました．そんな日々を過ごす中，私はLabVIEWというソフトウェアの存在を知りました．プログラミングといえば，英語の文字を列挙するものばかりだと思っていましたが，LabVIEWのフローチャートを描くようにプログラミングを描くという方法にたいへん驚き，一気にのめり込んでいきました．そのときに，プログラミングを行ってパソコンで電圧測定制御するという面白さに気がつき，現在に至っています．

　いままで多くの研究者から「ナショナルインスツルメンツのLabVIEWを使ってシステムを作りたい」という相談を受けましたが，その相談事の大部分は，「ナショナルインスツルメンツのLabVIEWとデータ集録デバイス（DAQデバイス）を使用して，センサから得られる電圧をパソコン側で入力し，測定と解析を行いたい．次は逆にパソコン側から電圧を出力し装置を制御したい．これらの動作をグラフとして表示させながら，表データとして保存したい」という内容ばかりでした．

　本書では，いままでの経験上，LabVIEWユーザが陥りやすい悩みに気を配りながら，

まえがき

どこの研究開発業務においても,「ナショナルインスツルメンツのLabVIEWとDAQデバイスを使用した電圧測定,電圧制御,ハードウェア上で気をつけなければならないこと,そしてデータ保存ができる」という目標を達成することに着目しました.

すべての個人の目標に対して個別なアドバイスをすべて含めることはできませんが,いままでの長年の経験上,知りたい要点は熟知しているつもりです.ほとんど知られていない重要事項も満載です.ぜひ,問題解決,業務の効率アップのため,本書を片手に一刻も早い目標達成を期待しています.

最後に,本書の出版に際して執筆の機会を与えてくださいました森北出版株式会社の森北博巳社長,田中節男様,ならびに編集で終始ご尽力をいただきました青木玄様に心より厚く御礼申し上げます.

また,執筆に関して何かと御教示いただきました日本ナショナルインスツルメンツ株式会社の池田亮太社長,五味直也様,Mandip Khorana様,Yucel Ugurlu様,許斐俊充様,古川亨様,ならびに執筆資料の提供に御協力いただきましたティエナン保坂英子様,南茂様,福田記代子様,鈴木貴子様,秋元宏太様に厚く御礼申し上げます.

2008年10月

小澤　哲也

LabVIEWおよび掲載機器はナショナルインスツルメンツの製品です

＜本書で扱った主なソースファイルは,以下のHPから入手可能です＞
☆森北出版のHP：http://www.morikita.co.jp/soft/84821/

## 第1章　LabVIEWとDAQデバイス入門 …… 1
### 1.1　LabVIEWとDAQデバイス …… 1
- 1.1.1　測定システムの構築に至る背景　▶ 1
- 1.1.2　LabVIEW　▶ 4
- 1.1.3　DAQデバイス　▶ 5
- 1.1.4　PXIシステム　▶ 6
- 1.1.5　SCXIシステム　▶ 7
- 1.1.6　ナショナルインスツルメンツのハードウェア製品の紹介　▶ 8
- 1.1.7　LabVIEWプログラミングで陥りやすい問題点　▶ 8
- 1.1.8　DAQデバイスで陥りやすい問題点　▶ 9
- 1.1.9　トレーニングコース　▶ 9
- 1.1.10　アライアンスパートナー　▶ 10

### 1.2　LabVIEWの購入とインストール …… 10
- 1.2.1　LabVIEWの購入　▶ 11
- 1.2.2　LabVIEWインストール前の注意事項　▶ 12
- 1.2.3　LabVIEWのシリアル番号　▶ 12
- 1.2.4　LabVIEWのインストール手順　▶ 13

## 第2章　DAQデバイスの購入と動作確認 …… 16
### 2.1　DAQデバイスの購入と取り付け方法 …… 16
- 2.1.1　DAQデバイスの購入検討　▶ 16
- 2.1.2　DAQデバイスの取り付け　▶ 18
- 2.1.3　パソコンの起動とDAQデバイスの検出　▶ 19
- 2.1.4　Measurement & Automation Explorerの起動　▶ 20
- 2.1.5　DAQデバイスの認識方法　▶ 21
- 2.1.6　デバイス識別の情報　▶ 22
- 2.1.7　DAQデバイスのセルフテスト　▶ 22

### 2.2　DAQデバイスの動作確認 …… 23
- 2.2.1　アナログ入力の動作確認　▶ 23
- 2.2.2　乾電池の電圧測定　▶ 24
- 2.2.3　高速サンプリングの実行　▶ 31
- 2.2.4　アナログ出力の動作確認　▶ 32
- 2.2.5　アナログ入出力の動作確認　▶ 33

目 次

## 第3章 DAQデバイスのハードウェア ……………………………… 36
### 3.1 DAQデバイスのアナログ入力 ……………………………… 36
- 3.1.1 アナログ入力の電圧仕様 ▶ 36
- 3.1.2 アナログ入力時の入出力インピーダンス ▶ 37
- 3.1.3 アナログ入力の構成（Sシリーズを除く） ▶ 37
- 3.1.4 Sシリーズのアナログ入力の構成 ▶ 39
- 3.1.5 サンプリングレート ▶ 39
- 3.1.6 サンプリングレート設定上の制限 ▶ 41
- 3.1.7 アナログ入力モードの種類 ▶ 42
- 3.1.8 基準化シングルエンド（RSE） ▶ 43
- 3.1.9 差動（DIFF） ▶ 44
- 3.1.10 バイアス抵抗 ▶ 46
- 3.1.11 非基準化シングルエンド（NRSE） ▶ 49
- 3.1.12 電圧分解能と分解能単位［LSB］ ▶ 50
- 3.1.13 SN比（信号ノイズ比）の影響 ▶ 52
- 3.1.14 CMRR（同相弁別比，コモンモード除去比） ▶ 53
- 3.1.15 セトリングタイムの影響 ▶ 54
- 3.1.16 信号帯域幅 ▶ 55
- 3.1.17 複数チャンネル使用時のセトリングタイムの影響 ▶ 56
- 3.1.18 出力インピーダンスによるセトリングタイムの影響 ▶ 58
- 3.1.19 クロストーク ▶ 59
- 3.1.20 デジタルトリガ機能 ▶ 60
- 3.1.21 アナログトリガ機能 ▶ 61
- 3.1.22 電源オフ時のアナログ入力の特性 ▶ 61

### 3.2 DAQデバイスのアナログ出力 ……………………………… 61
- 3.2.1 アナログ出力の電圧仕様 ▶ 61
- 3.2.2 バッファ型アナログ出力とスタティックアナログ出力 ▶ 62
- 3.2.3 アナログ出力端子の名称 ▶ 62
- 3.2.4 アナログ出力の構成 ▶ 63
- 3.2.5 アップデートレート ▶ 63
- 3.2.6 スルーレート ▶ 66
- 3.2.7 グリッジ ▶ 67
- 3.2.8 パワーオン状態のアナログ出力状態 ▶ 67

## 第4章 プログラミングの基礎とファイル保存方法 ……………………………… 68
### 4.1 LabVIEWプログラミングの入門 ……………………………… 68
- 4.1.1 LabVIEWの起動 ▶ 68
- 4.1.2 各種パレット ▶ 70

## 目次

- 4.1.3　LabVIEW プログラムの実行と停止方法　▶ 72
- 4.1.4　乱数の発生と数値の表示　▶ 73
- 4.1.5　関数や端子，ワイヤーの編集方法　▶ 75
- 4.1.6　乱数の配列化　▶ 76
- 4.1.7　For ループ　▶ 79
- 4.1.8　While ループ　▶ 81
- 4.1.9　数値一次元配列データのグラフ表示方法　▶ 84
- 4.1.10　グラフ表示をリアルタイム化する方法　▶ 85
- 4.1.11　数値二次元配列データのグラフ表示方法　▶ 87

### 4.2　データのファイル保存方法 …………………………………………………… 90
- 4.2.1　乱数配列データのファイル保存　▶ 90
- 4.2.2　ファイルダイアログの追加方法　▶ 92
- 4.2.3　乱数データを随時追加して保存する方法　▶ 95
- 4.2.4　波形チャート　▶ 96
- 4.2.5　2 系列データのファイル保存方法　▶ 98
- 4.2.6　実行回数情報を追加して保存する方法　▶ 99
- 4.2.7　ヘッダ情報を追加して保存する方法　▶ 100
- 4.2.8　配列データを随時追加して保存する方法　▶ 102

### 4.3　データファイルを LabVIEW で開く方法 …………………………………… 103
- 4.3.1　Express 関数による方法　▶ 103
- 4.3.2　従来型の関数による方法　▶ 107

## 第 5 章　アナログ入力プログラミング …………………………………………… 109

### 5.1　DAQ アシスタント関数によるアナログ入力の基礎事項 …………………… 109
- 5.1.1　DAQ アシスタント関数の起動　▶ 109
- 5.1.2　DAQ アシスタントの電圧入力設定　▶ 111
- 5.1.3　DAQ アシスタントの集録モード　▶ 112
- 5.1.4　DAQ アシスタントの端子設定　▶ 114

### 5.2　ワンポイントアナログ入力モード ……………………………………………… 116
- 5.2.1　ワンポイントアナログ入力モードプログラミング　▶ 116
- 5.2.2　ワンポイントアナログ入力モードのファイル保存　▶ 119
- 5.2.3　ワンポイントアナログ入力モードのファイル保存のカスタマイズ　▶ 121

### 5.3　有限アナログ入力モード ………………………………………………………… 122
- 5.3.1　有限アナログ入力モードプログラミング　▶ 123
- 5.3.2　外部クロックによるアナログ入力モード　▶ 128
- 5.3.3　有限アナログ入力モードのファイル保存　▶ 128
- 5.3.4　有限アナログ入力モードのファイル保存のカスタマイズ　▶ 130

### 5.4　デジタルトリガによるアナログ入力 …………………………………………… 132

5.4.1　開始トリガを使用したデジタルエッジによるアナログ入力　▶ 132
　　5.4.2　基準トリガを使用したデジタルエッジによるアナログ入力　▶ 134
　　5.4.3　開始トリガと基準トリガのデジタルエッジによるアナログ入力　▶ 136
　5.5　アナログトリガによるアナログ入力 ……………………………………… 137
　　5.5.1　開始トリガを使用したアナログエッジによるアナログ入力　▶ 137
　　5.5.2　基準トリガを使用したアナログエッジによるアナログ入力　▶ 138
　　5.5.3　アナログトリガが装備されていないDAQデバイスの場合　▶ 139
　5.6　連続アナログ入力モード ……………………………………………………… 140
　　5.6.1　連続アナログ入力モードプログラミング　▶ 140
　　5.6.2　連続アナログ入力モードの単一ファイル保存　▶ 142
　　5.6.3　連続アナログ入力モードの複数ファイル保存　▶ 144
　　5.6.4　連続アナログ入力モードを応用したワンポイントアナログ入力　▶ 146

## 第6章　アナログ出力プログラミング ……………………………………… 148
　6.1　DAQアシスタント関数によるアナログ出力の基礎事項 …………… 148
　　6.1.1　DAQアシスタント関数の起動　▶ 148
　　6.1.2　アナログ出力の信号接続　▶ 151
　　6.1.3　DAQアシスタントの生成モード　▶ 152
　6.2　ワンポイントアナログ出力モード ………………………………………… 155
　　6.2.1　ワンポイントアナログ出力モードによる直流電圧の出力方法　▶ 155
　　6.2.2　ワンポイントアナログ出力モードによる電圧値の更新方法　▶ 157
　　6.2.3　1サンプル（HWタイミング）で使用時の考慮事項　▶ 158
　6.3　有限アナログ出力モード …………………………………………………… 159
　　6.3.1　アナログ出力用の数値配列の準備　▶ 159
　　6.3.2　再生成を許可しない場合の有限アナログ出力モード　▶ 161
　　6.3.3　再生成を許可する場合の有限アナログ出力モード　▶ 163
　6.4　連続アナログ出力モード …………………………………………………… 165
　　6.4.1　一定波形型の連続アナログ出力モード　▶ 165
　　6.4.2　任意波形型の連続アナログ出力モード　▶ 170

## 第7章　アナログ入出力プログラミング応用例 ……………………… 172
　7.1　アナログ入力を利用したサーミスタ温度測定 ………………………… 172
　　7.1.1　サーミスタ　▶ 172
　　7.1.2　測定項目　▶ 172
　　7.1.3　測定回路　▶ 173
　　7.1.4　計算方法　▶ 174
　　7.1.5　プログラミング　▶ 174
　7.2　直流のアナログ入出力を利用したダイオード特性の測定 ………… 177

　　　　7.2.1　ダイオード　▶ 177
　　　　7.2.2　測定項目　▶ 177
　　　　7.2.3　測定回路　▶ 177
　　　　7.2.4　計算方法　▶ 178
　　　　7.2.5　プログラミング　▶ 178
　7.3　交流のアナログ入出力を利用したネットワークアナライザ …………… 182
　　　　7.3.1　ネットワークアナライザ　▶ 182
　　　　7.3.2　測定項目　▶ 182
　　　　7.3.3　測定回路　▶ 183
　　　　7.3.4　計算方法　▶ 183
　　　　7.3.5　プログラミング　▶ 184

付録A：文字化けの対処方法……………………………………………………… 190
付録B：DAQ デバイスの認識方法 ……………………………………………… 191
付録C：ファイルダイアログ関数の互換性……………………………………… 193
付録D：カンマ区切りファイル保存方法………………………………………… 194
付録E：連続実行中にレートを変更する方法…………………………………… 196
付録F：再生成を許可しない方法………………………………………………… 197

さらに学びたい人へ………………………………………………………………… 201
さくいん……………………………………………………………………………… 202

# 第1章 LabVIEWとDAQデバイス入門

　測定器を手動で操作して，測定結果をノートに書き写す光景は，どのような製造現場や研究現場でもよく見られる光景です．これらの工程がすべて自動化できれば，非常に便利であることはいうまでもありません．

　ここでLabVIEW[1]ソフトウェアの登場です．LabVIEWは，測定やデータ保存，そして解析を行える強力なソフトウェア環境として注目されており，急激に普及しています．

　一方，物理現象を測定もしくは制御するためには，測定と制御を実行するハードウェアが必要になります．そこで必要になるのがDAQ[2]デバイスです．

　これらLabVIEWプログラミングとDAQデバイスを組み合わせると，個々のユーザの要求に応じた測定と制御システムの構築が可能になります．

　この章では，LabVIEWソフトウェアとDAQデバイスを中心とした計測システム全般の概要について説明し，LabVIEWの購入検討からインストールまでを述べていきます．

## 1.1 LabVIEWとDAQデバイス

　LabVIEWとDAQデバイスを組み合わせると，思いどおりの計測制御システムを構築することができます．さて，LabVIEWとDAQデバイスとは，どのようなものなのでしょうか．ここでは，LabVIEWとDAQデバイスの基本的事項について説明します．

### 1.1.1 測定システムの構築に至る背景

　ユーザの皆さんが最初に電圧を測定するときは，ほとんどの場合，箱型計測器[3]とよばれる計測器を用いることでしょう．

---

[1] LabVIEWはLaboratory Virtual Instrument Engineering Workbenchの略です．日本国内における読み方は「ラボビュー」が一般的ですが，米国では「ラビュー」です．
[2] DAQはData Acquisitionの略であり，読み方は「ダック」です．電圧情報のデータ集録ができるデバイスのことを指します．
[3] パソコンとDAQデバイスを組み合わせて構築した計測器はパソコンからの制御で動作しますが，オシロスコープのような一般的な計測器は単独で動作します．このような違いのある両者を明確に区別するために，外観が箱型の筐体になっている一般的な計測器のことを箱型計測器とよびます．箱型計測器はパソコンからの制御なしで動作することから，スタンドアロン型計測器とよぶ場合もあります．

## 第1章 LabVIEWとDAQデバイス入門

箱型計測器には，アナログ表示のものとデジタル表示のものがあります．電圧変化の様子を確認する場合はアナログ表示型を用いますが，その状況を細かく記録しなければならない場合はデジタル表示型が不可欠です．デジタル表示型の箱型計測器で電圧を読み取って記録する場合は，その測定数が数十個程度ならば目視で確認し，ノートに記録することで事足りると思いますが，それを長時間にわたって継続的に繰り返すことは人件費の面からみても大変なことです．

箱型計測器で実験データをノートに記録

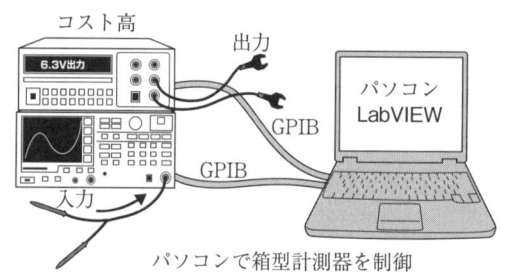

パソコンで箱型計測器を制御

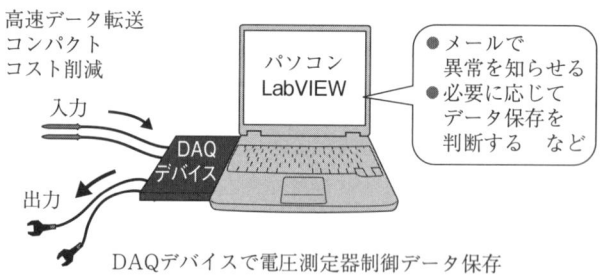

DAQデバイスで電圧測定器制御データ保存

図 1.1　箱型計測器を目視で記録する方法，GPIBで計測する方法，DAQデバイスで計測する方法の比較

そこで，最近の箱型の電圧測定器はデータロガー機能を有していて，一連の電圧変化の様子を記録する装置が普及してきています．また，そのデータをUSBメモリなどに自動保存して，のちほどパソコン上でデータを展開することができるものも増えてきています．

しかし，ある電圧変化の条件がそろったら，データ集録を開始したり停止したり，データに異常が生じたら管理者に知らせたり，ある条件を満たしたら自動的に別の処理を開始するなど，計測器に自動的に処理をするという機能を付加するためには，計測器をGPIB[4]などの通信バスでパソコンに接続して，プログラミングを行わなければなりませ

---

[4] GPIB（ジー ピー アイ ビー）は別名HPIB（エイチ ピー アイ ビー）またはIEEE488（アイ トリプル イー ヨン ハチ ハチ）ともよばれます．1965年に登場して以来，計測器からパソコンへデータ転送する標準規格になっています．

ん．このようなプログラミングが必要になったとき，そのときの当事者のほとんどはプログラミングが苦手な場合が多いと思われます．よくいわれるハードウェア派とソフトウェア派の違いです．

電圧を測定しなければならない業務のほとんどはハードウェア派の技術者の仕事であり，プログラミングはソフトウェア派の仕事なのです．その両方の条件を満たす技術者は少なく，電圧を自動測定しなければならないハードウェア派の立場から考えると，プログラミングを行うことには非常に苦労します．

そこでLabVIEWソフトウェアの登場です．従来のプログラミング言語は，英単語を記述するテキストベースプログラミングですが，LabVIEWはハードウェア派にもなじみやすいグラフィカルなフローチャートで記述します．また，データ処理に必要な数学関数が用意されており，複素数などのベクトル量や行列も簡単に計算でき，その結果を表示するグラフが用意されているのです．そのため，LabVIEWは電気測定や機械制御などのハードウェア派の技術者にとっても極めて理解しやすいプログラミング言語です．これこそLabVIEWが飛躍的に普及した理由です．

さて，LabVIEWでGPIB通信を利用して計測器制御をプログラミングできることがわかりましたが，測定する電圧が多チャンネルの情報であった場合，オシロスコープやマルチメータなどのほとんどの箱型計測器は対応が難しくなります．箱型計測器の台数を増やすことは予算的に厳しい場合もあります．また，オシロスコープで測定した結果を演算処理し，次にファンクションジェネレータ[5)]で電圧を出力させるようなフィードバックの過程が含まれるシステムの場合，GPIB通信による制御では通信速度の制限によりデータの読み取り速度が遅く，フィードバックに時間がかかります．たとえば，倒立振子の制御な

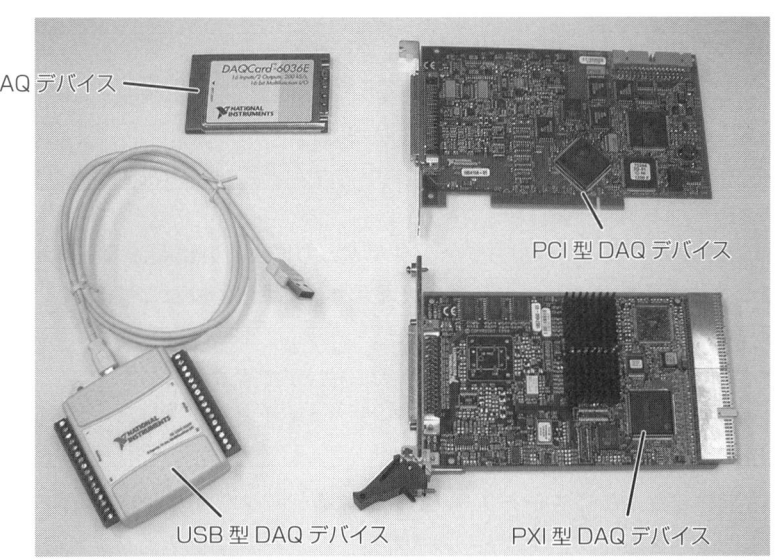

図1.2　ナショナルインスツルメンツのDAQデバイス

---

[5)] 電圧を入力して波形を測定する箱型計測器の代表例はオシロスコープですが，電圧波形を出力する箱型計測器の代表例はファンクションジェネレータです．関数発生器とよぶ場合もあります．

どのように，逆さまに立てた振子が倒れそうかどうかを電圧情報の変化等で測定して，その結果から，振子が倒れないように制御用の電圧を出力するような場合，フィードバックの繰り返し速度は極めて高速で動作する必要があります．これらを GPIB 通信による箱型計測器の制御で行うことは，通信速度が遅すぎます．

ここでナショナルインスツルメンツのアナログ/デジタル変換ボード，いわゆる図 1.2 のような DAQ デバイスの登場です．ほとんどの DAQ デバイスは，アナログ入力を 16 チャンネル以上備えており，多チャンネルの測定が実現できます．また，パソコン規格の PCI バスなどの通信バスで接続されているので，制御時の反応も極めて高速であり，大量の電圧データを絶え間なくパソコンのハードディスクに保存することも可能です．さらに，多チャンネル化を目指し複数の DAQ デバイスを使用する場合は，同期動作用制御タイミングクロックの共有により，同期して動作させることも可能です．

ナショナルインスツルメンツのハードウェアである DAQ デバイスとソフトウェアである LabVIEW を組み合わせれば，まさに必要とする多チャンネル電圧測定での高速データ保存が可能で，管理者に異常の有無を知らせたりデータ処理も可能なシステムが構築できます．このような機能が実現できれば，学生の研究はもちろんのこと，技術者や研究者は仕事の効率が大幅に改善します．

### 1.1.2 LabVIEW

LabVIEW は，DAQ デバイスや GPIB デバイス，カメラの操作，画像処理，ステッピングモータ[6]などの制御や数値演算，結果表示ができるソフトウェアです．LabVIEW システムとは，LabVIEW プログラミングで動作しているシステムのことを指します．

LabVIEW を使ってできる動作の代表例を簡単に列挙します．

- DAQ デバイスとよばれるアナログ/デジタル変換ボードを使用して，データの取りこぼしなく連続的に電圧測定ができます
- DAQ デバイスのデジタル/アナログ変換によってアナログ出力が可能なので，ハードウェアの電圧制御が可能です
- DAQ デバイスのアナログ入出力やデジタル入出力による外部機器の制御が可能です
- グラフなどの表示用オブジェクトが多数用意されており，簡単にグラフィカルなデータ表示ができます（図 1.3）
- 数値から高速フーリエ変換，近似曲線などの解析ができます
- データを表計算用データファイルとして保存できます
- 複素数や行列の計算ができます
- TCP/IP 関数を使用してネットワーク上におけるデータのやり取りが可能です
- IMAQ Vision[7]を追加でインストールすれば，パターンマッチングなどの高度な画像

---

[6) ステッピングモータは回転する角度を制御できる代表的なモータであり，デジタルパルス数で回転する角度が決定します．プリンタの紙送り動作などはステッピングモータで実現しています．
7) IMAQ Vision（アイマック ビジョン）は，LabVIEW を販売しているナショナルインスツルメンツのソフトウェアです．LabVIEW に追加してインストールすることで高度な画像処理ができます．

処理が可能です
- GPIBを使用して箱型計測器を制御することができます
- CCDカメラと接続することで，画像を取得することができます
- LabVIEW Real-Timeシステム[8]を組み込むと，PID制御[9]のような繰り返しフィードバック制御を高速で行うことができます．倒立振子のような高速フィードバック制御を実現するには，LabVIEW Real-Timeが必須です

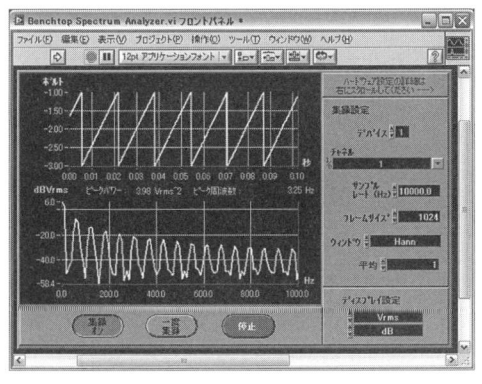
（a）スペクトラムアナライザ

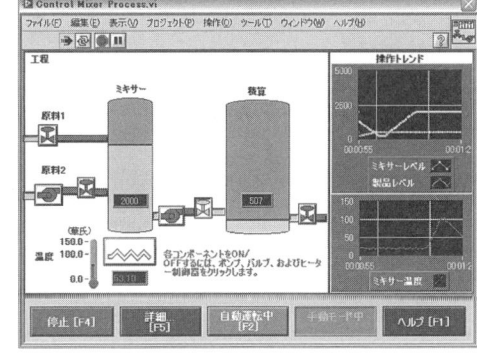
（b）化学プロセス制御

図1.3　LabVIEWによるスペクトラムアナライザと化学プロセス制御

　本書はとくに，DAQデバイスのアナログ/デジタル変換を利用した電圧測定方法，そしてデータ保存方法，ならびにデジタル/アナログ変換による電圧出力方法に重点をおいた内容になっています．

### 1.1.3　DAQデバイス

　DAQデバイスは，ナショナルインスツルメンツのハードウェア部品で，市販のパソコンもしくは工業用パソコンに組み込むことで，**アナログ/デジタル変換**，**デジタル/アナログ変換**，**デジタル信号の入出力**，デジタル信号のクロック信号源を出力したり，**クロック数を計測**したりできる**カウンタ/タイマ機能**を複合的に搭載しています．DAQデバイス単体だけでは動作しません．DAQデバイスは，プログラミングを施すことによって，ユーザの要求に応じた動作を実現します．

　図1.4は，LabVIEWとDAQデバイスを使用した測定システムを表しています．

　ほとんどのDAQデバイスは±10 V以内の電圧を測定するので，測定する電圧は必ず±10 V以内に収まるように調整しておきましょう．とくに温度測定のセンサとして熱電対を使用する場合は，その出力電圧値がμV単位で変化するので，増幅器を導入して増幅して

---

[8] LabVIEW Real-Timeシステムは，LabVIEWを販売しているナショナルインスツルメンツのソフトウェアおよびハードウェアで，LabVIEWに追加で専用ソフトウェアをインストールし，専用ハードウェアを追加することで，繰り返しフィードバック制御を高速実行できるシステムです．略してLabVIEW RT（アールティー）とよぶ場合もあります．
[9] 現在の状態から目標に向かって制御することをフィードバック制御とよびますが，とくに比例動作（Proportional control），積分動作（Integral control），微分動作（Differential control）に対する制御特性を考慮した場合をPID（ピーアイディー）制御とよびます．普通，フィードバック制御にはPID制御の要素を含んでいます．

第1章　LabVIEWとDAQデバイス入門

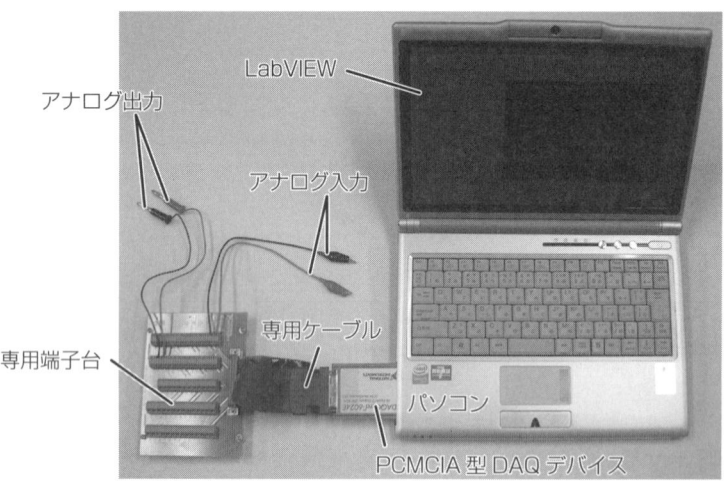

図1.4　LabVIEWとDAQデバイスを使用した測定システム

おきます．もしくは熱電対用の増幅器が内蔵されたナショナルインスツルメンツの計測デバイス，もしくは後述するSCXIシステムを用いてください．

### 1.1.4　PXIシステム

　複雑な計測システムや多チャンネルの計測システムを構築する場合は，多数のDAQデバイスが必要になります．しかし，市販のパソコンに備わっているPCIバスやUSBバスの数には限界があり，取り付けられるDAQデバイス数に限界があります．このようなときに便利なシステムが**PXIシステム**です（図1.5）．

　PXIシステムは，PCIバスの通信規格のまま，形状をスロット状に変更し，さらに同

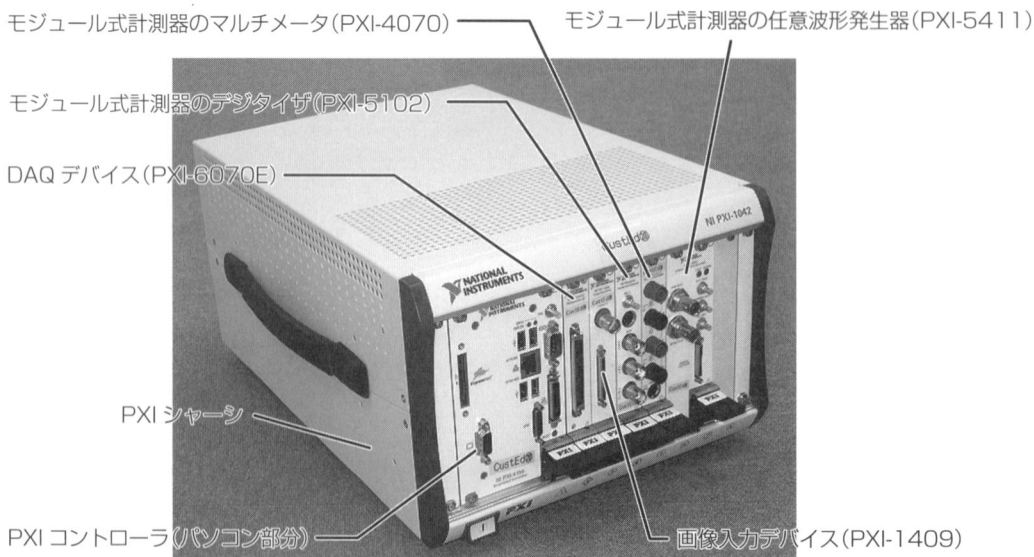

図1.5　PXIシステム

期動作用制御タイミングクロック[10]の共有バスを備えたものです．PXIと同じバス形状になっているCompactPCI[11]と互換性がありますが，CompactPCIは同期動作用制御タイミングクロックの共有バスを有していないという違いがあります．

PXIシステムにはPXIコントローラとよばれるパソコン本体相当部分に加えて，PXIバスが多数備わっています．モニタとマウスとキーボードを接続すれば，使い勝手は市販のパソコンと同じです．図1.5のPXIシャーシは7スロット型です．もしPXIスロットがすべて埋まってしまっても，さらにPXIシャーシを追加することが可能です．

また，PXIシステムは，市販のパソコンをメインコンピュータとして，PXIコントローラなしでPXIシャーシだけを追加して使用するということもできます．

将来，多くのDAQデバイスを利用する可能性があるときは，あらかじめPXIシステムによる計測システムの構築をお勧めします．

### 1.1.5 SCXIシステム

熱電対[12]のように，センサ出力が小さいために外付けアンプやフィルタが必要であり，また，測定するチャンネル数が多い場合は，ナショナルインスツルメンツが提供する**SCXIシステム**が便利です．SCXIシステムはDAQデバイスに追加して使用するものです（図1.6）．SCXIシステムの使用方法はナショナルインスツルメンツが主催するLabVIEWトレーニングコースで学ぶこともできます．

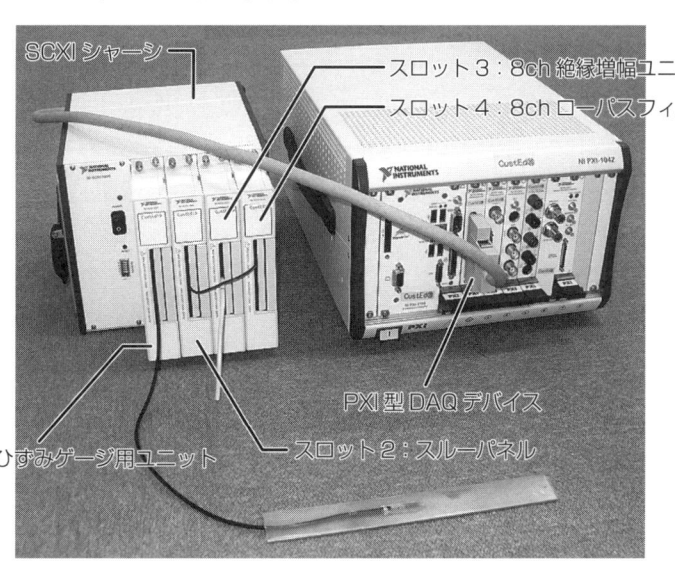

図1.6 PXIシステムのDAQデバイスに接続したSCXIシステム

---

10) 複数の計測器を同時刻に一斉に動作開始させることを同期動作とよびます．同期動作させるためには，計測器の動作開始タイミングクロックを共有する必要があります．PXIには同期動作用制御タイミングクロックを共有する回線が備わっています．

11) パソコン内部の通信バスはボード差込型のPCI（ピー シー アイ）が標準的ですが，計測器制御用にスロット型に設計された通信バスをCompactPCI（コンパクト ピー シー アイ）といい，組み込み型計測器業界の標準仕様です．

12) 熱電対は，2種類の金属の接合面に熱を与えると起電力が生じるというゼーベック効果を利用した代表的な温度センサです．熱電対の起電力は数µVと小さな値なので，増幅してからDAQデバイスで測定する方法が一般的です．

## 1.1.6 ナショナルインスツルメンツのハードウェア製品の紹介

ナショナルインスツルメンツのハードウェア製品でDAQデバイスとよばれるものは，PCI－6XXX，USB－6XXXのようにバスタイプのあとの数字が6になっています．数字が6以外の製品はDAQデバイスとよばず，**モジュール式計測器**とよんでいます．モジュール式計測器は，特定の機能を強化した計測デバイスであり，DAQデバイスと同様にパソコンに接続して使用するものです（図1.7）．

次に主なモジュール式計測器を掲載します．汎用性を重視して設計されたDAQデバイスで対応しきれない測定を行うときは，目的に応じてモジュール式計測器の導入を検討されるとよいでしょう．

たとえば，DAQデバイスではサンプリングレートが不足しているときは，デジタイザ/オシロスコープを利用することができます．また，分解能を高めたいときは，ダイナミック信号集録モジュールもしくはデジタルマルチメータモジュールを利用することができます．

```
RF信号アナライザ：        2.7 GHzの周波数帯域に対応
RF信号発生器：           6.6 GHzの高周波まで対応
デジタイザ/オシロスコープ：毎秒2 GHzのサンプル速度で高速測定
ダイナミック信号集録：    24ビットの高分解能で測定可能
デジタルマルチメータ：    7½桁マルチメータ
信号発生器：             ファンクションジェネレータ，ビデオ信号発生
高速デジタルI/O：        200 MHzのデジタル入出力に対応
カウンタ：              80 MHzのデジタル入出力に対応
スイッチ：              26.5 GHzの高周波用から12 Aの大電流用まで対応
電源：                 プログラム制御できる20 V電源
```

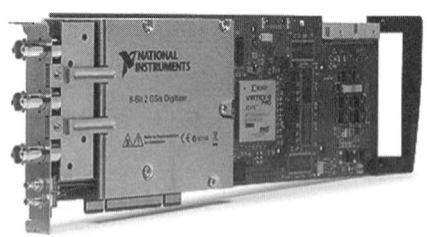
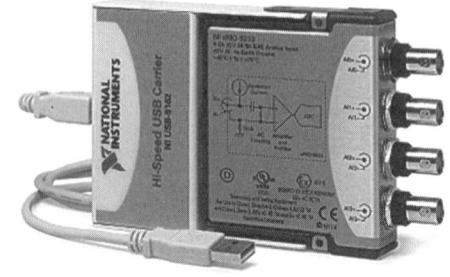

（a）　PCI-5152（サンプリングレート2 GHz）　　　（b）　USB-9233（分解能24ビット）

図1.7　PCI-5152とUSB-9233

## 1.1.7 LabVIEWプログラミングで陥りやすい問題点

LabVIEWはブロックダイアグラムとよばれるウィンドウ内で各関数を配置し，配線することでプログラミングを記述します．

まず，初心者が陥りやすい問題点は，配線の色の意味がわからず，また同じ色の配線をつないでみても，配線が壊れた状態である黒い点線の状態になり，実行できないということです．

しかし，配線の色や太さの意味は，極めて簡単な規則に従ったものであり，配線がつながらないことをあきらめてはいけません．配線の意味をしっかりと理解すれば，確実に配線の接続を自由自在に操れるようになり，プログラミング速度は飛躍的に向上します．他の言語で何時間もかかる作業が，ほんの一瞬で終わることを体感し，LabVIEW プログラミングの開発速度のすばらしさに気がつくことでしょう．

### 1.1.8 DAQ デバイスで陥りやすい問題点

ほとんどの DAQ デバイスは数 V の電圧測定を前提としているため，オシロスコープのように 200 V を加えたら破損してしまいます．また，測定精度を上げるために DAQ デバイスを差動入力[13]で使用する場合は，オシロスコープのように測定する電圧に対してプラスとマイナスを接続するだけで信号接続は OK という使い方とは異なります．オシロスコープやデジタルマルチメータとはインピーダンスの設定も異なります．また，慌てて間違った信号接続をしてしまった結果，ノイズが混ざる，電圧値が違うなどの問題も発生します．DAQ デバイスを正しく使用すれば，これらの問題はすべて解決可能です．これらの DAQ デバイスのハードウェア的な問題点については，第 3 章に掲載したので，ぜひ，熟読してください．

### 1.1.9 トレーニングコース

日本ナショナルインスツルメンツは，LabVIEW ならびに DAQ デバイスを使用した**トレーニングコース**を開催しています．トレーニングコースマニュアルの入手方法やトレーニングの詳細は，ナショナルインスツルメンツまで問い合わせるとよいでしょう（TEL 0120-527196，http://www.ni.com/jp/training）．

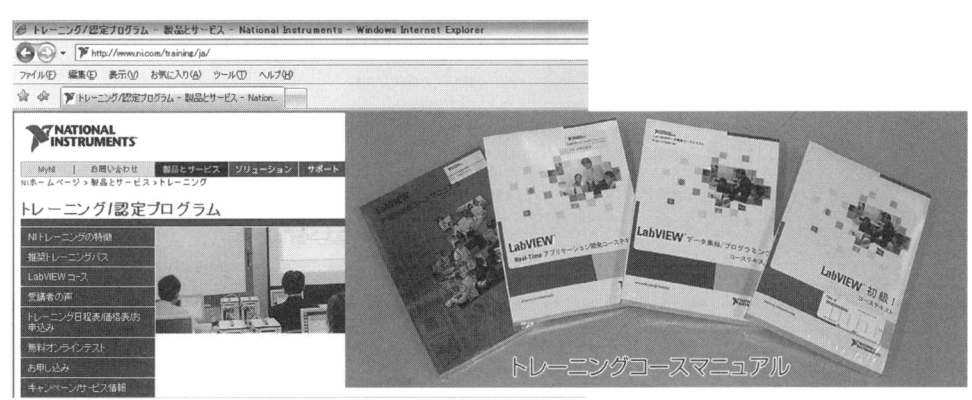

図 1.8　トレーニングコース

---

[13] 差動入力は，測定器側と被測定側のグランド間にある電位差を差し引き，ノイズを少なくして測定する方法です．高精度な電圧測定や通信回線における電圧信号の受信は，一般的に差動入力が使われています．

第1章　LabVIEWとDAQデバイス入門

```
LabVIEW 初級Ⅰコース：         LabVIEW 入門のコース
LabVIEW 初級Ⅱコース：         初級Ⅰコースを基本として，さらにテク
                              ニックを充実
LabVIEW 中級Ⅰコース：         DLL，ActiveX，インターネットなどの高
                              度なテクニック
LabVIEW 中級Ⅱコース：         LabVIEW アプリケーション開発
LabVIEW 上級アプリケーション開発： 最高レベルのテクニックを習得
LabVIEW データ集録／プログラミング： DAQ デバイスと SCXI システム
LabVIEW 計測器制御：           GPIB，RS-232C による計測器制御
```

### 1.1.10 アライアンスパートナー

　LabVIEWなどのプログラミングソフトウェアを用いて，ハードウェアを自動的に制御するようなシステムを構築することをシステムインテグレーションとよびます．この業務を専門に行う企業をシステムインテグレータとよびます．とくにナショナルインスツルメンツの製品を使用して，ナショナルインスツルメンツから公認を得た企業を**アライアンスパートナー**とよびます．DAQデバイスとLabVIEWを購入したが，時間不足などの理由でシステムインテグレーションできない場合は，ナショナルインスツルメンツに相談のうえ，アライアンスパートナーに一括して依頼することが可能です．

図1.9　アライアンスパートナーのホームページ

## 1.2 LabVIEW の購入とインストール

　ここではDAQデバイスの制御に必要なLabVIEWソフトウェアの購入検討から購入後のインストール方法について簡単に紹介します．

10

## 1.2.1 LabVIEW の購入

LabVIEWには，大別して，「**ベースパッケージ**」，「**開発システム**」，「**プロフェッショナル開発システム**」の3種類のグレードがあります．

最も安価な「ベースパッケージ」でもDAQデバイスの制御ができるようになりますが，測定したデータを解析するときに便利な解析関数が含まれていません．LabVIEWとDAQデバイスを使用した測定システムを構築する場合，そのほとんどが解析を必要とするので，解析関数などが豊富に備わっている「開発システム」か「プロフェッショナル開発システム」の購入をお勧めします．

「プロフェッショナル開発システム」は，LabVIEWの基本機能すべてが含まれています．とくに「プロフェッショナル開発システム」に含まれているアプリケーションビルダは，LabVIEW上で作成したプログラムをインストーラ付きのEXE形式に変換することが可能です．LabVIEWで作成したプログラムをEXE形式に変換すると，LabVIEWがインストールされていないパソコン上でも実行できるようになるので，測定システムとして販売もしくは配布できるようになります．LabVIEWとDAQデバイスを組み合わせて開発したシステムを量産的に販売するような目標がある場合は，「プロフェッショナル開発システム」の購入をお勧めします．

詳細はLabVIEWのバージョンによって多少変更されている場合があるので，ナショナルインスツルメンツのwebカタログを参照しましょう（図1.10）．

次はパソコンにインストールする過程を説明します．

図1.10　LabVIEWのパッケージとグレード

## 1.2.2 LabVIEW インストール前の注意事項

本書では，WindowsXP に対して LabVIEW8.5 をインストールする過程を説明しますが，他のバージョンの場合であっても，インストール方法は似ています．

次にインストール前に注意すべき点を挙げます．

- はじめに DAQ デバイスなどのハードウェアをパソコンに接続しないでください．ハードウェアを接続するのは，LabVIEW をインストールしたあとです．
- LabVIEW のインストールには 2 時間程度を要するので，時間に余裕をもってください．また，LabVIEW8 以降は，ソフトウェアの違法な複製を行っていないかどうかを確認する作業，いわゆる「アクティブ化」が必要です．アクティブ化にはメールアドレスが必要になります．
- パッケージによっては日本語以外のバージョンも梱包されていますが，日本国内で日本語版 Windows にインストールするときは，必ず Japanese と明記されている日本語版をインストールしてください．興味本位で日本語版 Windows に他の言語の LabVIEW をインストールすると，Windows の言語環境が異なるので，LabVIEW が正常に動作しない場合があります．ナショナルインスツルメンツのサポート対象外にもなります．
- 輸出を想定した業務上の都合で英語版 LabVIEW を動作させる必要がある場合は，英語版 Windows がインストールされたパソコンを用意して，英語版 LabVIEW を購入しインストールしてください．
- ごく稀に，日本語版 Windows の地域設定を故意に「日本」以外に設定しているパソコンがあります．日本語版 Windows の地域設定を「日本」以外に設定したまま LabVIEW をインストールすると，日本語版以外のコンポーネントファイルがインストールされ，日本語版 Windows 上で正常に動作しない場合があります．日本語版 LabVIEW をインストールする前に，Windows の地域設定が「日本」になっていることを確認してください．
- LabVIEW や DAQ デバイスを使用するときは，ナショナルインスツルメンツのソフトウェアバージョンを管理する Measurement & Automation Explorer が自動的にインストールされます．Measurement & Automation Explorer は，マイクロソフト社の Internet Explorer の機能を利用して動作しています．Internet Explorer がインストールされていないパソコンの場合は，事前に Internet Explorer（バージョン 6 以上を推奨）をインストールしておきましょう．

## 1.2.3 LabVIEW のシリアル番号

LabVIEW のライセンスはシリアル番号で管理されています．シリアル番号は図 1.11 のようにソフトウェアパッケージの **Certificate of Ownership** に記載されています．Certificate of Ownership には，P/N 番号と S/N 番号が記述されています．

1.2 LabVIEW の購入とインストール

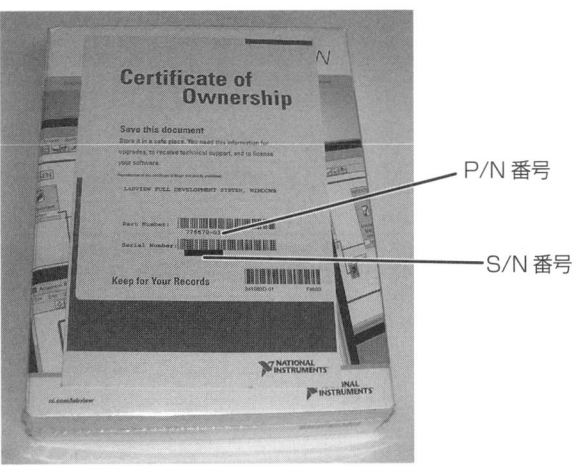

図 1.11 Certificate of Ownership

P/N 番号は，パーツ番号の略で商品番号のことです．ナショナルインスツルメンツへ購入後のサポートを問い合わせるときに，どの製品に対する問い合わせなのかを正確に説明するときに必要になる番号です．

S/N 番号は，シリアル番号の略であり，同じ番号は存在せず，インストール時に必要になる最重要な番号です．シリアル番号を不用意に他人に教えることは避けてください．また，紛失は禁物です．紛失してしまうと二度と再インストールできなくなります．

### 1.2.4 LabVIEW のインストール手順

LabVIEW をインストールするには，LabVIEW パッケージ内の DVD-ROM または CD-ROM をパソコンに入れます．LabVIEW セットアップウィンドウが起動するので「NI LabVIEW 8.5 日本語版をインストール」をクリックするとインストーラの初期化が行われます．

インストーラの初期化が終了すると，図 1.12 のようにユーザ情報の入力が必要になります．Certificate of Ownership のシリアルナンバーを確実に入力してください（図 1.12 では●で隠してあります）．もし同僚が評価版としてインストールしてみたいという場合は，「評価版をインストール」をチェックして「次へ」をクリックしてください．

次に図 1.13 のようにインストール先を聞いてきます．お勧めは Windows が入っている C ドライブですが，ディスク容量の都合上，他のドライブを選ぶときは，C の部分を他のドライブ文字に変更してください．

ナショナルインスツルメンツのソフトウェアは，基本的に「:\Program Files\National Instruments\」にインストールされるように設計されているので，ドライブ文字以降の「:\Program Files\National Instruments\LabVIEW 8.5\」は変更しないほうが望ましいです．

インストール先を選択したあとは，図 1.13 のようにインストールする機能の選択があります．ここで「×」が付いているものはインストールされません．図 1.13 内の「NI Measurement & Automation Explorer」はナショナルインスツルメンツのすべてのソフト

ウェアのバージョンを管理し,また,DAQデバイスが正しくパソコン上で認識されているかどうかを確認する重要なソフトウェアなので,必ずインストールしてください.

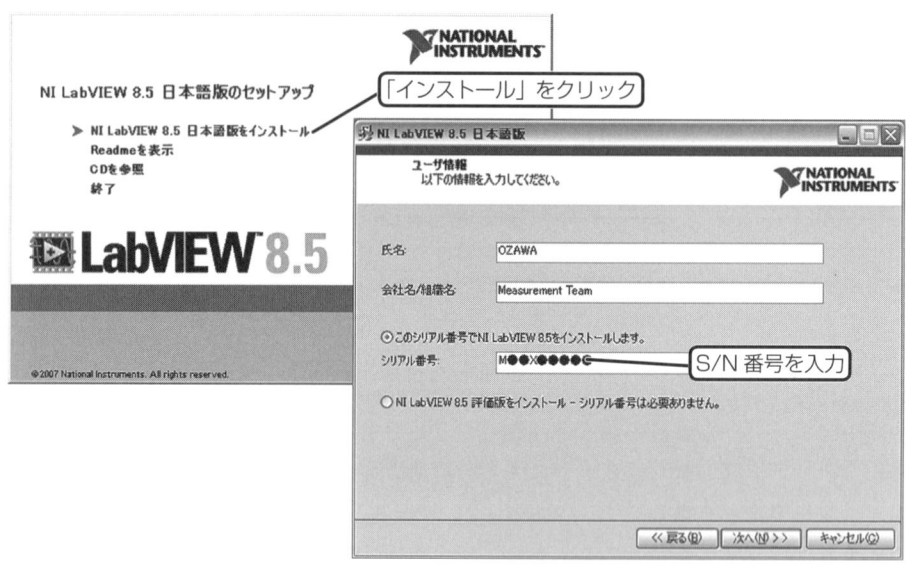

図1.12　LabVIEWセットアップウィンドウとユーザ情報の入力

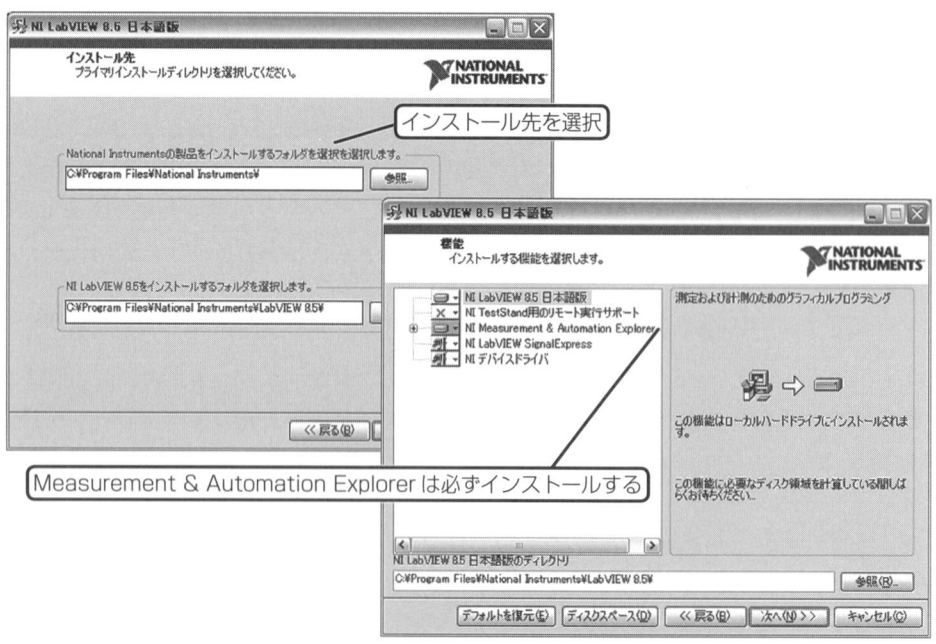

図1.13　インストール先の選択とインストールする機能の選択

「NI LabVIEW SignalExpress」は,対話式にクリックで項目を選択することで簡単に特定機能を作り出せるソフトウェアです.DAQデバイス関連ではDAQアシスタントが「NI LabVIEW SignalExpress」の一部になるので,インストールしてください.

## 1.2 LabVIEWの購入とインストール

「NIデバイスドライバ」は，DAQデバイスなどのナショナルインスツルメンツのハードウェアをパソコン上で認識させて動作させるために必要なものです．DAQデバイスを動作させるために必要なNI-DAQmxドライバソフトウェアもこの中に含まれています．必ずインストールしてください．

指示どおりに使用許諾契約書などの手順を進めていくと，図1.14のようにアクティブ化する方法を選択するウィザードが起動します．インターネットに接続されているならば，インターネット経由でアクティブ化ができます．アクティブ化に成功すると，アクティブ化に成功したことを示すウィンドウが現れます．

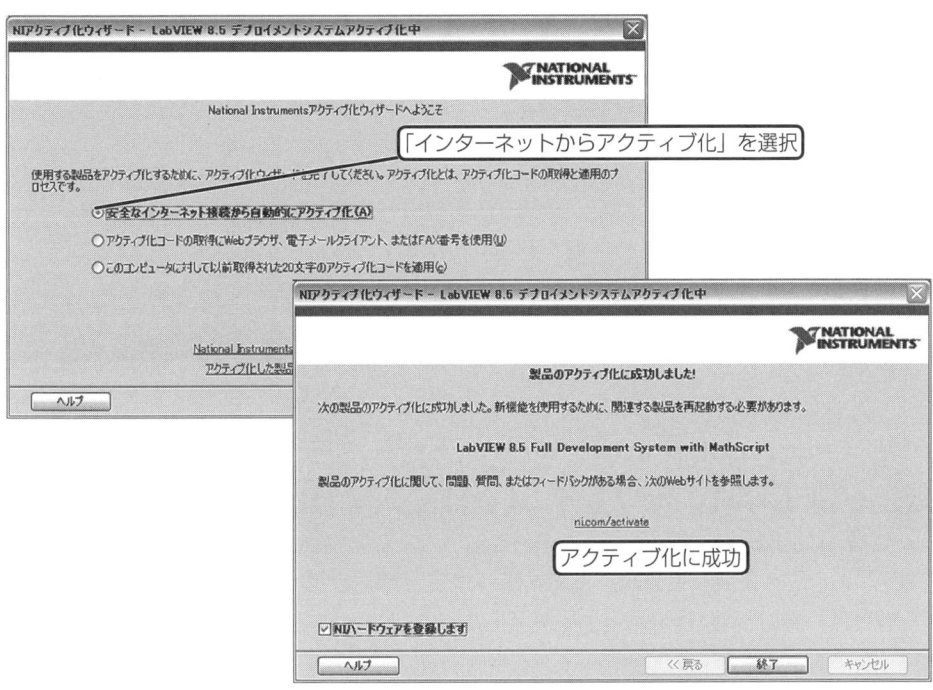

図1.14　アクティブ化ウィザードとアクティブ化に成功時のウィンドウ

再起動して，図1.15のようにWindowsのメニューからLabVIEWが追加されているかどうかを確認しましょう．以上でLabVIEWのインストール作業はすべて完了です．

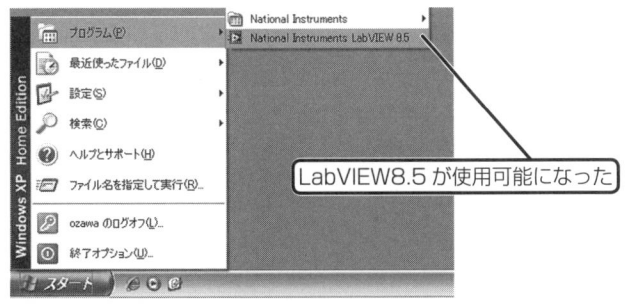

図1.15　メニューに追加されたLabVIEW

# 第2章
## DAQ デバイスの購入と動作確認

　LabVIEW プログラミングでアナログ電圧の入出力を行うには，DAQ デバイスが必要です．

　この章の前半は，DAQ デバイスの購入時に必要な選定指針について触れ，DAQ デバイスの取り付け方法とパソコン上での認識方法を説明します．

　章の後半は，テストパネルの機能を利用して DAQ デバイスが正常に動作するかどうかを確認する方法を紹介し，DAQ デバイスの基本的な動作を習得していきます．

　DAQ デバイスや専用ケーブル，端子台をはじめとして，乾電池や配線用ジャンパー線も用意して，実際に信号を接続して DAQ デバイスを動作させてみましょう．

## 2.1 DAQ デバイスの購入と取り付け方法

　測定において，重要な要素は，測定結果の精度（分解能）です．信頼性があるデータを得るためには，適切な DAQ デバイスを選択しなければなりません．ここでは，適切な DAQ デバイスの選定指針から DAQ デバイスの取り付け方法についてまでを述べていきます．

### 2.1.1 DAQ デバイスの購入検討

　LabVIEW はソフトウェアなので，計算の精度（分解能）は無限であるといってもかまいませんが，DAQ デバイスはハードウェアなので測定精度（分解能）は有限の値をもっています．DAQ デバイスを適切に選択しなければ，目的とする物理現象を測定することはできません．

　何を測定するのか，どのように使用するのかによって，DAQ デバイスは適切に選定しなければなりません．DAQ デバイスのハードウェア的な特性は，購入前，購入後にかかわらず常に注意しなければならないところなので，購入前に注意すべき事項として分離して説明することが難しいのですが，あえて述べるならば以下の点が重要です．

1. DAQ デバイスは電圧を測定するデバイスなので，測定しようとする物理現象がセンサや変換回路によって電圧に変換できるものかどうかを検討します．また，

DAQデバイスが測定できる電圧の大きさは，±10 Vから±0.1 V程度なので，測定する電圧がこの範囲に収まるように準備しておきます．
2．測定する電圧が，どのような周波数成分を含んでいて，どれだけの測定頻度で測定するのかを考慮して，適切なサンプリングレートを有したDAQデバイスを選択します．
3．DAQデバイスとパソコンを接続するコンピュータバスには，PCIバスタイプやPCI Expressバス，PXIバス，USB接続タイプなどがあります．一般的に，USB → PCI（PXI）→ PCI Expressの順番でデータ転送量が大きくなるので，DAQデバイスが集録できるデータ転送速度が速くなり，高速サンプリングできる傾向があります．とくに，PCI（PXI）系はバスマスタによるデータ転送を利用しているため，パソコンの負荷状況に左右されず安定したデータ転送が可能です．使用するパソコンの仕様と照らし合わせて，適切なバスタイプを選択しましょう．

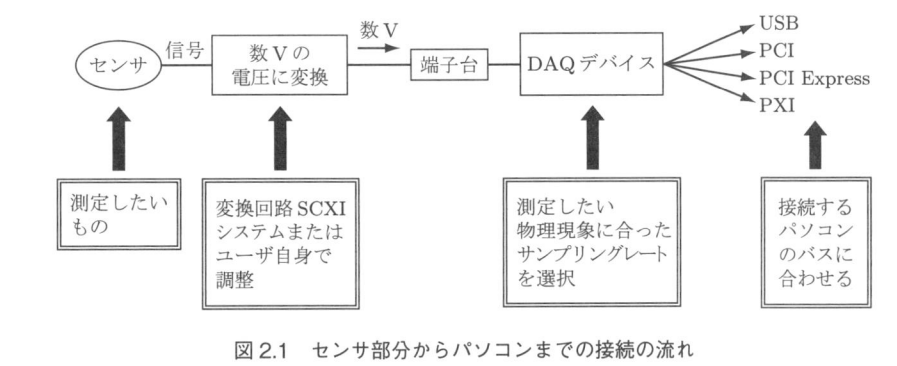

図2.1　センサ部分からパソコンまでの接続の流れ

同時に，第3章の「DAQデバイスのハードウェア」を参照のうえ，気をつけなければならない点を確認してください．

DAQデバイスの選定が決定したら，専用のケーブルと端子台を決定します．自作でも

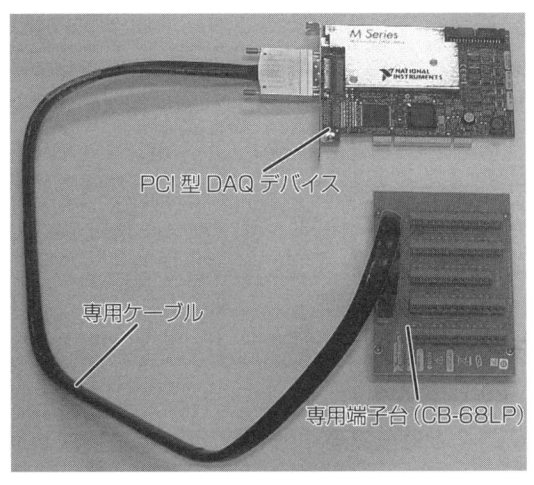

図2.2　PCIバスのDAQデバイスとケーブル，端子台の例

対応可能ですが，非常に細かい作業が必要となるのでお勧めできません．DAQ デバイスを購入するときにナショナルインスツルメンツで専用のケーブルと端子台を購入されることをお勧めします．図 2.2 は，DAQ デバイスとケーブル，端子台の接続例です．

### 2.1.2 DAQ デバイスの取り付け

　DAQ デバイスには，E シリーズや M シリーズ，S シリーズ，B シリーズ，ポータブル USB DAQ などの多くの種類があります．PCI-MIO-16E-1 や PCI-6024E のように E の文字が含まれる DAQ デバイスは E シリーズです．PCI-6251 のように製品名が 62XX で表される DAQ デバイスは M シリーズです．さらに同時サンプリングを行う機能が内蔵されている S シリーズは製品名を 61XX で表しています．

　使用する DAQ デバイスが，どのシリーズに分類されるかは，最新のカタログを調べないとわからない場合がありますが，PCI-60XX や PXI-61XX，USB-62XX のように，バスタイプのあとの文字が 60XX，61XX，62XX のいずれかならば DAQ デバイスであることは間違いありません．PCI-4XXX や PCI-5XXX のようなデバイスはモジュール式計測器であり，DAQ デバイスではないので注意してください．

　LabVIEW をインストールするときに，DAQ デバイスのデバイスドライバとして NI-DAQmx を選択しているならば，E シリーズのごく一部（DAQPad-6070E や DAQPad-6052E などの旧製品）を除いて，すべての DAQ デバイスを使用したプログラミングが可能です．

- バスタイプが PCI，PCI Express，PXI の DAQ デバイスの据え付け方法
　パソコンの筐体を開けてバスに取り付ける必要がある DAQ デバイスは，必ずパソコンの電源を切ってコンセントを抜いてから差し込んでください．電源を切らずに差し込むと，DAQ デバイスが破損する場合があります．
- バスタイプが USB，FireWire（IEEE1394）デバイスの据え付け方法
　USB や FireWire（IEEE1394）のように接続用ケーブルを介して取り付ける DAQ デバイスは，パソコンの電源を切る必要はありません．Windows が起動したままでも，電源を切ってからでも接続できます．

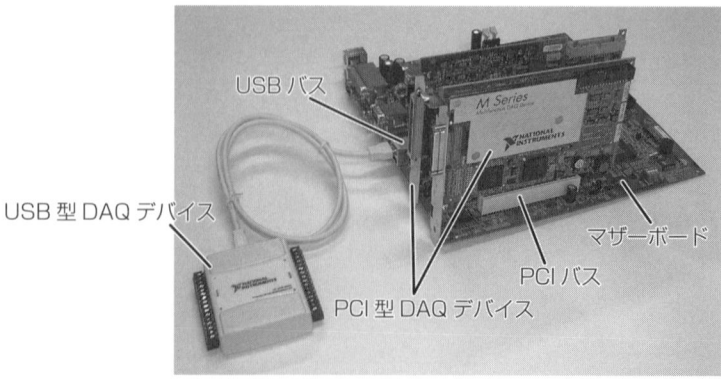

図 2.3　パソコンのマザーボードに差し込まれた PCI デバイスと USB デバイス

## 2.1 DAQ デバイスの購入と取り付け方法

### 2.1.3 パソコンの起動と DAQ デバイスの検出

DAQ デバイスを取り付けたあとに Windows 上で DAQ デバイスを認識させるためには，パソコンを起動します．Windows が起動すると，Windows が DAQ デバイスを検出し，図 2.4 のような「新しいハードウェアの検索ウィザード」が現れます．

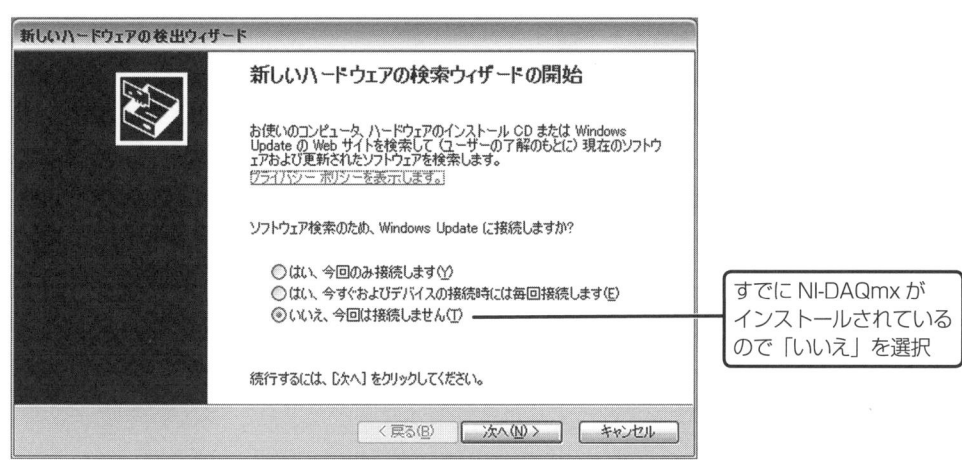

図 2.4　新しいハードウェアの検索ウィザード

「新しいハードウェアの検索ウィザード」では，必要なデバイスドライバを入手するためにインターネットに接続するかどうかを聞いてきますが，LabVIEW をインストールしたときに，NI-DAQmx デバイスドライバをインストールしているので，「いいえ、今回は接続しません」を選択します．「次へ」をクリックすると，図 2.5 のように「インストール方法を選んでください」という指示が現れるので，「ソフトウェアを自動的にインストールする」を選択してください．

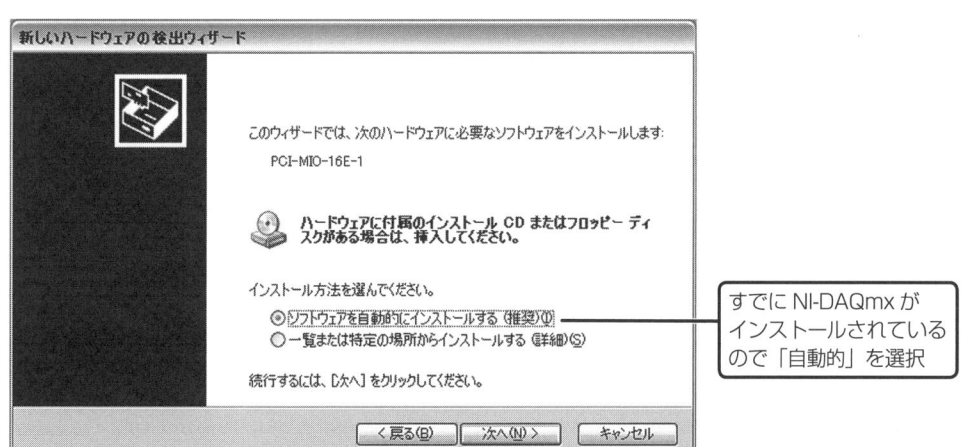

図 2.5　「ソフトウェアを自動的にインストールする」を選択

第2章　DAQデバイスの購入と動作確認

無事にインストールが終了すれば，図2.6のような「新しいハードウェアの検索ウィザードの完了」が表示されます．

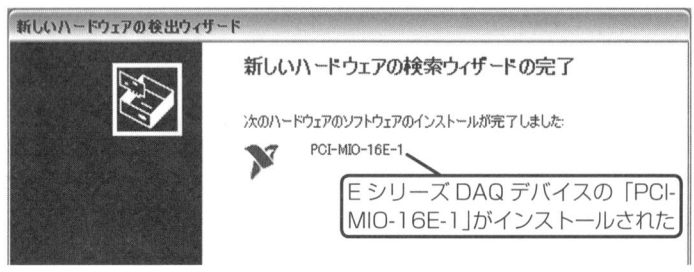

図2.6　新しいハードウェアの検索ウィザードの完了

### 2.1.4 Measurement & Automation Explorer の起動

インストールされたDAQデバイスが正しく動作しているかどうかを確認するためには，ナショナルインスツルメンツのMeasurement & Automation Explorerを使用します．

DAQデバイスを取り付けてハードウェアの検出が終了すると，図2.7のように「実行する動作を選択するウィンドウ」が現れる場合があるので，「Measurement & Automation Explorer」を起動してください．

図2.7　実行する動作を選択するウィンドウ

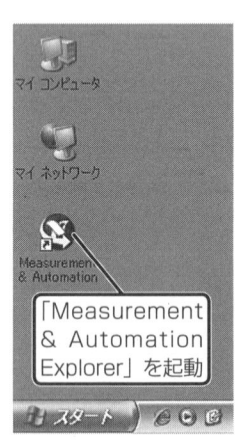

図2.8　Measurement & Automation Explorer の起動

または，図2.8のようにデスクトップ上にある「Measurement & Automation Explorer」をクリックしても起動することができます．

図2.9は，Measurement & Automation Explorer のウィンドウです．Measurement & Automation Explorer は，ナショナルインスツルメンツのソフトウェアのバージョンを管

2.1 DAQ デバイスの購入と取り付け方法

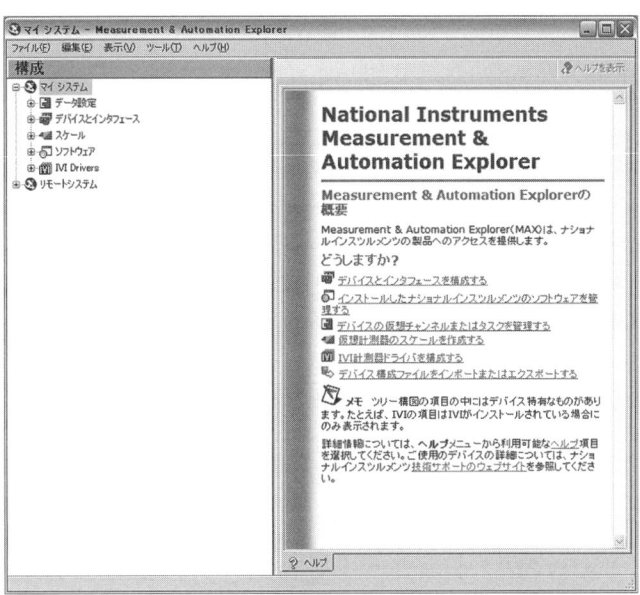

図 2.9　Measurement & Automation Explorer

理し，DAQ デバイスが正しくパソコン上で認識されているかどうかを確認する重要なソフトウェアです．通称，「MAX」とよんでいます．

もし，Measurement & Automation Explorer が文字化けを起こしている場合は，巻末の「付録 A：文字化けの対処方法」を参照してください．

### 2.1.5　DAQ デバイスの認識方法

検出された DAQ デバイスを確認するには，Measurement & Automation Explorer の「デバイスとインタフェース」をクリックします．

図 2.10 では，E シリーズの PCI-MIO-16E-1，M シリーズの PCI-6251，ポータブル USB DAQ シリーズの USB-6009 が認識されています．

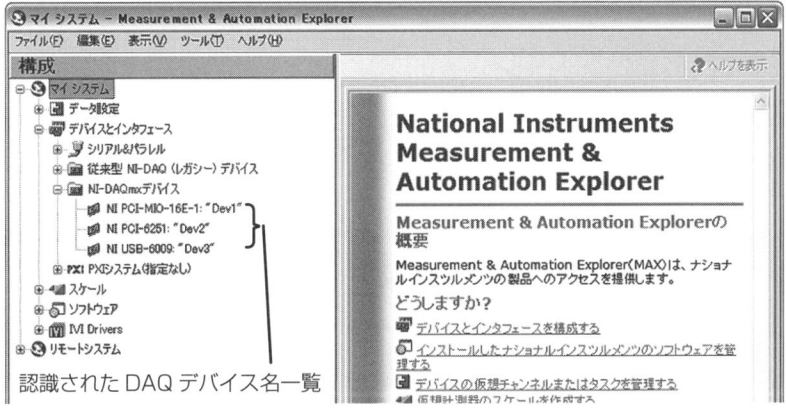

図 2.10　認識された DAQ デバイス

第2章　DAQデバイスの購入と動作確認

もし，Measurement & Automation Explorer 上にインストールしたはずの DAQ デバイスが見えない場合は，巻末の「付録 B：DAQ デバイスの認識方法」を参照してください．

### 2.1.6　デバイス識別の情報

Measurement & Automation Explorer の各デバイス名の右側に "Dev" の番号表示があります．これは LabVIEW プログラミングを使用して，DAQ デバイスに制御命令を送るときに**重要な識別情報**です．とくに複数の DAQ デバイスを使用しているときに，この情報を忘れてしまうと，どの DAQ デバイスに対してプログラミングを行っているのかどうかがわからなくなってしまいます．"Dev" の番号表示は使用する環境によって異なりますので，各自で "Dev" の番号を確認してください．

> DAQ デバイスを NI-DAQmx でプログラミングする場合，図 2.10 より
> ● PCI-MIO-16E-1 は，「Dev1」としてデバイスを識別します．
> ● PCI-6251 は，「Dev2」としてデバイスを識別します．
> ● USB-6009 は，「Dev3」としてデバイスを識別します．

### 2.1.7　DAQ デバイスのセルフテスト

次は，セルフテストを行い DAQ デバイスが正しくパソコンと通信できるかどうかを確認します．

図 2.11 のように，Measurement & Automation Explorer の DAQ デバイス上で右クリックして「セルフテスト」を選択してください．

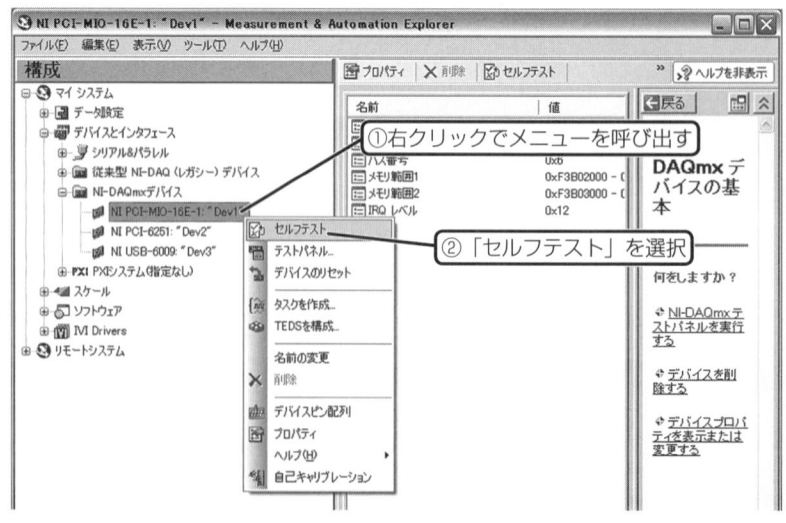

図 2.11　DAQ デバイスのセルフテストの実行

成功すれば図 2.12 のようなウィンドウが現れます．もし，セルフテストに成功しない場合は，巻末の「付録 B：DAQ デバイスの認識方法」を参照してください．

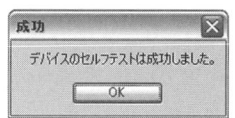

図 2.12　セルフテストの結果

DAQ デバイスの取り付けと Measurement & Automation Explorer 上で DAQ デバイスを確認できました．次は DAQ デバイスのアナログ入力とアナログ出力の動作を確認していきます．

## 2.2　DAQ デバイスの動作確認

取り付けた DAQ デバイスが正常に動作しているかどうかを確認しましょう．ここでは Measurement & Automation Explorer のテストパネル機能を利用して，認識された DAQ デバイスのアナログ入力とアナログ出力の動作を確認していきます．配線と端子割り当ての関係は少し複雑になりますが，DAQ デバイスの基本動作をしっかり理解しましょう．

### 2.2.1　アナログ入力の動作確認

DAQ デバイスが正しくアナログ入力できるかどうかを確認します．図 2.13 のように Measurement & Automation Explorer の DAQ デバイス上で右クリックして「テストパネル」を選択します．

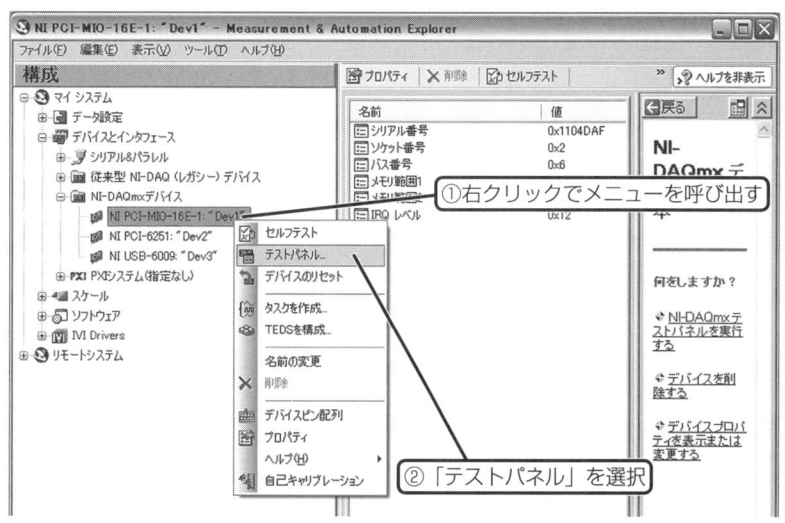

図 2.13　DAQ デバイスのテストパネルの選択

第2章　DAQ デバイスの購入と動作確認

　DAQ デバイスによって多少異なりますが，起動時のデフォルト設定は，図 2.14 のようにチャンネル名「Dev1/ai0」，モード「オンデマンド」，入力構成「差動」，最大入力制限10 V，最小入力制限 − 10 V になります．これは，差動入力モードで DAQ デバイス「Dev1」のアナログ入力チャンネル「ai0」（最後の文字はゼロです）を測定するということを表しています．

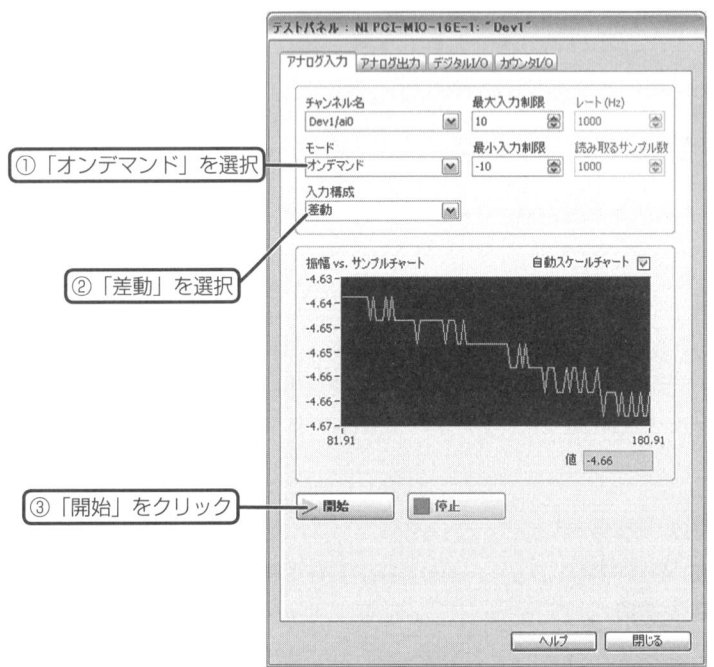

図 2.14　入力端子開放時のアナログ入力測定結果

　まだ，DAQ デバイスに測定する電圧を接続していない状態ですが，ここで「開始」をクリックしてみてください．すると，図 2.14 のように何やら不安定な電圧値が現れます．これを故障だと相談してくる人もいますが，この現象は正常です．DAQ デバイスの入力インピーダンスは数 GΩ で設計されているため，何もつないでいない状態では，**帯電した電圧を測定している状態**になります．言い換えるならば，感度が優れているということになりますが，静電気による破損が起きやすいので，取り扱いには注意してください．

### 2.2.2　乾電池の電圧測定

　DAQ デバイスに何も接続していない状態では，帯電した電圧を測定している状態です．実際に何か既知の電圧が測れることを確認しないと，本当に動いているのかどうかという手ごたえがありません．

　次に，実際に電圧の測定を行ってみます．DAQ デバイスが電圧を測定する機器だからといって，テスタやオシロスコープのように 100 V のコンセント電圧も測定できると勘違いしてコンセントに接続すると，DAQ デバイスをはじめパソコンまで破損します．DAQ デバイスの入力範囲は ±10 V の仕様のものが多いですから，この範囲内の電圧を加えて

ください.

なお，DAQ デバイスに誤って過大な電圧を加えてしまった場合に故障せずに耐えられる許容電圧値は，パソコンに電源が入り DAQ デバイスに電源が入っている場合のほうが高くなります．DAQ デバイスに電源が入っている場合の許容電圧値はおおむね±25 V，電源が入っていない場合の許容電圧値はおおむね±15 V ですが，特別仕様の DAQ デバイスもあるので，詳細は各 DAQ デバイスの仕様を参照してください．しかしながら，試しといって許容電圧を加えることは避けてください．

ここでは，電圧測定の確認用として新品の乾電池を用意しました．さて，DAQ デバイスに電圧測定用として乾電池をつなぐ場合に困ることは，「どの端子がアナログ入力の何チャンネルなのか」という問題です．DAQ デバイスは，37 ピン型から 136 ピン型のものまで多岐にわたっており，最初に購入したときは，どこが何の端子なのかがわかりません．さらに，アナログ入力モードが 3 種類存在し，そのモード選択によって各端子の役割が変わってしまいます．

ここでは，「まず，何か既知の電圧が測れることによって，本当に測定できているのかどうかという手ごたえを得る」ことが目的なので，アナログ入力モードの詳細は 3.1.7 項以降で説明します．

さて，先ほど利用した DAQ デバイスのテストパネルを見てください．DAQ デバイスによって多少異なりますが，起動時のデフォルト設定は入力構成「差動」になっていて，差動入力モードで DAQ デバイス「Dev1」のアナログ入力チャンネル「ai0」（最後の文字はゼロです）を測定する状態になっています．DAQ デバイスには多くの端子がありますが，「差動入力時の ai0」とは，どの端子のことなのでしょうか．

まず端子全体の配置を調べるには，図 2.15 のように Measurement & Automation Explorer の DAQ デバイス上で右クリックして「デバイスピン配列」を選択してください．すると，端子全体のデバイスピン配列を見ることができます．

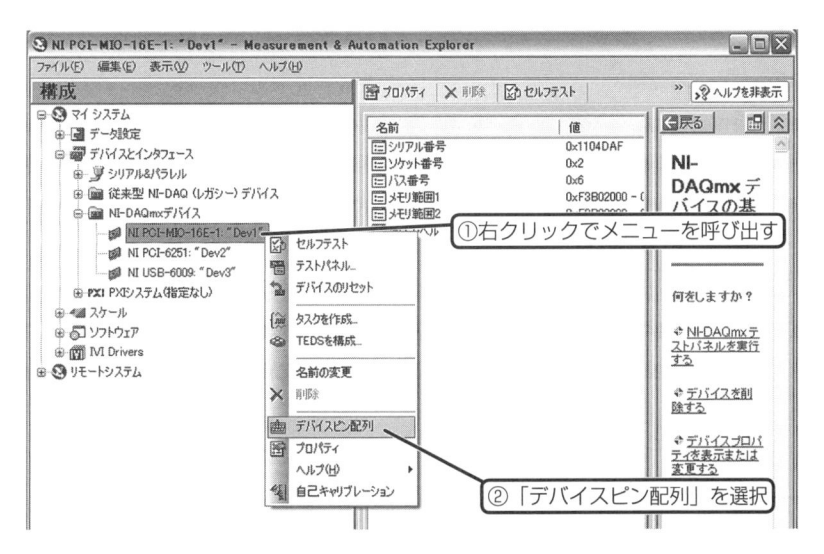

図 2.15　DAQ デバイスのデバイスピン配列の選択

第2章　DAQデバイスの購入と動作確認

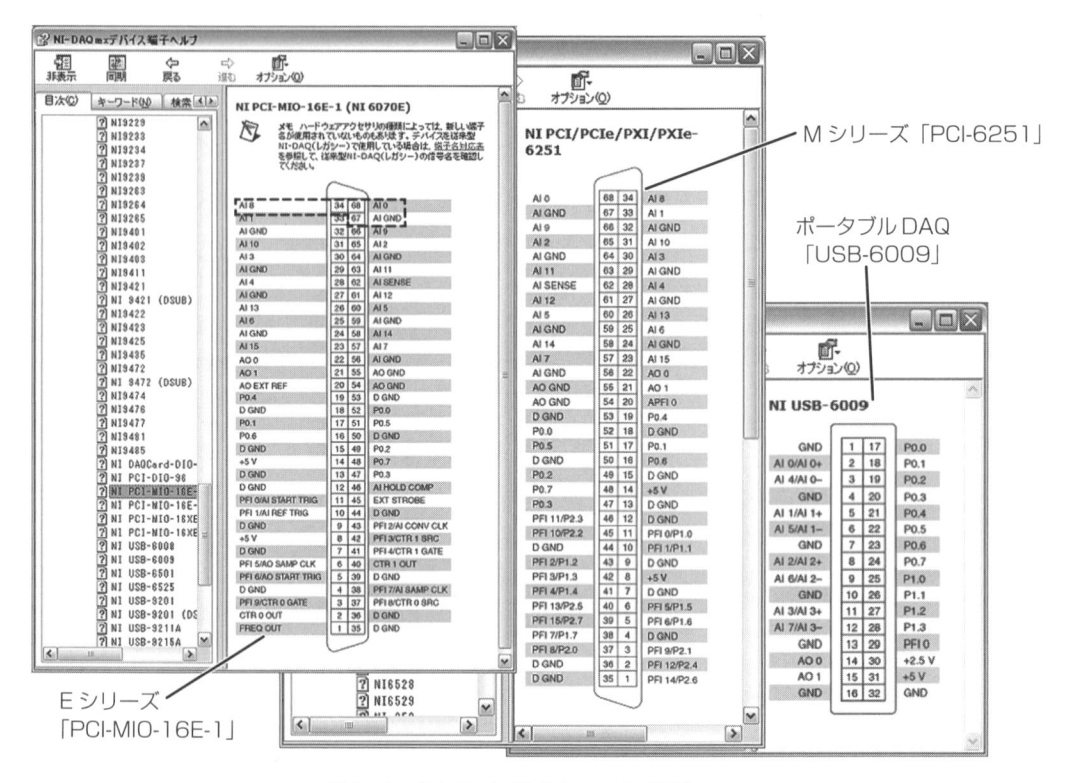

図2.16　主なDAQデバイスのピン配列

　図2.16は，主なDAQデバイスのデバイスピン配列です．これらの端子は，端子台に接続されて分配されるので，使用する端子台を定義しなければなりません．

　使用する端子台は，Measurement & Automation Explorer上で定義します．図2.17のようにMeasurement & Automation ExplorerのDAQデバイス上で右クリックして「プロパティ」を選択してください．

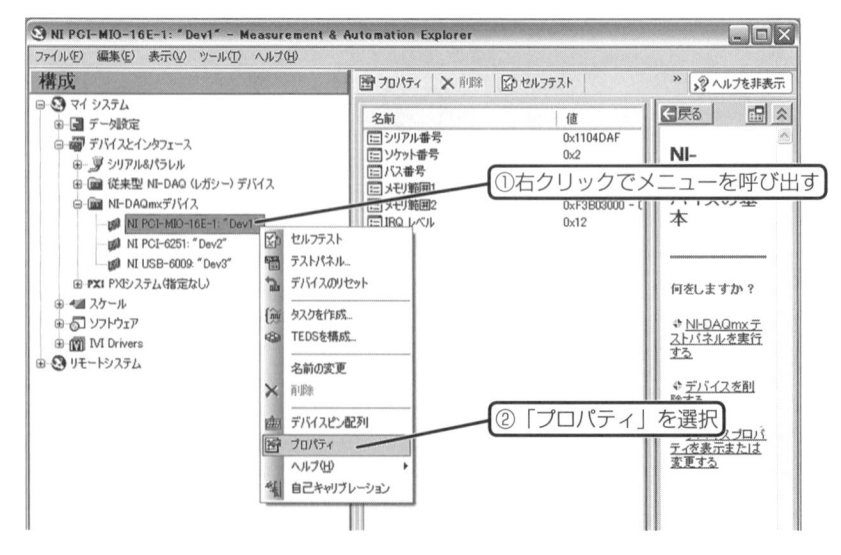

図2.17　DAQデバイスのプロパティの選択

## 2.2 DAQデバイスの動作確認

デバイスプロパティのウィンドウが開くので，図 2.18 のように「アクセサリ」タブをクリックして，アクセサリとして端子台を指定してください．この例の場合は，CB-68LP端子台を選択しています．

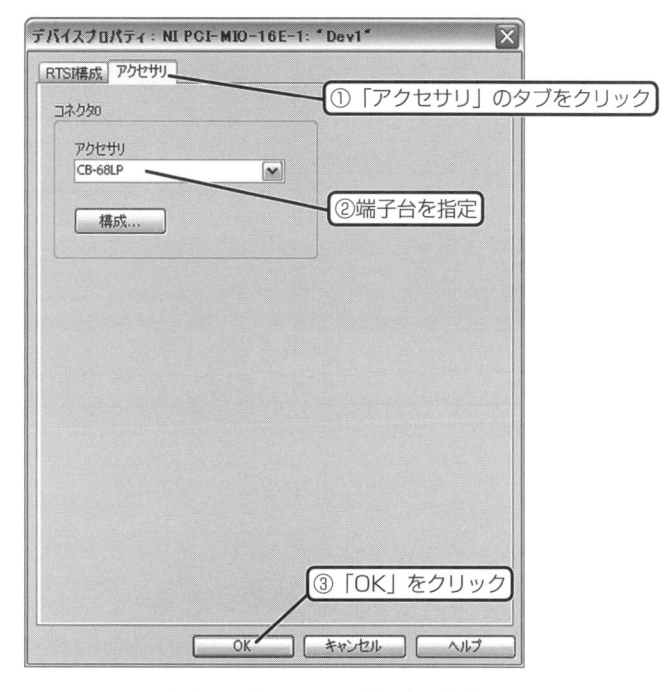

図 2.18 デバイスプロパティで端子台を指定

端子台を指定したら，アナログ入力 ai0 の端子の接続図を呼び出すために，NI-DAQ タスク[14]を作成します．図 2.19 のように「データ設定」を右クリックして「新規作成」を選んでください．

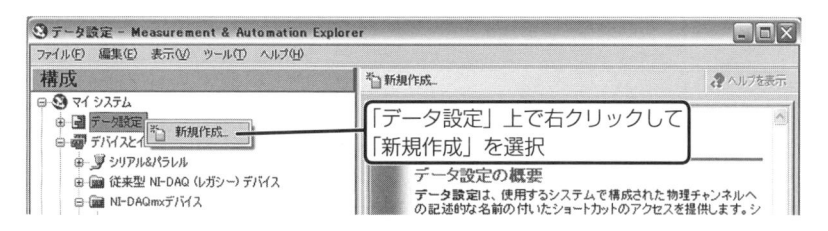

図 2.19 データ設定から新規作成を選択

図 2.20 のような新規作成ウィンドウが開くので，「NI-DAQmx タスク」を選択→「信号を集録」を選択→「アナログ入力」を選択→「電圧」を選択→接続図を見たい DAQ デバイスのアナログ入力チャンネルを選択してください．最後に適当な名前を付けてください．この例では「ai0」として名前を付けました．

---

[14] DAQ デバイスを動作させるためのドライバソフトウェア NI-DAQmx（エヌ アイ ダック エム エックス）を使用して，DAQ デバイスを動作させるために必要な最小限の設定条件を与えることを指します．

第2章　DAQ デバイスの購入と動作確認

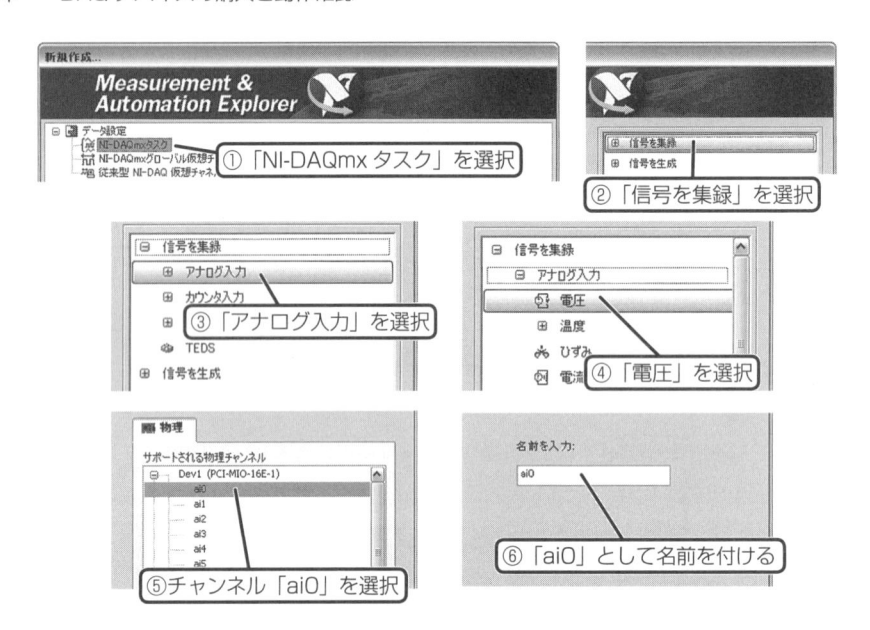

図 2.20　NI-DAQmx タスクの作成

　名前を入力し終えると，図 2.21 のように NI-DAQmx タスクが開くので，「接続ダイアグラム」タブをクリックすると，接続図を見ることができます．

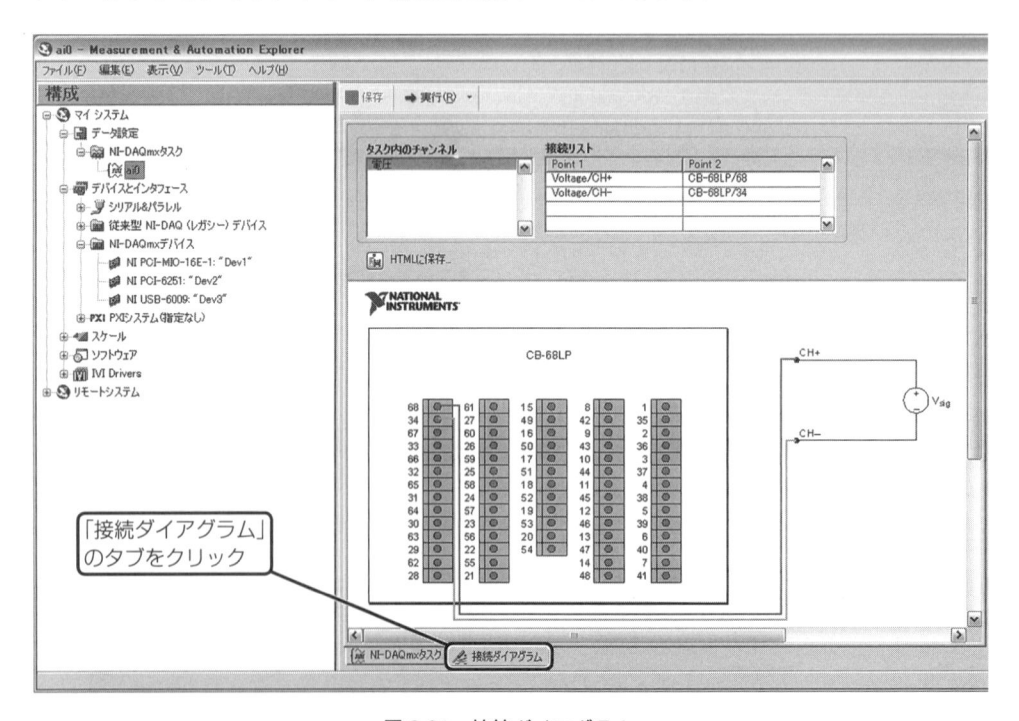

図 2.21　接続ダイアグラム

　図 2.21 の場合，E シリーズ DAQ デバイス PCI-MIO-16E-1 のアナログ入力を差動入力で使用する場合の「Dev1/ai0」チャンネルは，プラス入力端子として 68 番ピン，マイ

## 2.2 DAQデバイスの動作確認

表 2.1 主な DAQ デバイスのアナログ入力「差動入力時 ai0」の端子

| | プラス入力端子 | マイナス入力端子 | グランド端子 |
|---|---|---|---|
| E シリーズ DAQ デバイス 68 ピン型<br>（PCI-MIO-16E-1，PCI-6070E など） | AI 0 (ACH0)<br>端子位置：68番ピン | AI 8 (ACH8)<br>端子位置：34番ピン | AI GND<br>端子位置：67番ピン |
| E シリーズ DAQ デバイス 100 ピン型<br>（PCI-MIO-64E-1，PCI-6071E など） | AI 0 (ACH0)<br>端子位置：3番ピン | AI 8 (ACH8)<br>端子位置：4番ピン | AI GND<br>端子位置：2番ピン |
| M シリーズ DAQ デバイス 37 ピン型<br>（PCI-6221） | AI 0<br>端子位置：1番ピン | AI 8<br>端子位置：20番ピン | AI GND<br>端子位置：3番ピン |
| M シリーズ DAQ デバイス 68 ピン型<br>（PCI-6220，PXI-6220，PCI-6221，PXI-6221，PCI-6250，PXI-6250，PCI-6251，PXI-6251，PCI-6280，PXI-6280，PCI-6281，PXI-6281） | AI 0<br>端子位置：68番ピン | AI 8<br>端子位置：34番ピン | AI GND<br>端子位置：67番ピン |
| M シリーズ DAQ デバイス 136 ピン型<br>（PCI-6224，PXI-6224，PCI-6225，PXI-6225，PCI-6229，PXI-6229，PCI-6254，PXI-6254，PCI-6255，PXI-6255，PCI-6259，PXI-6259，PCI-6284，PXI-6284，PCI-6289，PXI-6289） | AI 0<br>端子位置：コネクタ 0 の 68番ピン | AI 8<br>端子位置：コネクタ 0 の 34番ピン | AI GND<br>端子位置：コネクタ 0 の 67番ピン |
| M シリーズ DAQ デバイス ネジ留め式端子 64 ピン型<br>（USB-6221，USB-6229，USB-6251，USB-6259） | AI 0<br>端子位置：1番ピン | AI 8<br>端子位置：2番ピン | AI GND<br>端子位置：3番ピン |
| M シリーズ DAQ デバイス ネジ留め式端子 128 ピン型<br>（USB-6225，USB-6255） | AI 0<br>端子位置：1番ピン | AI 8<br>端子位置：17番ピン | AI GND<br>端子位置：6番ピン |
| M シリーズ DAQ デバイス BNC 型<br>（USB-6221，USB-6229，USB-6251，USB-6259） | BNC コネクタ AI 0 端子の内側 | BNC コネクタ AI 0 端子の外側 | 乾電池のようなフローティング電圧はスイッチを FS 側に切り替え |
| M シリーズ DAQ デバイス マスターミネーション型<br>（USB-6225，USB-6251，USB-6255，USB-6259） | AI 0<br>端子位置：コネクタ 0 の 68番ピン | AI 8<br>端子位置：コネクタ 0 の 34番ピン | AI GND<br>端子位置：コネクタ 0 の 67番ピン |
| ポータブル USB DAQ シリーズ<br>（USB-6008，USB-6009） | AI 0/AI 0+<br>端子位置：2番ピン | AI 4/AI 0-<br>端子位置：3番ピン | GND<br>端子位置：1番ピン |

ナス入力端子として 34 番ピンを使用するということがわかります．ただし，差動入力の場合は，さらに電位基準となるグランド入力[15]も使用するので，図 2.16 を振り返って確かめると，アナログ入力のグランド端子（AI GND）は 67 番などが使用できることがわかります．

したがって，図 2.16 と図 2.21 を比較することで，E シリーズの「差動入力時の ai0」は，

---

[15] グランド入力とは，電圧測定時に基準となる電位のことを指します．自動車ならばボディがグランドであり，コンセントの AC100V ならば左側がグランド入力になります．

第2章　DAQ デバイスの購入と動作確認

「AI 0 (ACH0)」として 68 番ピン,「AI 8 (ACH8)」として 34 番ピン,「AI GND」として 67 番ピンの 3 つの端子を使用することがわかります.

これらの対応づけは,慣れないと難しいものです.表 2.1 は,主な DAQ デバイスの「差動入力時の ai0」の端子についてまとめたものです.

アナログ入力で使用する端子が判明したら,乾電池を図 2.22 のように接続してください.

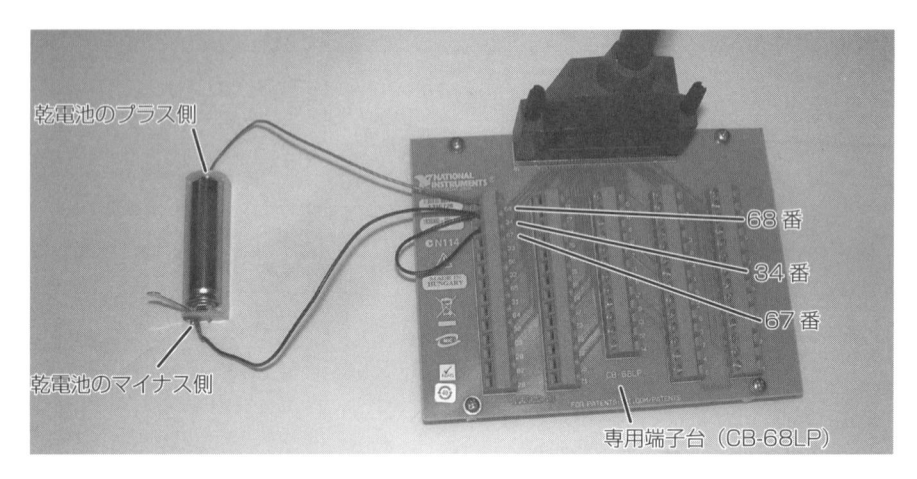

図 2.22　乾電池と DAQ デバイスのアナログ入力 ai0 チャンネルへの接続方法

ここでは,図 2.22 のように 68 ピン型 E シリーズデバイスである PCI-MIO-16E-1 と専用ケーブルと端子台(最も手頃な CB-68LP 端子台)を用いました.M シリーズであっても PCI-6251 のように 68 ピン型ならば,「差動入力時の ai0」におけるピン番号は同じであり,DAQ デバイスのプラス入力端子である 68 番ピンは乾電池のプラス側に接続,DAQ デバイスのマイナス入力端子である 34 番ピンは乾電池のマイナス側に接続,DAQ デバイスのグランド端子である 67 番ピンは DAQ デバイスのマイナス入力端子である 34 番ピンに接続します.

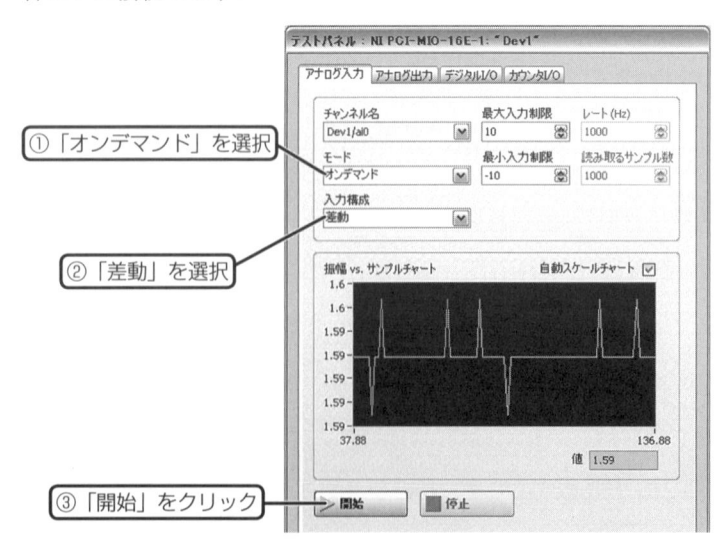

図 2.23　テストパネルによる乾電池の電圧測定結果

30

乾電池を接続したあと，Measurement & Automation Explorer の DAQ デバイス上で右クリックして，先ほど使用した「テストパネル」を呼び出して，アナログ入力のテストパネルで「実行」すると，図 2.23 のような電圧波形が得られます．

乾電池は 1.5 V から 1.6 V ぐらいの一定の値になるので，テストパネルの値 1.59 V は正しい値といえます．もし，測定結果が違うようであれば，接続が間違っています．再度，端子割り当てを確認して，接続しなおしましょう．

測定した電圧波形を観察すると，新品の乾電池は一定の電圧を発生するはずですが，スパイク状に上下しています．これは DAQ デバイスの測定分解能に由来しています．アナログ／デジタル変換はアナログ電圧値を階段状に区切ってデジタル化させるため，その区切りには有限の大きさの段差（1 LSB とよぶ）があり，それが分解能になります．新品の乾電池は一定の電圧を発生させていますが，その測定結果は ±1 LSB ぐらい上下する誤差を伴うことに気を付けなければなりません．何 LSB の誤差が発生するかどうかは，DAQ デバイスの仕様に依存するので，注意が必要です．DAQ デバイスの分解能を有効に引き出す方法などの詳細は第 3 章で説明します．

### 2.2.3 高速サンプリングの実行

次に高速サンプリングのアナログ入力を実行してみましょう．乾電池を測定した状態のまま，図 2.24 のようにテストパネルのアナログ入力のモードを「オンデマンド」から「有限」に変更します．

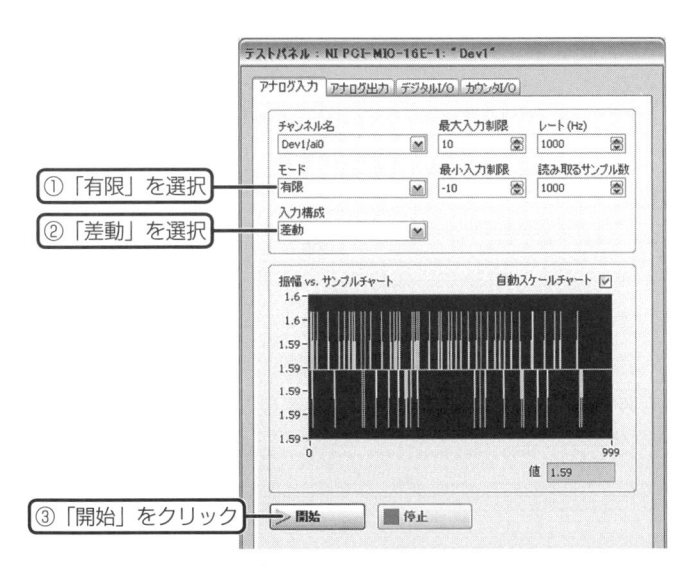

図 2.24 有限サンプリングモード

デフォルト設定では，サンプリングレート 1000 Hz，読み取るサンプル数 1000 ですから，1 秒間に 1000 回の測定頻度で 1000 個集録するので，集録時間は 1000 個÷1000 Hz=1 秒になります．測定結果から ±1 LSB で上下する測定誤差が確認できます．さらにサンプリングレートを変えたり，モードを変えたりして，DAQ デバイスのアナログ入力の特徴

第2章　DAQデバイスの購入と動作確認

を各自確認してみましょう．

### 2.2.4 アナログ出力の動作確認

　DAQデバイスのアナログ出力の動作を確認してみましょう．DAQデバイスのテストパネルにあるアナログ出力タブを選択してください．図2.25のようなアナログ出力のウィンドウが現れます．

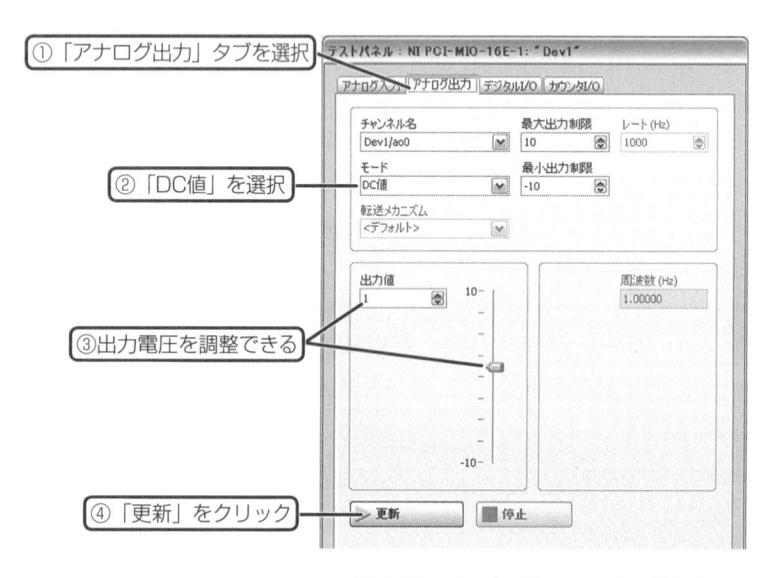

図2.25　テストパネルのアナログ出力

　ここで早速，「更新」をクリックするとチャンネル名「Dev1/ao0」に出力値1Vが出力されます．アナログ出力のチャンネル「ao0」の端子を調べるには，Measurement & Automation ExplorerのDAQデバイス上で右クリックして「デバイスピン配列」を選択します（図2.16を参照）．Eシリーズのアナログ出力「ao0」は，「AO 0 (DAC0OUT)」，「AO GND」の二つの端子を差します．Mシリーズのアナログ出力「ao0」は，「AO 0」，「AO GND」の二つの端子を差します．

　表2.2は，主なDAQデバイスのアナログ出力「ao0」の端子についてまとめたものです．

　68ピン型のDAQデバイスであるPCI-MIO-16E-1のアナログ出力「ao0」の端子は22番ピン，アナログ出力のグランド端子は55番ピンなので，市販のテスタで出力状態を確認してみてください．テストパネルのアナログ出力で指定した電圧値が出力されていることが確認できます．

表 2.2　主な DAQ デバイスのアナログ出力「ao0」の端子

| | アナログ端子 | グランド端子 |
|---|---|---|
| E シリーズ DAQ デバイス 68 ピン型<br>（PCI-MIO-16E-1，PCI-6070E など） | AO 0 (DAC0OUT)<br>端子位置：22 番ピン | AO GND<br>端子位置：55 番ピン |
| E シリーズ DAQ デバイス 100 ピン型<br>（PCI-MIO-64E-1，PCI-6071E など） | AO 0 (DAC0OUT)<br>端子位置：20 番ピン | AO GND<br>端子位置：23 番ピン |
| M シリーズ DAQ デバイス 37 ピン型<br>（PCI-6221） | AO 0<br>端子位置：12 番ピン | AO GND<br>端子位置：11 番ピン |
| M シリーズ DAQ デバイス 68 ピン型<br>（PCI-6221，PXI-6221，PCI-6251，PXI-6251，PCI-6281，PXI-6281） | AO 0<br>端子位置：22 番ピン | AO GND<br>端子位置：55 番ピン |
| M シリーズ DAQ デバイス 136 ピン型<br>（PCI-6225，PXI-6225，PCI-6229，PXI-6229，PCI-6255，PXI-6255，PCI-6259，PXI-6259，PCI-6289，PXI-6289） | AO 0<br>端子位置：コネクタ 0 の 22 番ピン | AO GND<br>端子位置：コネクタ 0 の 55 番ピン |
| M シリーズ DAQ デバイス ネジ留め式端子 64 ピン型<br>（USB-6221，USB-6229，USB-6251，USB-6259） | AO 0<br>端子位置：15 番ピン | AO GND<br>端子位置：16 番ピン |
| M シリーズ DAQ デバイス ネジ留め式端子 128 ピン型<br>（USB-6225，USB-6255） | AO 0<br>端子位置：15 番ピン | AO GND<br>端子位置：16 番ピン |
| M シリーズ DAQ デバイス BNC 型<br>（USB-6221，USB-6229，USB-6251，USB-6259） | BNC コネクタ<br>AO 0 端子の内側 | BNC コネクタ<br>AO 0 端子の外側 |
| M シリーズ DAQ デバイス マスターミネーション型<br>（USB-6225，USB-6251，USB-6255，USB-6259） | AO 0<br>端子位置：コネクタ 0 の 22 番ピン | AO GND<br>端子位置：コネクタ 0 の 55 番ピン |
| ポータブル USB DAQ シリーズ<br>（USB-6008，USB-6009） | AO 0<br>端子位置：14 番ピン | GND<br>端子位置：13 番ピン |

### 2.2.5 アナログ入出力の動作確認

　アナログ入力のテストパネルとアナログ出力のテストパネルを組み合わせると，DAQ デバイスのアナログ出力の状態を DAQ デバイスのアナログ入力機能で確認できます．アナログ入力の動作確認で使用した乾電池を外して，乾電池のプラス側に接続していた配線をアナログ出力端子に接続し，乾電池のマイナス側に接続していた配線をアナログ出力のグランド端子に接続してください．

　68 ピン型の DAQ デバイスである PCI-MIO-16E-1 や PCI-6251 の場合は，図 2.26 のような接続になります（68 番ピンと 22 番ピンを接続，34 番ピンと 67 番ピンを接続，34 番ピンと 55 番ピンを接続）．

　そして，テストパネルのアナログ入力を実行すると，図 2.27 のようにアナログ出力された電圧が測定できることが確認できます．

　さらにテストパネルのアナログ出力のモードを「正弦波生成」に変更して，テストパネルのアナログ入力のモードを「連続」にすると，図 2.28 のようにアナログ出力された正弦波をアナログ入力で測定できます．

　アナログ入力とアナログ出力の動作を把握したら，これから測定しようと考えている電

第2章　DAQデバイスの購入と動作確認

圧の測定や，制御しようと考えているハードウェアにアナログ出力を試して，おおまかに目的とする動作が実現できるかどうかを確認しておきましょう．

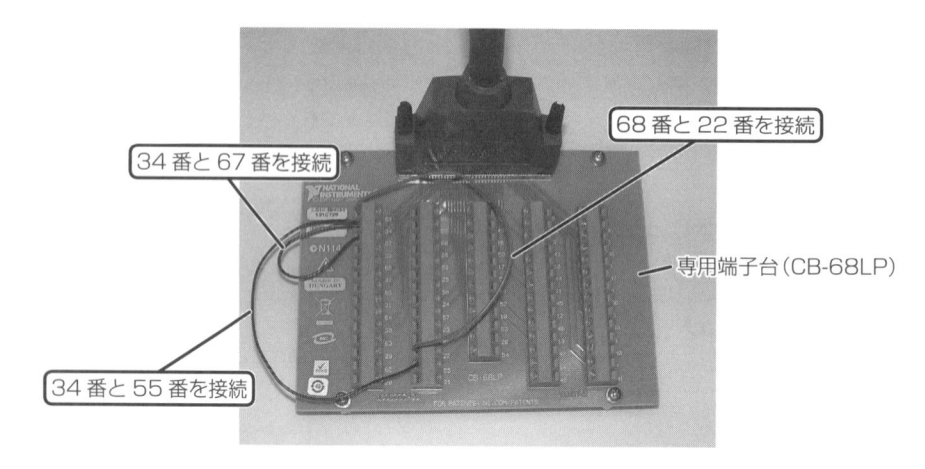

図2.26　68ピン型のDAQデバイスの「差動入力時ai0」とアナログ出力「ao0」の接続

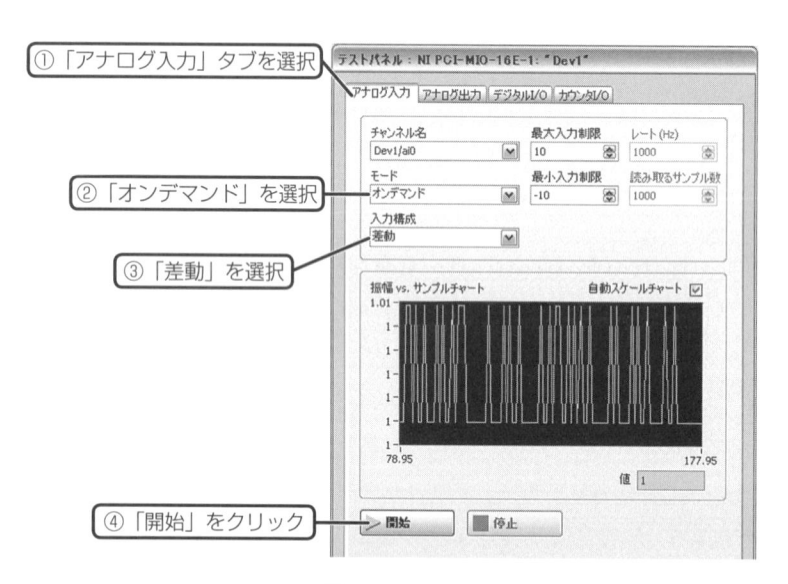

図2.27　アナログ出力の電圧値1Vをアナログ入力で測定

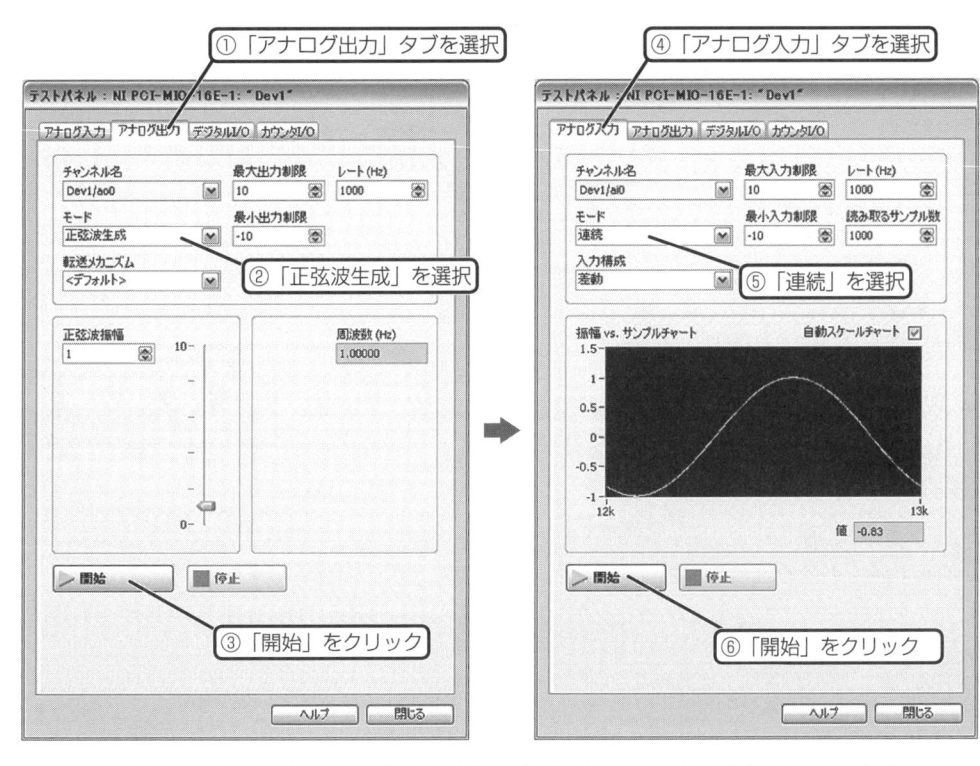

図 2.28　アナログ出力の「正弦波出力」モードをアナログ入力の「連続」モードで測定

# 第3章 DAQデバイスのハードウェア

　DAQデバイスを使用したLabVIEWプログラミングの目的は，電圧変化の測定と制御を行うことにあるので，そのインタフェース部分にあたるDAQデバイスのハードウェアに関する基礎知識はたいへん重要です．

　DAQデバイスの性能を100％引き出して，効率よく正確な電圧測定と電圧制御を行うには，DAQデバイスを始めとする測定系制御系のハードウェア特性を理解しておかなければなりません．

　この章では，測定系制御系のハードウェアからみたDAQデバイスのアナログ入力とアナログ出力の使い方と注意事項の詳細について説明します．

## 3.1 DAQデバイスのアナログ入力

　この節では，測定系のハードウェアからみたDAQデバイスのアナログ入力の使い方について詳細を説明します．

　DAQデバイスのアナログ入力には，**差動入力**，**非基準化シングルエンド入力**，**基準化シングルエンド入力**とよばれる3種類が備わっており，用途に合わせて使い分けます．また，アナログ入力におけるバイアス抵抗の接続，サンプリングレート，セトリングタイムの影響，インピーダンスなどの概念は，測定結果に影響を及ぼすのでたいへん重要です．いずれの事項も，詳細は順を追って各項で説明します．

### 3.1.1 アナログ入力の電圧仕様

　世の中に測定が必要とされる物理現象は，圧力や温度，音声，光，電流，電圧の物理現象など多岐にわたって存在します．

　DAQデバイスで測定する現象は電圧情報であり，アナログ入力レンジは±10Vから±0.1V程度なので，測定する物理現象はセンサ素子と変換回路を用いて，±10Vから±0.1V程度の電圧情報という形に変換しておかなければなりません．

## 3.1.2 アナログ入力時の入出力インピーダンス

測定しようとする電圧源は必ず出力インピーダンスとよばれる抵抗成分が含まれています．電圧測定をするとき，DAQデバイスのアナログ入力インピーダンスに対して，電圧源の出力インピーダンスは十分に小さいものでなければなりません．図3.1は入出力インピーダンスの関係を示しています．

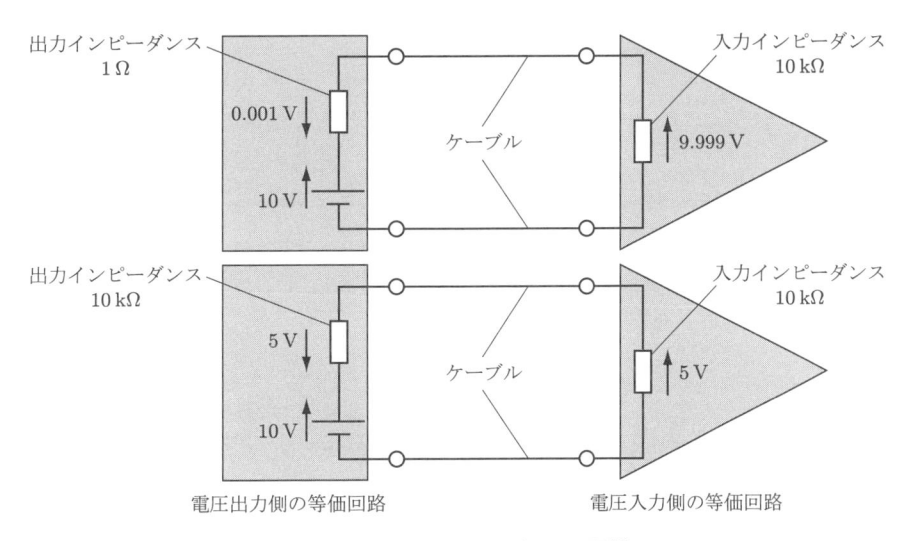

図3.1 入出力インピーダンスの関係

DAQデバイスのアナログ入力インピーダンスに対して，電圧源の出力インピーダンスがとても小さい場合は，ほとんどの電圧降下がDAQデバイスのアナログ入力インピーダンスで生じるので，測定誤差は無視できます．

しかし，出力インピーダンスと入力インピーダンスが同じ大きさである場合，入力インピーダンスで生じる電圧降下は，真の電圧値の半分になってしまい測定誤差になります．

もしかすると，測定する電圧源の出力インピーダンスを把握していないかもしれませんが，ほとんどの場合，心配は無用です．DAQデバイスの仕様を確認すると，DAQデバイスの入力インピーダンスは差動入力用に適した数GΩという非常に大きな値に設計されているので，普通は「出力インピーダンス≪入力インピーダンス」の関係が成り立ちます．

ただし，入力インピーダンスが大きいということは帯電しやすいともいえるので，**静電気による破損に注意**してください．

## 3.1.3 アナログ入力の構成（Sシリーズを除く）

図3.2は，DAQデバイスのアナログ入力の構成を示しています．

EシリーズもしくはMシリーズなどのDAQデバイスは，16チャンネルもしくは64チャンネルなどのアナログ入力チャンネル数を備えています．多チャンネルの電圧測定は，マルチプレクサ（MUX）で高速に回線の切り替えを行うことで実現しています．したがって，

第3章　DAQデバイスのハードウェア

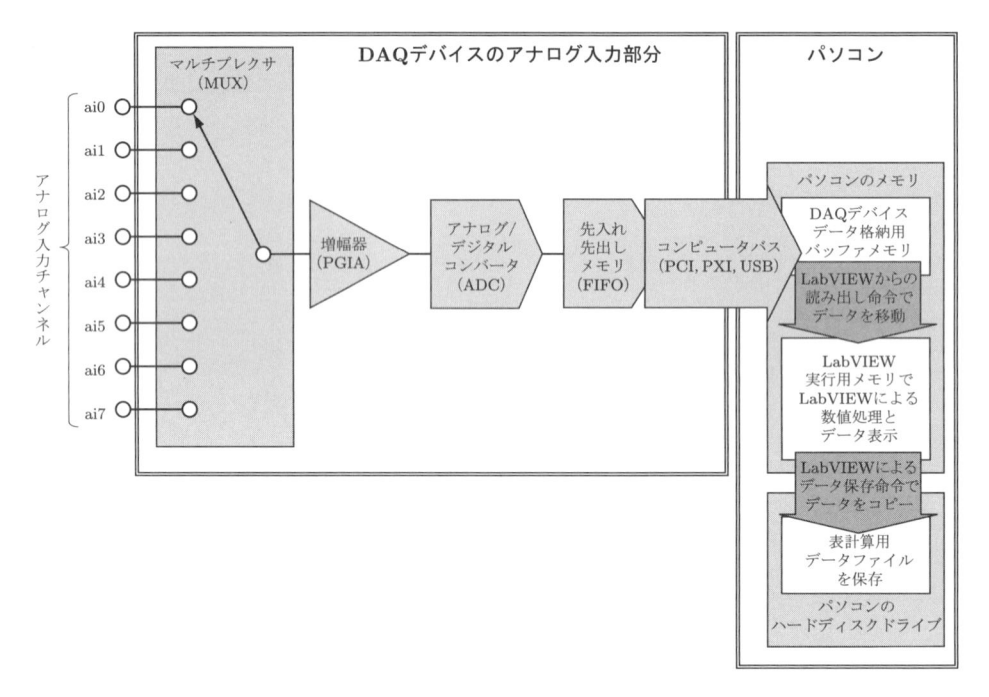

図3.2　DAQデバイスのアナログ入力の構成（Sシリーズを除く）

　各チャンネル間には，回線の切り替えに必要な時間数 µs のずれが生じます（同時アナログ/デジタル変換するSシリーズは除きます）．

　マルチプレクサで切り替えられた信号はプログラム可能な増幅器（PGIA）で増幅されてアナログ/デジタルコンバータ（ADC）でデジタル信号に変換されます．デジタル化された情報は，一時的に先入れ先出しの記憶素子（DAQデバイスに搭載されているFIFOメモリ）を経由して，コンピュータバス（PCIやPXI，USBなど）を通じて，LabVIEWがインストールされているパソコンのバッファメモリ（パソコンのメモリの一部分がDAQデバイス用に割り当てられたもの）に自動的に高速転送されます．

　とくにPCI（PXI）のデータ転送方式は，CPUの介在なしのバスマスタ方式で行われるため，そのときのパソコンの負荷状況とは無関係に**安定してデータ転送が行われる**という特徴があります．

　また，DAQデバイス使用時はLabVIEWプログラミングでバッファサイズの指定ができますが，このバッファサイズとはパソコンのメモリ上でアナログ入力用としてあらかじめ割り当てるバッファメモリサイズのことであり，DAQデバイス上に搭載されているFIFOメモリのサイズを指定するという意味ではありません．

　測定した結果をパソコンの画面上に表示したり数値処理したりするときは，バッファメモリに格納されているデータを読み出して，LabVIEWプログラムの実行のために使用している別のメモリ領域にデータをコピーすることでデータの処理や表示を可能にしています．

　さらに，表計算用としてデータ保存の命令をプログラミングすれば，パソコンのハードディスクにデータが保存されるという仕組みです．

## 3.1.4 Sシリーズのアナログ入力の構成

複数チャンネルを同時に測定したいという場合は，SシリーズDAQデバイス（PCI-61XXなど）を使用します．図3.3のようにSシリーズDAQデバイスは，チャンネルごとにプログラム可能な増幅器（PGIA）とアナログ/デジタルコンバータ（ADC）が備わっていますから，同時刻に多チャンネルを測定します．プログラミング方法はEシリーズやMシリーズと同じですから，各チャンネル間のデータ集録の時間差が問題になった場合は，DAQデバイスをSシリーズへ入れ替えるとよいでしょう．

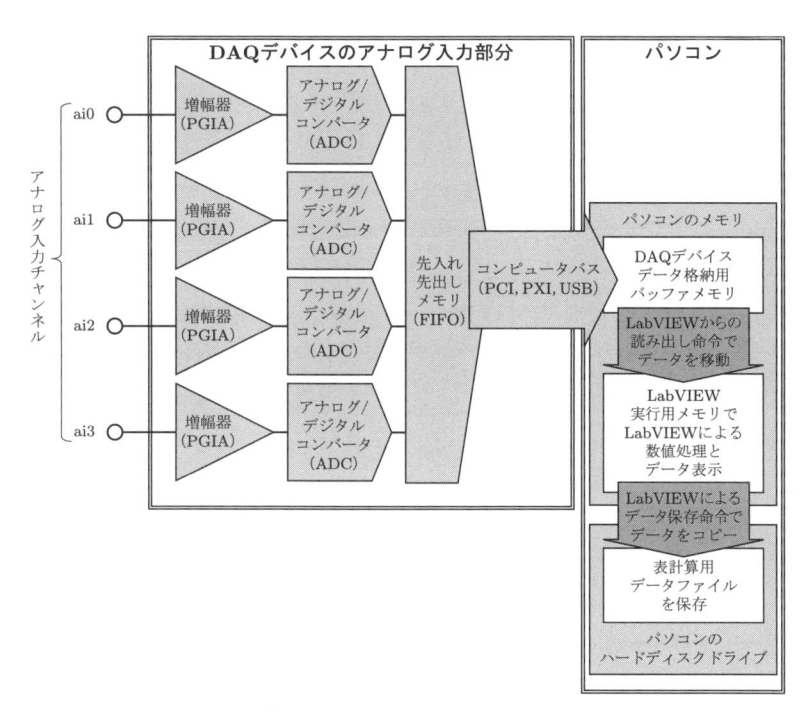

図3.3 SシリーズDAQデバイスのアナログ入力の構成

## 3.1.5 サンプリングレート

アナログ入力の測定システムを構築するとき，DAQデバイスに最も要求される性能は，測定時間の間隔，つまりサンプリングレートです．

熱電対のように変化が遅い物理現象ならば，測定する時間の間隔は1秒で対応できるかもしれません．しかし，音声をマイクで捉えて測定する場合は，最大1秒で20000回（20 kHz）振動する音声を捉えるので，それよりも速いサンプリングレートが必要になります．

MシリーズPCI-6251の場合，サンプリングレートは1.25 MHzなので，1秒間に125万回の計測を実行できることがわかります．サンプリングレートが速いほど，DAQデバイスを構成する電気回路は，高精度な設計が要求されるので高価になります．

サンプリングレートが 1.25 MHz の DAQ デバイスの場合，測定できる周波数は 1.25 MHz であると思うかもしれませんが，測定する現象が正弦波の場合に限定すると，きれいに測定できる正弦波の周波数は 60 kHz 程度が限度です．

図 3.4 は，サンプリングレートと集録できる周波数の関係を示しています．

（a）サンプリングレートが正弦波周波数の 4 倍のとき　　（b）サンプリングレートが正弦波周波数の 20 倍のとき

図 3.4　サンプリングレートと集録できる周波数の関係

一方，有名なアナログ／デジタル変換の原理におけるナイキストの定理[16]によると，サンプリングレートは測定する信号の**最大周波数の 2 倍以上**が必要になりますが，図 3.4（b）のようにきれいな波形で測定するために必要なサンプリングレートは，測定する信号の最大周波数の 20 倍以上は必要です．音声のように 20 kHz の振動成分を含む波形を集録するには，20 kHz × 20 倍 = 400 kHz 以上のサンプリングレートが目安になります．したがって，測定する周波数成分の **20 倍のサンプリングレートを確保**しなければならないと仮定すると，サンプリングレートが 1.25 MHz のアナログ入力で測定できる正弦波は，1.25 MHz ÷ 20 = 62.5 kHz が上限値となります．

しかし，測定した点と点の間の段差は残ります．これは，アナログ信号とデジタル信号の原理上の違いであり，サンプリングレートが速いほど，より忠実に波形測定が可能になります．しかし，高速サンプリングの DAQ デバイスは高価であり，データ数が増えることで演算処理に時間がかかるようになるので注意が必要です．

また，一つの DAQ デバイスで何チャンネル分の測定をするかどうかによってサンプリングレートは変化します（ただし S シリーズを除く）．たとえば，サンプリングレート 1.25 MHz の M シリーズ PCI-6251 の場合，1 チャンネルだけで測定を行う場合は，1.25 MHz のサンプリングレートで実行できます．しかし，仕様によると，複数チャンネルの場合は，最大 1 MHz で動作します．つまり，2 チャンネルで測定する場合は，1 MHz のサンプリングレートを半分に振り分けることになるので，各チャンネルあたり 1 MHz ÷ 2 = 500 kHz に低下します．同様に 4 チャンネルで測定した場合は，各チャンネルあたり 1 MHz ÷ 4 = 250 kHz になります（後述する差動入力かシングルエンドの選択によって，サンプリングレートが変化することはありません）．

DAQ デバイス選定時は，測定する物理現象の最大周波数成分と測定するチャンネル数を考慮して DAQ デバイスのサンプリングレートを決定してください．場合によっては DAQ デバイスの数を増やすということも必要です．もし DAQ デバイスのサンプリングレートをさらに高速化する場合は，サンプリングレートに重点をおいたナショナルインス

---

[16] 測定した電圧の振幅成分を再現するためには，測定する周波数成分の 2 倍以上のサンプリングレートでアナログ／デジタル変換する必要があります．シャノンの標本化定理とよぶ場合もあります．

ツルメンツのモジュール式計測器 NI-SCOPE デジタイザを検討するとよいでしょう．ただし，モジュール式計測器 NI-SCOPE デジタイザのプログラミング方法は，DAQ デバイスの場合と異なるので，少し変更を加える必要があります．

測定した電圧データに対して，結果として何の特徴を測定するのかという目的を考慮したうえで，適切な DAQ デバイスを使い分けましょう．

### 3.1.6 サンプリングレート設定上の制限

各チャンネルで使用できる最大サンプリングレートは，DAQ デバイスの最大サンプリングレートの仕様と使用するチャンネル数に依存します．

しかし，最大サンプリングレートまでの範囲ならば，自由自在にサンプリングレートを設定できるわけではありません．実際に設定できるサンプリングレートの値の答えは，自由自在な連続的な値ではなく，**とびとびの値**になります．

たとえば，M シリーズ PCI-6251 や E シリーズ PCI-MIO-16E-1 の仕様によると，アナログ入力のタイミング分解能は 50 ns です．つまり 50 ns の逆数を計算すると，アナログ入力のタイミングクロックは 20 MHz を基準にしていることがわかります．このタイミングクロック 20 MHz は，分周器とよばれる回路で周波数の割り算が行われ，サンプリングレートを作り出します．たとえば，20 MHz の信号を分周比 2 で割り算すると，10 MHz の信号に変換されます．

M シリーズ PCI-6251 や E シリーズ PCI-MIO-16E-1 は，最小の分周比が 16 に設定してあるので，タイミングクロック 20 MHz を分周比 16 で割り算すれば，20 MHz ÷ 16 = 1.25 MHz のタイミングクロックが発生します．M シリーズ PCI-6251 や E シリーズ PCI-MIO-16E-1 の最大サンプリングレートが 1.25 MHz であるという理由は，最小の分周比の設定が 16 であるためです．

次に，タイミングクロック 20 MHz を分周比 17 で割り算すれば，20 MHz ÷ 17 = 1.17647 MHz になります．

タイミングクロック 20 MHz に対して分周比 16 以上で割ったときの主なサンプリングレートを表 3.1 に示します．

表 3.1 タイミングクロックが 20 MHz の DAQ デバイスで実行できるサンプリングレート

| 分周比の設定 | サンプリングレート [MHz] |
|---|---|
| 16 | 1.25 |
| 17 | 1.17647 |
| 18 | 1.11111 |
| 19 | 1.05263 |
| 20 | 1 |
| 25 | 0.8 |
| 30 | 0.666 |
| 任意の定数 | 20 ÷ 任意の整数 |

したがって，アナログ入力のタイミングクロックが 20 MHz である DAQ デバイスは，サンプリングレートを 1.25 MHz や 1.17647 MHz に設定して LabVIEW プログラムを実行可能ですが，「20 MHz ÷ 整数」で表現できない 1.20 MHz などの中途半端なサンプリングレートでは実行できないということになります．

実行できないはずのサンプリングレート 1.20 MHz で LabVIEW プログラミングを実行すると，とくに異常なく実行できてしまします．しかし，内部では自動的に 1.25 MHz や 1.17647 MHz に設定変更されてしまっているので注意が必要です．アナログ入力のタイミングクロックが 20 MHz である DAQ デバイスを LabVIEW でプログラミングするときは，サンプリングレートの設定値が「**20 MHz ÷ 整数**」で**表現できる値**となるように注意してください．

しかし，この制限により希望とするサンプリングレートを実行できない場合は，DAQ デバイスのアナログ入力を「外部クロック入力設定」に変更し，別途 TTL レベル発振器（0 V → 5 V → 0 V → 5 V で変化する信号源）を用意して，DAQ デバイスの仕様上の最大サンプリングレートを超えない範囲でタイミングクロックを与えれば，任意のサンプリングレートでアナログ入力できます．この「外部クロック入力設定」の具体的な実行方法は，第 5 章で紹介します．

### 3.1.7 アナログ入力モードの種類

オシロスコープやテスタで電圧測定を行う場合，接続する端子は赤色のプラス端子と黒色のマイナス端子があり，測定したい電圧のプラスとマイナスをそれぞれ接続すればよいことは周知のことと思います．

ところが第 2 章の Measurement & Automation Explorer のテストパネルで DAQ デバイスのアナログ入力を実行したとき，乾電池の電圧測定で 3 種類の端子を使用しました．なぜプラスとマイナスしかない電圧を測定するために，3 種類の端子が必要なのかと不思議に思うかもしれません．理由は DAQ デバイスのデフォルト設定である「差動」モードを使用したためです．

図 3.5 のように DAQ デバイスのアナログ入力は，「差動」，「基準化シングルエンド」，「非基準化シングルエンド」の 3 種類を選べます．もちろん，3 種類のアナログ入力モードは，LabVIEW プログラム上からも指定できます．

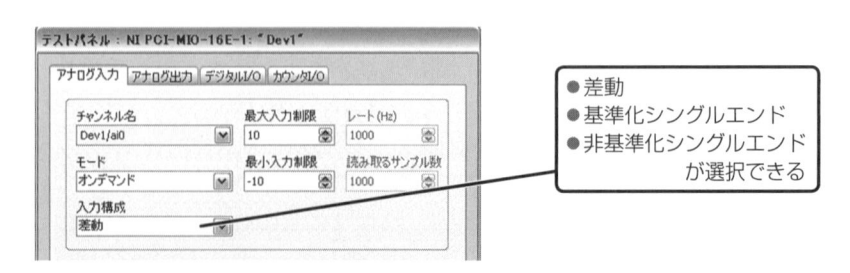

図 3.5 Measurement & Automation Explorer のアナログ入力のテストパネル

用途に合わせて，3種類を使い分けることができるという利便さに優れていますが，アナログ入力のモード選択によって端子の割り当ては変化するので，オシロスコープやテスタだけでしか測定を行ったことがないユーザの場合，3種類の入力モードの違いに混乱してしまう場合があります．また，場合によってはバイアス抵抗を導入しなければなりません．

次に，これら3種類のアナログ入力モードの違いとバイアス抵抗について説明します．

## 3.1.8 基準化シングルエンド（RSE）

基準化シングルエンドはオシロスコープなどの一般的な箱型計測器と同じ接続方法であり，測定する電圧のマイナス側とDAQデバイスのアナログ入力のグランドを共通にする方法です．端子割り当ては，表3.2のようになります．

表3.2 基準化シングルエンドモード時の端子割り当て

|  | チャンネル名 | 測定する電圧の<br>プラス側の接続先 | 測定する電圧の<br>マイナス側の接続先 |
|---|---|---|---|
| Eシリーズの場合 | ai0 | AI 0 (ACH0) | AI GND (AIGND) |
|  | ai1 | AI 1 (ACH1) | AI GND (AIGND) |
|  | ai2 | AI 2 (ACH2) | AI GND (AIGND) |
|  | ai3 | AI 3 (ACH3) | AI GND (AIGND) |
|  | ai4 | AI 4 (ACH4) | AI GND (AIGND) |
|  | ai5 | AI 5 (ACH5) | AI GND (AIGND) |
|  | ai6 | AI 6 (ACH6) | AI GND (AIGND) |
|  | ai7 | AI 7 (ACH7) | AI GND (AIGND) |
|  | ai8 | AI 8 (ACH8) | AI GND (AIGND) |
|  | ai9 | AI 9 (ACH9) | AI GND (AIGND) |
|  | ai10 | AI 10 (ACH10) | AI GND (AIGND) |
|  | ai11 | AI 11 (ACH11) | AI GND (AIGND) |
|  | ai12 | AI 12 (ACH12) | AI GND (AIGND) |
|  | ai13 | AI 13 (ACH13) | AI GND (AIGND) |
|  | ai14 | AI 14 (ACH14) | AI GND (AIGND) |
|  | ai15 | AI 15 (ACH15) | AI GND (AIGND) |
| Mシリーズの場合 | ai0 | AI 0 | AI GND |
|  | ai1 | AI 1 | AI GND |
|  | ai2 | AI 2 | AI GND |
|  | ai3 | AI 3 | AI GND |
|  | ai4 | AI 4 | AI GND |
|  | ai5 | AI 5 | AI GND |
|  | ai6 | AI 6 | AI GND |
|  | ai7 | AI 7 | AI GND |
|  | ai8 | AI 8 | AI GND |
|  | ai9 | AI 9 | AI GND |
|  | ai10 | AI 10 | AI GND |
|  | ai11 | AI 11 | AI GND |
|  | ai12 | AI 12 | AI GND |
|  | ai13 | AI 13 | AI GND |
|  | ai14 | AI 14 | AI GND |
|  | ai15 | AI 15 | AI GND |

第 3 章　DAQ デバイスのハードウェア

たとえば，E シリーズの PCI-MIO-16E-1 の場合，基準化シングルエンドでアナログ入力 ai0 を測定するには，測定する電圧のプラス側を AI 0 (ACH0) に接続し，測定する電圧のマイナス側を AI GND に接続します．M シリーズの PCI-6251 の場合，基準化シングルエンドでアナログ入力 ai0 を測定するには，測定する電圧のプラス側を AI 0 に接続し，測定する電圧のマイナス側を AI GND に接続します．

時間に余裕があれば，第 2 章の Measurement & Automation Explorer のテストパネルで乾電池などの数 V 程度の電圧測定を試してみるとよいでしょう．

ただし，まれに測定結果が不安定な電圧値になる現象が生じます．この現象は，図 3.6 のように測定している電圧の基準となるグランドと DAQ デバイスが動作するうえで基準となるグランド（AI GND）間にコモンモードとよばれる電位差（電圧差）があるためで，この電位差が測定する電圧に重複してしまっている状態です．

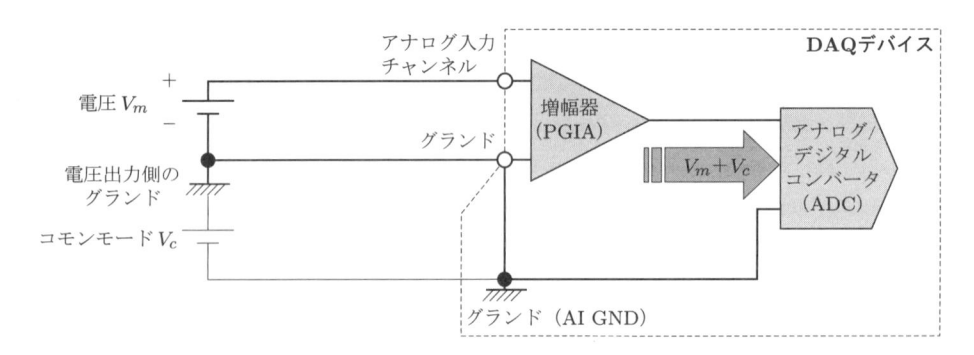

図 3.6　基準化シングルエンド

このコモンモードは，二つのグランド間の電位差なのですが，「グランドは共通なので電位差はあるわけがない」と思うかもしれません．しかし，離れているグランド間の電位は同じであるとはいえ，必ず電位差があります．これがコモンモードです．

基準化シングルエンドで電圧値が不安定になる状態を防ぐためには，測定しようとする電圧源を改造して乾電池の電圧のようにグランドをもたないフローティング状態にするか，コモンモードを除去できる「非基準化シングルエンド」もしくは「差動」を使用することで解決します．

### 3.1.9　差動（DIFF）

差動の原理は，図 3.7 のようになります．

測定する電圧にコモンモードとよばれる電位差が含まれている場合，プラスの入力端子では「測定電圧とコモンモードの和」を入力し，マイナス端子で「コモンモード」だけを入力します．増幅器（PGIA）は，プラス側とマイナス側の差分を増幅するので，得られる電圧は図 3.8 のように「測定電圧」だけになります．この方法によって，コモンモードを除去できます．

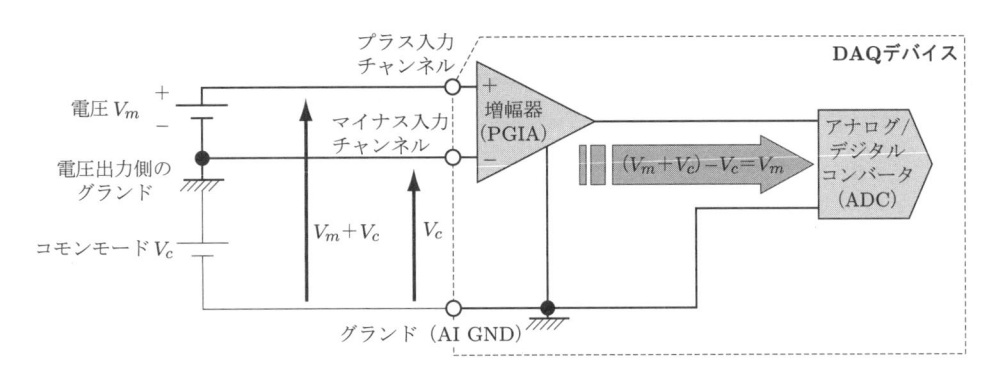

figure 3.7 差動モードの原理

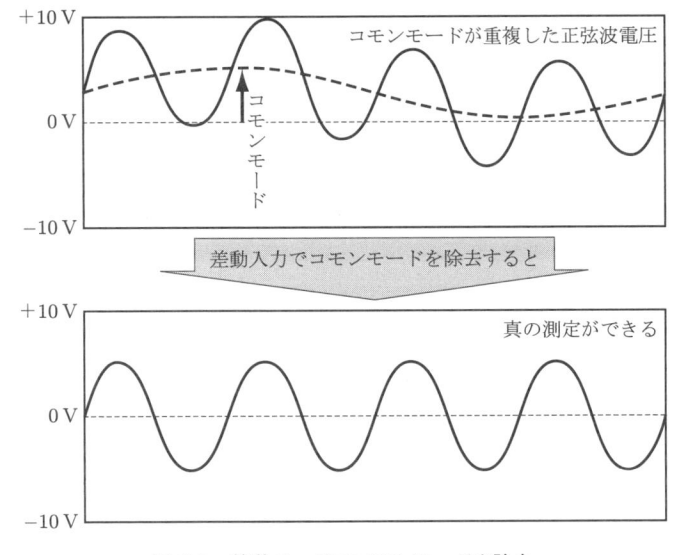

図 3.8 差動モードでコモンモードを除去

ただし，コモンモードが大きすぎる（一般的な DAQ デバイスは DAQ デバイスのグランドに対して ± 11 V）場合は差動によってコモンモードを除去できなくなるので，バイアス抵抗を取り付けてコモンモードを小さくする必要があります．バイアス抵抗については，次の 3.1.10 項で説明します．

差動は，コモンモード除去の面で優れていますが，アナログ入力を 2 系統ペアで使うので，基準化シングルエンドのときに 16 チャンネルであったアナログ入力チャンネル数は，8 チャンネルに減ることになります（なお，差動にしても，サンプリングレートが半分になることはありません）．差動の端子割り当ては，表 3.3 のようになります．

第3章　DAQデバイスのハードウェア

表3.3　差動モード時の端子割り当て

| | チャンネル名 | 測定する電圧の<br>プラス側の接続先 | 測定する電圧の<br>マイナス側の接続先 | DAQデバイスの<br>グランド |
|---|---|---|---|---|
| Eシリーズの場合 | ai0 | AI 0 (ACH0) | AI 8 (ACH8) | AI GND (AIGND) |
| | ai1 | AI 1 (ACH1) | AI 9 (ACH9) | AI GND (AIGND) |
| | ai2 | AI 2 (ACH2) | AI 10 (ACH10) | AI GND (AIGND) |
| | ai3 | AI 3 (ACH3) | AI 11 (ACH11) | AI GND (AIGND) |
| | ai4 | AI 4 (ACH4) | AI 12 (ACH12) | AI GND (AIGND) |
| | ai5 | AI 5 (ACH5) | AI 13 (ACH13) | AI GND (AIGND) |
| | ai6 | AI 6 (ACH6) | AI 14 (ACH14) | AI GND (AIGND) |
| | ai7 | AI 7 (ACH7) | AI 15 (ACH15) | AI GND (AIGND) |
| Mシリーズの場合 | ai0 | AI 0 | AI 8 | AI GND |
| | ai1 | AI 1 | AI 9 | AI GND |
| | ai2 | AI 2 | AI 10 | AI GND |
| | ai3 | AI 3 | AI 11 | AI GND |
| | ai4 | AI 4 | AI 12 | AI GND |
| | ai5 | AI 5 | AI 13 | AI GND |
| | ai6 | AI 6 | AI 14 | AI GND |
| | ai7 | AI 7 | AI 15 | AI GND |

### 3.1.10　バイアス抵抗

差動モードにおけるコモンモードがアナログ入力レンジ（一般的なDAQデバイスはDAQデバイスのグランドに対して±11V）以上の大きさになると，PGIAの差動増幅器はコモンモードを正常に除去できなくなり測定誤差を発生します．

●測定する電圧源が直流的な電圧である場合

大きなコモンモードを小さくするためには，図3.9のようにDAQデバイスのマイナス入力端子とDAQデバイスのグランド間にバイアス抵抗を取り付けて対処します．

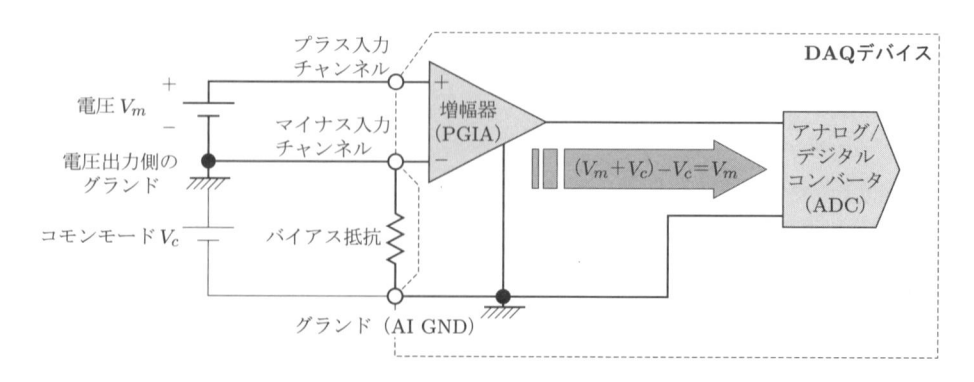

図3.9　差動モードでバイアス抵抗を1つ取り付ける場合

バイアス抵抗を取り付けると，コモンモードから電流を逃がすことになるので，コモン

モードは小さくなります．バイアス抵抗の大きさは，数MΩのように大きすぎると電流を逃がすことにならないので，10kΩから100kΩ程度が一般的です．バイアス抵抗を極端に小さい値に設定した場合は，マイナス入力端子が小さな抵抗を介してDAQデバイスのグランドへ接続されるので，ほとんど基準化シングルエンドと同じ動作になり，差動によるコモンモード除去が働かなくなります．

うまくコモンモードを除去できないときは，次で説明するバイアス抵抗を2つ取り付ける方法を試してみましょう．

● **測定する電圧源が交流的な電圧である場合**

測定する電圧が交流でありプラスマイナスの区別がないような電圧を測定する場合は，図3.10のようにバイアス抵抗をDAQデバイスのプラス入力端子とDAQデバイスのグランド間およびDAQデバイスのマイナス入力端子とDAQデバイスのグランド間の両方に接続することで対応できます．

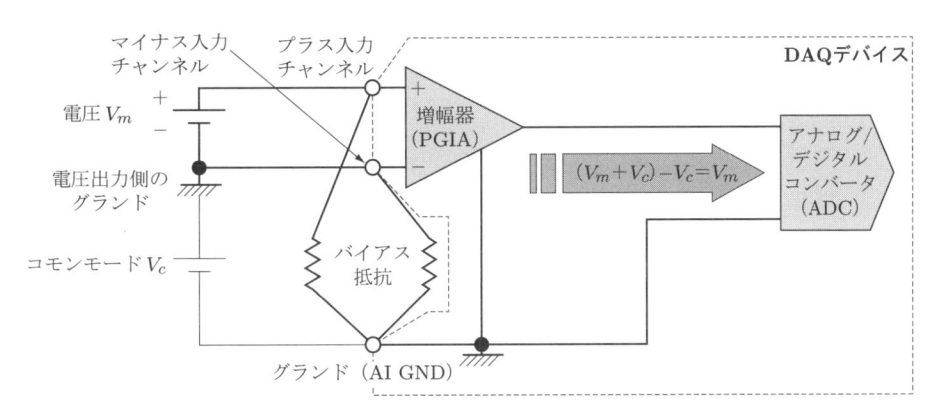

図 3.10　差動モードでバイアス抵抗を二つ取り付ける場合

ただし，両方のバイアス抵抗は同じ抵抗値のものを用いてください．同じ抵抗値で使用しないと，プラス入力端子に現れるコモンモードの大きさとマイナス入力端子に現れるコモンモードの大きさが異なってしまうため，PGIAでプラス入力端子とマイナス入力端子の電圧の差分を増幅してもコモンモードを除去できないという結果になり，測定誤差が発生します．

また，二つのバイアス抵抗を取り付けた場合は，測定する電圧源から二つのバイアス抵抗を通して電流が流れるようになります．測定する電圧源には，流し続けても大丈夫だという許容電流値があります．たとえば，一般的なアナログICの出力電圧を測定するのならば，アナログICが出力できる電流は数mA程度でしょう．アナログICの出力電圧の最大値が10Vであり，アナログICから流し続けてもよい許容電流値が1mAである電圧を測定するならば，オームの法則からバイアス抵抗の総和は10V÷1mA＝10kΩとなります．したがって，各バイアス抵抗の大きさは5kΩにする必要がありますが，許容電流一杯に電流が流れないように抵抗値に2倍の余裕をもたせて，各バイアス抵抗の値は10kΩに設定します．

しかし，図3.11のようにDAQデバイスはバイアス抵抗で発生する電圧降下を測定して

いる状態にあるので，測定する電圧の出力インピーダンスが数kΩと大きな場合，真の電圧よりもDAQデバイスによる測定結果が小さくなってしまう現象が生じる場合があります．

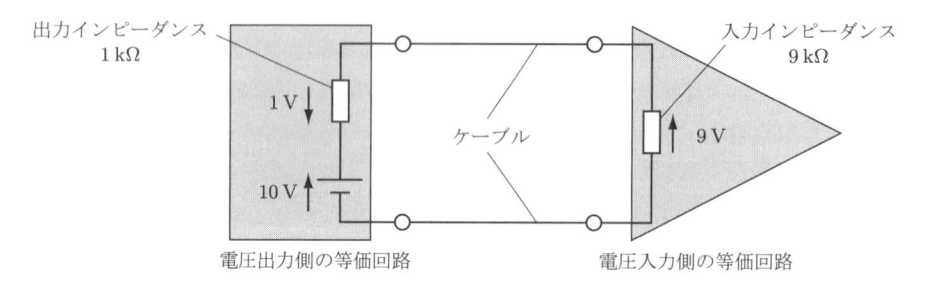

図3.11　バイアス抵抗による電圧降下の影響

測定する電圧が1kΩの出力インピーダンスを有している場合に9kΩのバイアス抵抗を接続すると，DAQデバイスが測定する電圧は真の電圧の90%になってしまいます．したがって，測定する出力インピーダンスに比較して十分に大きいバイアス抵抗を使用する必要があります．

バイアス抵抗値の具体的な算出方法のまとめは，以下のとおりです．一般的なバイアス抵抗の値は10kΩから100kΩですが，測定結果がおかしい場合は，下記の内容を見直してください．

1. DAQデバイスの入力インピーダンスは10GΩ程度あるので，無限大と仮定します．
2. 12ビットのDAQデバイスの場合，分解能は2の12乗－1＝4095分の1ですから，電圧降下による影響は4095分の1に抑える必要があります．したがって，測定する電圧の出力インピーダンスより4095倍以上大きなバイアス抵抗を付けます．実際には，2倍の余裕をもって，「測定する電圧の出力インピーダンスより8000倍以上大きなバイアス抵抗」を付けてください．
3. 16ビットのDAQデバイスの場合，分解能は2の16乗－1＝65535分の1ですから，電圧降下による影響は65535分の1に抑える必要があります．したがって，測定する電圧の出力インピーダンスより65535倍以上大きなバイアス抵抗を付けること．実際には，2倍の余裕をもって，「測定する電圧の出力インピーダンスより130000倍以上大きなバイアス抵抗」を付けてください．
4. 測定する電圧の許容電流以上の電流が流れないようにしなければならないので，「最大電圧V÷許容電流mA＝抵抗値kΩ以上のバイアス抵抗」にしてください．
5. バイアス抵抗が大きすぎるとコモンモードから電流を逃がすことができなくなるので，上記の内容を満たす範囲で，小さなバイアス抵抗値に設定します．
6. 出力インピーダンスが大きすぎる場合は，インピーダンス変換ができるボルテージフォロワ回路（バッファアンプ回路）を導入して，出力インピーダンスが小さくなるように電圧を変換します．後述のセトリングタイムの面でも，出力インピーダンスは小さいほうがよいでしょう．

7. どうしてもコモンモードを除去できないときは，PCI-623X または PXI-623X のような絶縁入力タイプの DAQ デバイスを採用するか，絶縁増幅器を導入します．

ちなみに，DAQ デバイスに付いているアナログ出力を測定しようとしたときのバイアス抵抗を計算してみます．

DAQ デバイス PCI-6251 のアナログ出力の最大出力電圧値は 10 V，最大許容電流は 5 mA なので，オームの法則からバイアス抵抗は 10 V ÷ 5 mA = 2 kΩ となります．一方，DAQ デバイス PCI-6251 の出力インピーダンスは 0.2 Ω ですから，このアナログ出力を 16 ビットのアナログ入力で測定する場合は，前述の条件から 0.2 Ω × 130000 倍 = 26 kΩ 以上必要となります．したがって，双方の算出結果をまとめると，DAQ デバイスのアナログ出力を，16 ビットの分解能をもつ DAQ デバイスのアナログ入力で測定するときのバイアス抵抗値は，26 kΩ 以上であるということがわかります．26 kΩ ちょうどのバイアス抵抗を取り付けると，アナログ出力の消費電流が増えるので，少し大きめの 40 kΩ 程度を付けるとよいでしょう．しかし，26 kΩ 以上という条件を満たせば何でもよいと考えて，数 MΩ の大きなバイアス抵抗値を用いると，コモンモードがアナログ入力レンジよりも大きくなり測定誤差を生じる可能性があります．算出した 26 kΩ 以上の条件を満たしながらも，できるだけ小さなバイアス抵抗値を使用してコモンモードを小さく抑えることが大切です．

### 3.1.11 非基準化シングルエンド（NRSE）

基準化シングルエンドに対して，差動モードが使用できるアナログ入力チャンネル数は半分になってしまうという制限が発生しました．ここで図 3.12 のように基準化シングルエンドのアナログ入力チャンネル数を確保しながらも，差動を実現する方法が非基準化シングルエンドです．

測定する電圧側の全てのグランドが共通である場合に限って，非基準化シングルエンドを使用できます．測定する電圧側のすべてのグランドは，AI SENSE 端子に接続してください．差動モードと同じように，必要に応じてバイアス抵抗を入れてください．

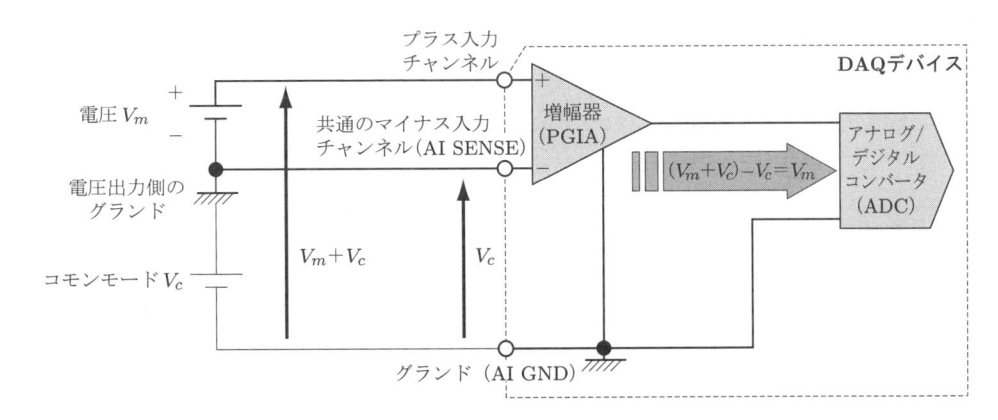

図 3.12 非基準化シングルエンドの原理

非基準化シングルエンドの端子割り当ては表3.4のようになります．

表3.4 非基準化シングルエンドモード時の端子割り当て

| | チャンネル名 | 測定する電圧の<br>プラス側の接続先 | 測定する電圧の<br>マイナス側の接続先 | DAQデバイスの<br>グランド |
|---|---|---|---|---|
| Eシリーズの場合 | ai0 | AI 0 (ACH0) | AI SENSE (AISENSE) | AI GND (AIGND) |
| | ai1 | AI 1 (ACH1) | AI SENSE (AISENSE) | AI GND (AIGND) |
| | ai2 | AI 2 (ACH2) | AI SENSE (AISENSE) | AI GND (AIGND) |
| | ai3 | AI 3 (ACH3) | AI SENSE (AISENSE) | AI GND (AIGND) |
| | ai4 | AI 4 (ACH4) | AI SENSE (AISENSE) | AI GND (AIGND) |
| | ai5 | AI 5 (ACH5) | AI SENSE (AISENSE) | AI GND (AIGND) |
| | ai6 | AI 6 (ACH6) | AI SENSE (AISENSE) | AI GND (AIGND) |
| | ai7 | AI 7 (ACH7) | AI SENSE (AISENSE) | AI GND (AIGND) |
| | ai8 | AI 8 (ACH8) | AI SENSE (AISENSE) | AI GND (AIGND) |
| | ai9 | AI 9 (ACH9) | AI SENSE (AISENSE) | AI GND (AIGND) |
| | ai10 | AI 10 (ACH10) | AI SENSE (AISENSE) | AI GND (AIGND) |
| | ai11 | AI 11 (ACH11) | AI SENSE (AISENSE) | AI GND (AIGND) |
| | ai12 | AI 12 (ACH12) | AI SENSE (AISENSE) | AI GND (AIGND) |
| | ai13 | AI 13 (ACH13) | AI SENSE (AISENSE) | AI GND (AIGND) |
| | ai14 | AI 14 (ACH14) | AI SENSE (AISENSE) | AI GND (AIGND) |
| | ai15 | AI 15 (ACH15) | AI SENSE (AISENSE) | AI GND (AIGND) |
| Mシリーズの場合 | ai0 | AI 0 | AI SENSE | AI GND |
| | ai1 | AI 1 | AI SENSE | AI GND |
| | ai2 | AI 2 | AI SENSE | AI GND |
| | ai3 | AI 3 | AI SENSE | AI GND |
| | ai4 | AI 4 | AI SENSE | AI GND |
| | ai5 | AI 5 | AI SENSE | AI GND |
| | ai6 | AI 6 | AI SENSE | AI GND |
| | ai7 | AI 7 | AI SENSE | AI GND |
| | ai8 | AI 8 | AI SENSE | AI GND |
| | ai9 | AI 9 | AI SENSE | AI GND |
| | ai10 | AI 10 | AI SENSE | AI GND |
| | ai11 | AI 11 | AI SENSE | AI GND |
| | ai12 | AI 12 | AI SENSE | AI GND |
| | ai13 | AI 13 | AI SENSE | AI GND |
| | ai14 | AI 14 | AI SENSE | AI GND |
| | ai15 | AI 15 | AI SENSE | AI GND |

### 3.1.12 電圧分解能と分解能単位［LSB］

DAQデバイスには，大別して12ビットと16ビットの分解能があります．12ビットと16ビットの分解能の違いをみてみましょう．

まず，1ビットとは，「0」か「1」の状態を区別できる情報量の単位です．2ビットは，「00」「01」「10」「11」という四つの状態を区別できる状態をいいます．つまり電圧の大き

3.1 DAQデバイスのアナログ入力

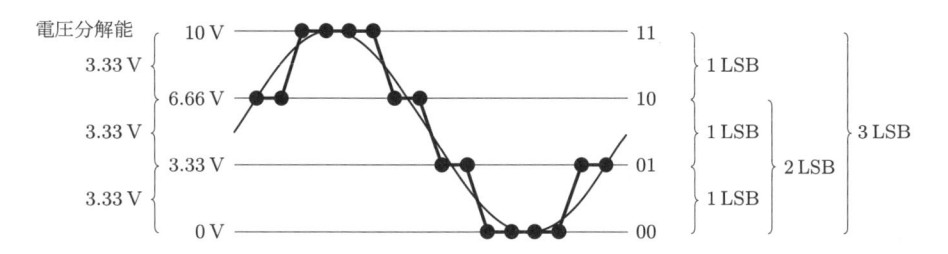

さを四つに分割して考えられるという状態です．図3.13は，10Vの正弦波を2ビットの分解能で区別した様子を示したものです．

図3.13　10Vの正弦波を2ビットの分解能で測定

10Vの範囲を$2^2 - 1 = 4 - 1 = 3$の領域で分割するので，電圧分解能は$10\,\text{V} \div 3 = 3.33\,\text{V}$になります．この**最小分解能を1LSB**といいます．コード幅とよぶ場合もあります．

さらに12ビットのDAQデバイスならば$2^{12} - 1 = 4096 - 1 = 4095$の領域に分割されて測定されます．たとえば±10Vのアナログ入力レンジならば，電圧の幅としては20Vになるので，$1\,\text{LSB} = 20\,\text{V} \div 4095 = 0.00488\,\text{V}$に分割されることになります．0.00488V = 4.88mVずつの変化ならば測定可能ということになります．

アナログ入力レンジが±10Vで16ビットのDAQデバイスならば，±10Vの電圧測定レンジを$2^{16} - 1 = 65536 - 1 = 65535$の領域に分割されて測定されるので，$1\,\text{LSB} = 20\,\text{V} \div 65535 = 0.000305\,\text{V} = 0.305\,\text{mV}$の分解能で測定可能です．スタンドアロン型とよばれる箱型計測器のオシロスコープは8ビット（$2^8 - 1 = 256 - 1 = 255$の領域に分割）ですから，DAQデバイスのアナログ入力は非常に高分解能であることがわかります．表3.5は，主なアナログ入力レンジと電圧の分解能をまとめたものです．

表3.5　主な入力レンジと電圧の分解能

| 入力レンジ設定［V］ | 12ビット | 16ビット［μV］ |
|---|---|---|
| ±10 | 4.88 mV | 305 |
| ±5 | 2.44 mV | 153 |
| ±2 | 977 μV | 61.0 |
| ±1 | 488 μV | 30.5 |
| ±0.5 | 244 μV | 15.3 |
| ±0.2 | 97.7 μV | 6.10 |
| ±0.1 | 48.8 μV | 3.05 |
| 0〜10 | 2.44 mV | 153 |
| 0〜5 | 1.22 mV | 76.3 |
| 0〜2 | 488 μV | 30.5 |
| 0〜1 | 244 μV | 15.3 |
| 0〜0.5 | 122 μV | 7.63 |
| 0〜0.2 | 48.8 μV | 3.05 |
| 0〜0.1 | 24.4 μV | 1.53 |

測定しようとする電圧情報には，どのぐらいの分解能が必要なのかを十分に考慮して，DAQデバイスを選定する必要があります．

また，電圧の分解能はゲイン設定（PGIAの増幅率）でも変化します．たとえば，MシリーズPCI-6251のアナログ入力レンジはPGIAの設定を変えることで±10V，±5V，±2V，±1V，±0.5V，±0.2V，±0.1Vに変化させることができます．分解能は16ビットなので，入力レンジを±0.1Vに設定したときの電圧の分解能は，電圧範囲0.2V ÷ 65535 = 0.00000305V = 3.05μVの高分解能を得られます．しかし，後述のCMRRやSN比（信号ノイズ比），セトリングタイムなどの影響を考慮すると，数μVの分解能を得ることは難しく，むやみにアナログ入力レンジを小さく設定して使用するべきではありません．DAQデバイスのアナログ入力で取り扱う電圧は，外付けの増幅器またはナショナルインスツルメンツのSCXIシステムなどを利用して，最大入力レンジである±10Vの大きさに沿った電圧値に調整しておくべきです．詳細は，後述のCMRRとSN比，セトリングタイムの影響で述べます．

また，第2章のMeasurement & Automation Explorerのテストパネルで乾電池の電圧を測定したときのように，DAQデバイスの仕様から±1LSB程度は前後する誤差が発生することを忘れないようにしましょう．

## 3.1.13 SN比（信号ノイズ比）の影響

DAQデバイスのアナログ入力レンジは，一般的に±10Vから±0.1Vに可変です．しかし，SN比を考慮すると，アナログ入力レンジは，できるだけ大きな範囲を使用したほうがよいです．図3.14は，±10Vのアナログ入力レンジと±0.1Vの入力レンジにおけるSN比の違いを表しています．

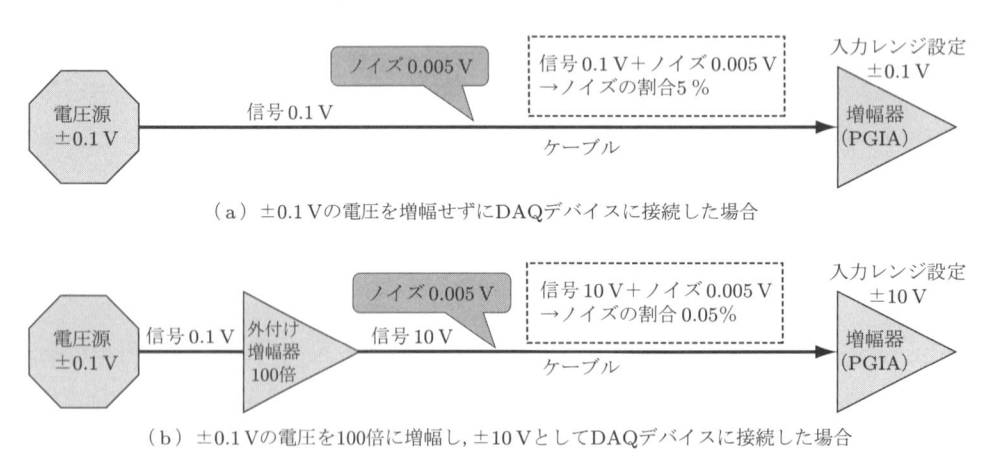

（a）±0.1Vの電圧を増幅せずにDAQデバイスに接続した場合

（b）±0.1Vの電圧を100倍に増幅し，±10VとしてDAQデバイスに接続した場合

図3.14　SN比に影響を及ぼすアナログ入力レンジ設定

あらかじめ±0.1Vの範囲で変化することがわかっている電圧を測定しようとします．その電圧源からDAQデバイスまではケーブルが介してあり，ノイズが0.005V混入してしまうと仮定します．すると，最大電圧0.1Vを測定するときのSN比は，ノイズ電圧0.005V÷最大電圧0.1V=0.05→5％のノイズが混入し，測定誤差を発生させることがわかります．

次に，±0.1 V の電圧を直に外付け増幅器で 100 倍に増幅し，± 10 V の電圧として DAQ デバイスで測定すれば，0.005 V のノイズが混入したときの SN 比は，ノイズ電圧 0.005 V ÷ 最大電圧 10 V = 0.0005 → 0.05 % にノイズの影響を抑えることができます．したがって，ノイズに強い測定システムを構築するならば，測定する電圧の近傍ですぐに増幅して ± 10 V の電圧範囲に調整しておくべきなのです．

測定するチャンネル数が多い場合，外付けの増幅器を用意することは非常に面倒で配線が乱雑になってしまう場合があり，メンテナンスもたいへんです．このような場合は，多チャンネル化が可能であり，外付け増幅器に相当する機能やノイズフィルタも搭載されているナショナルインスツルメンツの SCXI システム（第 1 章参照）を使用するとよいでしょう．

### 3.1.14 CMRR（同相弁別比，コモンモード除去比）

差動や非基準化シングルエンドは，PGIA がプラス入力とマイナス入力の差分を増幅することによって，コモンモードを除去することがわかりました．しかし，完全に除去するわけではありません．少しは除去されずに残ってしまいます．この性能を示したものが CMRR です．図 3.15 は，PCI − 6251 の CMRR の特性です．

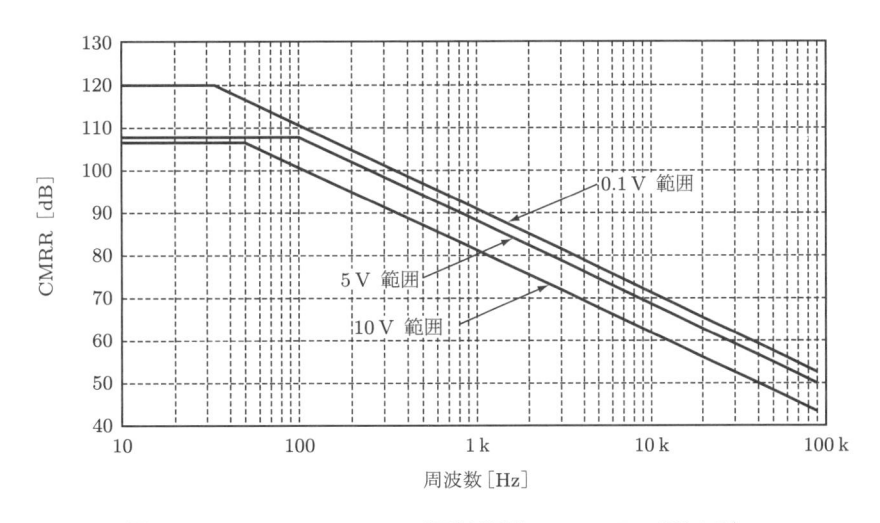

図 3.15　PCI-6251 の CMRR（同相弁別比，コモンモード除去比）

DAQ デバイスのアナログ入力レンジを ± 10 V 設定（絶対値では 10 V 範囲）で使用するときの DC 〜 60 Hz の CMRR を，約 106 dB とします．この数値から具体的に除去されずに残ってしまうコモンモードの割合を求めてみましょう．

まず，電圧の比率表現における dB は係数 20 が掛けてあるので，106 ÷ 20 = 5.3 が得られます．この 5.3 の数値から 10 の 5.3 乗を計算すると，約 200000 になるので，図 3.16 のようにコモンモードは 200000 分の 1 に減少します．たとえば，アナログ入力レンジを ± 10 V 設定で使用するときに 1 V のコモンモードが入力された場合の PGIA は，コモンモードを

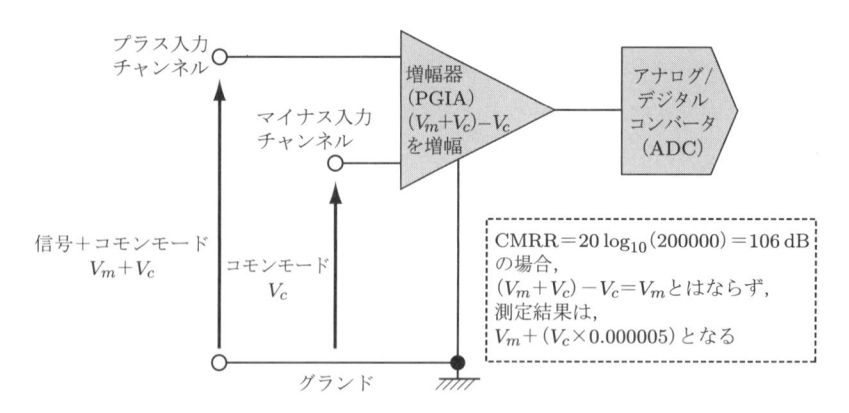

図3.16 CMRR（同相弁別比，コモンモード除去比）

200000分の1 V = 0.000005 V = 5 μVに減らすという意味です．

16ビット型DAQデバイスのアナログ入力を±10 Vの入力レンジで使用した場合の分解能は1 LSB = 305 μVですから，5 μV程度のコモンモードが残ってしまっても測定誤差に影響がありません．完全に除去されるということがわかります．

しかし，CMRRは周波数依存性があります．DAQデバイスのアナログ入力を±10 Vの入力レンジで使用した場合の10 kHz付近におけるCMRRは，60 dB程度になります．同様に計算すると，10 kHzで1 Vのコモンモードは，1000分の1 V = 1 mVが残ってしまいます．このときの分解能は1 LSB = 305 μVですから，1 mVは誤差として測定結果に混入します．

バイアス抵抗値を正しく導入していれば，コモンモード自体が1 Vもの大きさで現れることはないので測定誤差の心配は無用ですが，事前にCMRRのことを念頭におけば，万が一，比較的高周波のデータを取得したときに原因不明の測定誤差が生じても，慌てずに対処できます．

## 3.1.15 セトリングタイムの影響

測定している電圧が瞬間的に+10 Vから-10 Vに変化したとき，DAQデバイスのアナログ入力回路は，図3.17のように少しだけ遅れて反応する現象が生じます．この遅れ時間をセトリングタイム（整定時間）といいます．

たとえば，ゴムボールを落としたときもセトリングタイムが存在します．海抜10 mにあるゴムボールを，海抜マイナス10 mに落としたとき，ゴムボールは一定の時間弾んでから，マイナス10 mの地点で落ち着きます．この落ち着くまでの時間がセトリングタイムと同じ意味です．

このセトリングタイムは，DAQデバイスの仕様に記載されていますが，一般的にアナログ入力レンジの設定値が小さいと**セトリングタイムは長く**なります．セントリングタイムは，アナログ入力レンジの最大値から最小値へフルスケールステップで変化するときに誤差が収束するまでの時間と定義されており，表3.6のようにMシリーズPCI-6251の場合，アナログ入力レンジが±10 V設定で，測定電圧が+10 Vから-10 Vに変化した

とき，測定誤差が±1 LSB以内に入るまでの時間は，1.5 μsかかりますが，アナログ入力レンジが±0.1 V設定で，測定電圧が+0.1 Vから-0.1 Vに変化したとき，測定誤差が±1 LSB以内に入るまでの時間は，8 μsと長く必要になります．したがって，アナログ入力レンジは，±10 V設定のような大きなレンジ設定を使用したほうがセトリングタイムによる測定誤差は小さくなります．

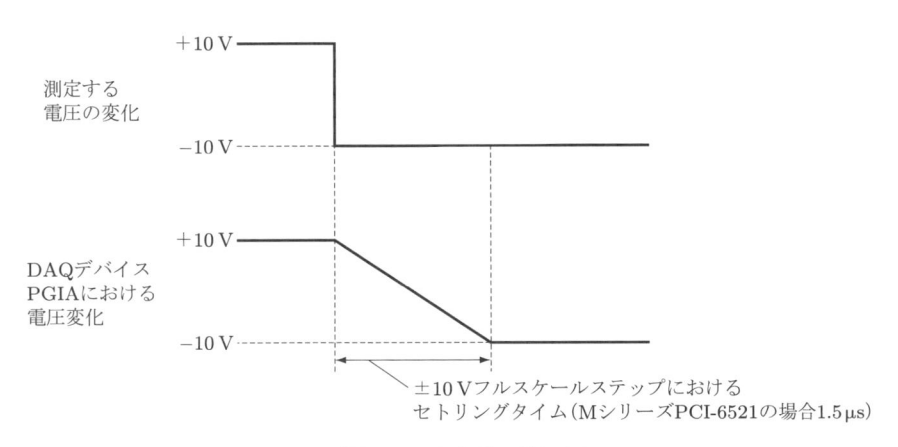

図 3.17 セトリングタイム

表 3.6 MシリーズPCI-6251のセトリングタイム（整定時間）

| アナログ入力レンジ[V] | 誤差が4LSB以内に収まるまでのセトリングタイム [μs] | 誤差が1LSB以内に収まるまでのセトリングタイム [μs] |
| --- | --- | --- |
| ±10 | 1 | 1.5 |
| ±5 | 1 | 1.5 |
| ±2 | 1 | 1.5 |
| ±1 | 1 | 1.5 |
| ±0.5 | 1.5 | 2 |
| ±0.2 | 2 | 8 |
| ±0.1 | 2 | 8 |

### 3.1.16 信号帯域幅

電気回路は，高周波になると信号が通りにくくなるという現象が生じます．DAQデバイスのアナログ入力においても同様に高周波になると電圧が小さくなってしまうという現象が生じます．これを帯域幅とよび，一般的に電圧が70.7 %に減衰（-3 dB）してしまう周波数で表しています．たとえば，MシリーズPCI-6251の場合，帯域幅は1.7 MHzの仕様になっています．MシリーズPCI-6251のアナログ入力のサンプリングレートは最大1.25 MHzですから，正弦波として判別できる程度に測定可能な周波数は60 kHz程度です．帯域幅が1.7 MHzなので，60 kHz程度の正弦波が減衰するかどうかを気にする必要はなさそうです．

しかし，60 kHzの矩形波を測定するときは，帯域幅の影響が現れる場合があります．矩形波というのは，0 V→10 V→0 V→10 V→0 V→10 Vのように急激に電圧が変化す

る波形です．急激に立ち上がるというのは，フーリエ変換の理論によると周波数無限大を指すので，帯域幅という制限がある限り，瞬間的な電圧の変化に追従できないことを意味します．さらにセトリングタイムの影響もありますから，図3.18のように矩形波は少し台形の形に変化して測定されます．

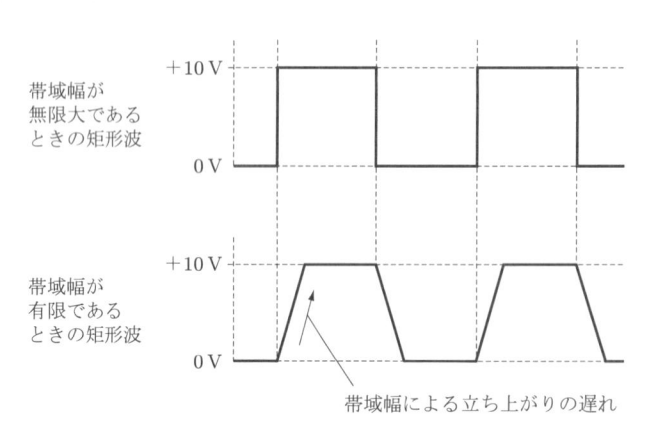

図 3.18 信号帯域幅の影響

ただし，瞬間的な電圧変化に追従できるかどうかという問題は，DAQデバイスの帯域幅の制限やセトリングタイムの制限による仕様上の影響だけでなく，ケーブルが高周波用ケーブルになっておらず50Ω系インピーダンス整合を取っていないことによる影響もあります．

DAQデバイスによる矩形波測定結果に満足できず，可能な限り忠実に矩形波の波形を測定するには，50Ω系インピーダンス整合を考慮したナショナルインスツルメンツのモジュール式計測器 NI-SCOPE デジタイザ（第1章参照）を使用することが解決策です．

### 3.1.17 複数チャンネル使用時のセトリングタイムの影響

比較的変化が遅い電圧を測定している場合，セトリングタイムの問題は関係ないと考えるかもしれませんが，Sシリーズを除くDAQデバイスで複数チャンネルを測定しているときは，セトリングタイムを考慮しなければなりません．

たとえばチャンネル1（たとえば「Dev1/ai1」）で測定している電圧は常に+10 V付近の電圧であり，チャンネル2（この場合は「Dev1/ai2」）は常に0 V付近を測定しているとします．Sシリーズを除くDAQデバイスは，複数チャンネルの切り替えをマルチプレクサで行っており，DAQデバイスの中のプログラム可能な増幅器（PGIA）は一つです（図3.2参照）．マルチプレクサによってチャンネル1からチャンネル2に切り替えられたとき，図3.19のようにPGIAに+10 Vから0 Vへ変化する電圧が加えられることになります．PGIAにとっては，+10 Vから0 Vへ急激に変化する電圧を受け取った状態になりますから，セトリングタイムの問題が発生します．

MシリーズPCI-6251の場合，±10 Vの入力レンジならば，測定誤差を1 LSB以内に収めるために1.5 μs必要なので，+10 Vから0 Vへ急激に変化する電圧に必要なセトリ

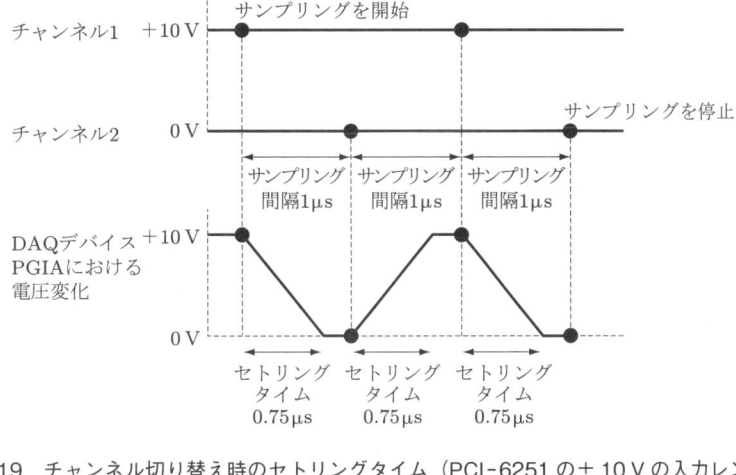

図3.19 チャンネル切り替え時のセトリングタイム（PCI-6251の±10Vの入力レンジ）

ングタイムは，その半分の0.75μs必要になります．ただし，MシリーズPCI-6251の最大サンプリングレートを2チャンネルで使用したときは，チャンネル1に500 kHz，チャンネル2に500 kHzが割り当てられた状態で，合計のサンプリングレートは1 MHzとなるので，チャンネル間の切り替え間隔は，1μsになります．セトリングタイムは0.75μs以上の長さを確保すればよいので，セトリングタイムによる測定誤差は発生しないということになります．

しかし，アナログ入力レンジを±0.1 Vで使用したときは，図3.20のように誤差が生じます．

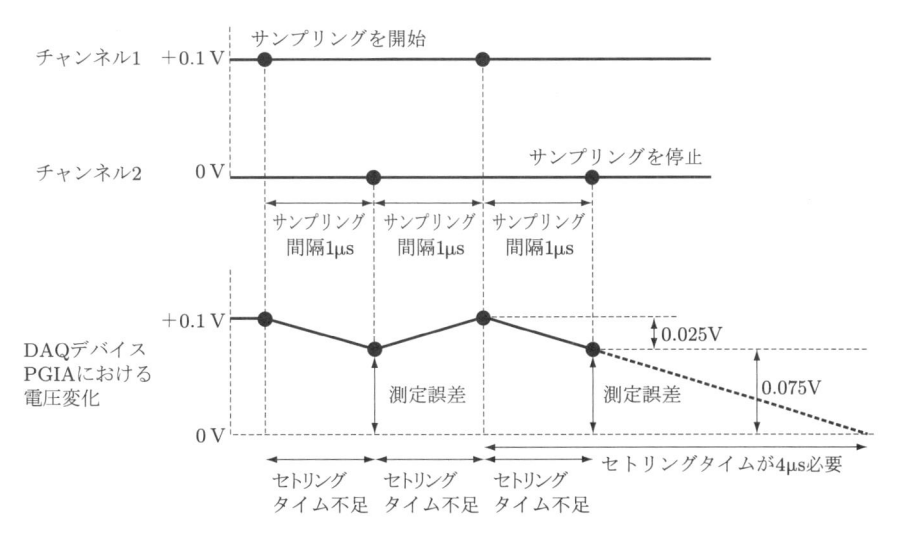

図3.20 チャンネル切り替え時のセトリングタイム（PCI-6251の±0.1 Vの入力レンジ）

チャンネル1が+0.1 V，チャンネル2が0 Vであるとき，チャンネル切り替え時のPGIAには+0.1 Vから0 Vへ変化する電圧が加えられます．MシリーズPCI-6251のアナログ入力レンジを±0.1 Vで使用した場合，測定誤差を1 LSB以内に収めるために必要

なセトリングタイムは 8 µs ですから，+ 0.1 V から 0 V へ変化する場合のセトリングタイムは，その半分の 4 µs 必要になります．M シリーズ PCI-6251 の最大サンプリングレートを 2 チャンネルで使用したときは，チャンネル間の切り替え間隔は，1 µs になるので，セトリングタイムの 25 % しかありません．この状態でのチャンネル 2 の測定結果は 0 V にならず，25 % の 0.025 V だけしか変化しないので + 0.1 V - 0.025 V = + 0.075 V として測定されてしまうことになります．まるでチャンネル 1 で測定した + 0.1 V の電圧がチャンネル 2 で測定できるはずの 0 V に混じって + 0.075 V として測定されているように見えるので，これを**クロストーク(詳細は，3.1.19 項を参照)** と勘違いする場合が多々あります．

この問題を解決するには，サンプリングレートを遅くするか，セトリングタイムが長くなる ± 0.1 V の入力レンジの使用を避けて，外付けアンプであらかじめ ± 10 V レンジに増幅し，DAQ デバイスのアナログ入力レンジを ± 10 V 設定で使用することです．この点においても，**外付け増幅器を用いることは有益**なのです．

もしくは，複数チャンネルで測定する各々の電圧値が同じような値であれば，マルチプレクサがチャンネルを切り替えるときの電圧変化が小さくなるので，セトリングタイムの影響は少なくなります．

### 3.1.18 出力インピーダンスによるセトリングタイムの影響

アナログ入力レンジの設定により変化するセトリングタイムが大きな測定誤差を招く要因であることを述べてきましたが，実は測定する電圧源がもつ出力インピーダンスもセトリングタイムに影響します．

図 3.21 は M シリーズ PCI-6251 の出力インピーダンスとセトリングタイムの関係を示したものです．

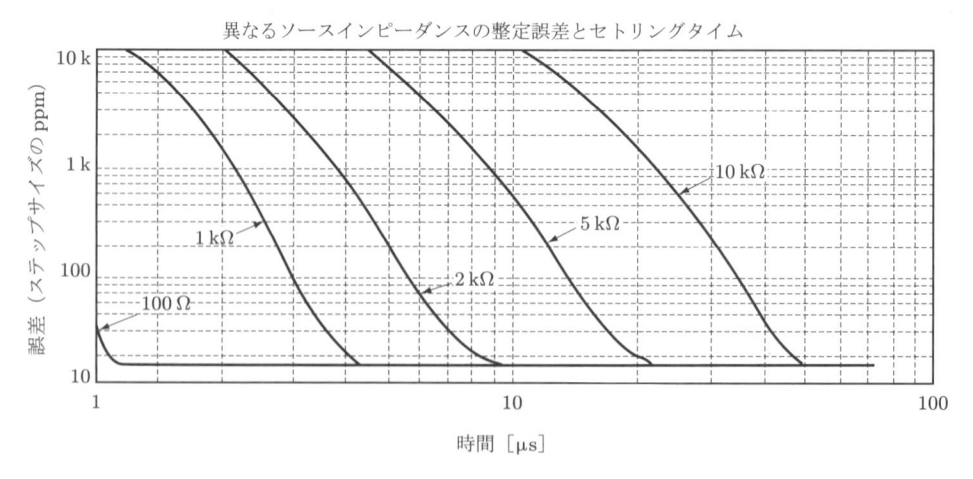

図 3.21　M シリーズ PCI-6251 の出力インピーダンスとセトリングタイムの関係

PCI-6251 のアナログ入力は 16 ビットなので，測定レンジを $2^{16} - 1 = 65536 - 1 = 65535$ の領域に分割します．ppm は 100 万分率なので，1 LSB は $1000000 \div 65535 = 15$ ppm になります．図 3.21 の仕様から誤差が 15 ppm に落ち着くまでの時間，つまり測

定誤差を 1 LSB 以内に収めるために必要な時間は，表 3.7 のとおりです．

表 3.7 出力インピーダンスと測定誤差を
1 LSB 以内に収めるために必要な時間

| 出力インピーダンス | 必要な時間〔μs〕 |
|---|---|
| 100 Ω | 1.1 |
| 1 kΩ | 4 |
| 2 kΩ | 9 |
| 5 kΩ | 20 |
| 10 kΩ | 50 |

電圧測定において「出力インピーダンス≪入力インピーダンス」の関係が重要であることは述べましたが，セトリングタイムに関しても出力インピーダンスを小さくすることは非常に重要です．もし，実際には大きく振幅している電圧を DAQ デバイスで測定した結果，振幅が小さく測定されてしまう場合は，**出力インピーダンスが大きすぎないかを疑うべきです**．また，複数チャンネルを測定しているときに，チャンネル間で**クロストークのように電圧が混じってしまう場合も出力インピーダンスを疑うべきです**．バイアス抵抗値が大きすぎる場合も，セトリングタイムは幾分長くなります．

これらの問題が生じたときは，電圧をあらかじめ増幅することも兼ねて出力インピーダンスが小さい外付け増幅器を導入するか，またはインピーダンス変換ができるボルテージフォロワ回路（バッファアンプ回路）を導入してセトリングタイムが短くなるように対策します．

### 3.1.19 クロストーク

複数チャンネルを備えているという点で DAQ デバイスは非常に優れていますが，複数チャンネルの電圧測定で避けられないのがクロストークです．クロストークとは，複数のチャンネルを測定したときに，主に隣接するチャンネルの電圧情報が混入して測定されてしまう現象を指します．

M シリーズ PCI-6251 の仕様によると，100 kHz における隣接チャンネルのクロストークは −75 dB となっています．クロストークが発生する割合を計算してみましょう．まず電圧の比率表現における dB は係数 20 が掛けてあるので，75 ÷ 20 = 3.75 が得られます．この 3.75 の数値から 10 の 3.75 乗を計算すると，5623 になります．つまり，測定している電圧の 5623 分の 1 の大きさでクロストークが起きるというものです．12 ビットの DAQ デバイスの測定分解能は 2 の 12 乗 − 1 = 4095 分の 1 ですから，5623 分の 1 の大きさであるクロストークは測定できないので測定誤差の影響はなさそうです．

しかし，M シリーズ PCI-6251 は 16 ビットの分解能です．隣接するチャンネルでクロストークとして現れる 5623 分の 1 の電圧を，16 ビットの DAQ デバイスは 2 の 16 乗 − 1 = 65535 分の 1 の細かい分解能で測定してしまうので注意が必要です．

ただし，隣接チャンネルのクロストークは −75 dB ですが，非隣接チャンネルのクロストークは −90 dB となっています．−90 dB は測定している電圧の 31622 分の 1 の大きさ

でクロストークが起きるということになるので，16 ビットの DAQ デバイスの測定分解能 65535 分の 1 に比較すると，2 LSB 程度の誤差になるということです．16 ビットの DAQ デバイスは，クロストークがなくてもセトリングタイムやノイズで 2 LSB 程度の誤差は発生しますから，クロストークによる 2 LSB 程度の誤差を気にしても仕方がないかもしれません．クロストークを防ぐ手段の一つとして，少し離れたチャンネルを使用することが有効であることがわかりました．

なお，ここで扱ったクロストークの大きさは 100 kHz における仕様値です．実際には，これよりも低い周波数を取り扱う場合が多いので，この検討結果よりもクロストークは小さくなるはずです．さらに差動モードの場合，ケーブル内に混入したクロストークはコモンモードを除去するときのように打ち消される場合が多いため，すべてのクロストークが測定結果として表面化するわけではありません．

クロストークは，このように仕様上のクロストークが原因になる場合もありますが，実際にはセトリングタイムの事項で説明したように，出力インピーダンスが大きくアナログ入力レンジを小さく設定していたためにセトリングタイムが長くなってしまい，**クロストークしているかのように勘違いしていた**という場合が多いものです．

クロストークの解決方法についてまとめると，以下のようになります．

- クロストークの影響は，隣接チャンネルよりも，少し離れたチャンネルのほうが小さくなります．
- 差動モードで測定すると，クロストークはほとんど除去されます．
- クロストークだと思っていた現象は，セトリングタイム不足の影響である場合が多いため，セトリングタイムが短くなるように工夫します．
- セトリングタイムを短くするには，アナログ入力レンジを ±10 V 設定などの大きな範囲に変更します．
- 測定する電圧源の出力インピーダンスを 100 Ω 以下に小さくすると，セトリングタイムが短くなります．

### 3.1.20 デジタルトリガ機能

ほとんどの DAQ デバイスはアナログ入力を開始もしくは停止するタイミングをパルス信号で制御できるデジタルトリガが付いています．デジタルトリガとして受け付けられる信号は TTL レベル（0 V → 5 V もしくは 5 V → 0 V で変化する信号源）です．デジタルトリガが入ってきてからアナログ入力を制御するまでの遅れ時間はタイミング分解能に依存し，その遅れ時間は 100 ns 以内です．使い方は，第 5 章のアナログ入力プログラミングで紹介していきます．

### 3.1.21 アナログトリガ機能

デジタルトリガはTTLレベル（0V→5Vもしくは5V→0Vで変化する信号源）でアナログ入力の開始を制御できますが，0Vの電圧が変化して2Vになったときにアナログ入力を開始，もしくは−6Vの電圧が変化して−8Vになったときにアナログ入力を開始したいなどのように，任意の電圧値になったときにアナログ入力を開始する機能をアナログトリガとよびます．アナログトリガ機能が搭載されているDAQデバイスは少し高価です．使い方は，第5章のアナログ入力プログラミングで紹介します．

### 3.1.22 電源オフ時のアナログ入力の特性

パソコンに電源が投入されていないとき，DAQデバイスの電源はオフの状態になります．DAQデバイスのアナログ入力の入力インピーダンスは数GΩという高インピーダンス状態であることはすでに述べましたが，これはDAQデバイスに電源が入っている状態のときです．DAQデバイスに電源が入っていないときのアナログ入力の入力インピーダンスは小さくなります．たとえば，PCI-6251の場合の値は820Ωなので，DAQデバイスに測定電圧10Vを接続したままで，DAQデバイスの電源をオフにすると，測定する電圧源から流れてくる入力バイアス電流は10V÷820Ω＝12mAに増加しますから注意してください．

また，絶縁型以外のDAQデバイスの一般的な許容電圧値は，電源オン時に±25V，電源オフ時は±15Vになっているので，とくに電源オフ時には誤って**過大な電圧を加えてしまうことがないように注意**して使用しましょう．

## 3.2 DAQデバイスのアナログ出力

アナログ出力機能は非常に便利で，機器の制御には欠かせないものです．

アナログ入力と比較してアナログ出力の使用方法は簡単ですが，取り扱い方を間違えると，予想とは違った動作をする場合があります．ここでは，電圧をオンオフしたり増減させたりなど電圧制御を行うために必要となるDAQデバイスのアナログ出力について説明します．

### 3.2.1 アナログ出力の電圧仕様

DAQデバイスのアナログ出力は電圧出力であり，ほとんどの出力電圧範囲は±10Vです．また，最大出力許容電流値は±5mAなので，電球のように抵抗値が小さく電力を消費するような負荷を接続すると電流の許容容量を超えて，**回路を損傷**することになります．

具体的には，オームの法則より10V÷5mA＝2kΩが得られるので，アナログ出力端子に接続できる最小の負荷抵抗値は2kΩです．しかしながら，幾分余裕をもって出力電

流値は±1 mA 以下に抑えておくべきであり，アナログ出力端子に接続する負荷の抵抗値は 10 kΩ 以上にするべきです．

また，アナログ出力の出力インピーダンスは小さく，PCI-6251 の場合は 0.2 Ω です．誤って DAQ デバイスのアナログ出力に乾電池などの電源を接続してしまうと，オームの法則から理論上 1.5 V ÷ 0.2 Ω = 7.5 A の**大電流が流れて破損**しますから注意してください．

### 3.2.2 バッファ型アナログ出力とスタティックアナログ出力

最近の DAQ デバイスは，ほとんどバッファ型アナログ出力が搭載されています．バッファ型というのは，アナログ出力したい電圧値を配列のように与えて，一度のアナログ出力命令で電圧値を可変しながら連続的に高速で出力できるものです．その出力頻度をアップデートレート（単位は MHz または MSample/s）といいます．バッファ型アナログ出力を利用すると，任意の波形をアナログ出力することができます．

PCI-6010 や PCI-6704 のようなスタティックアナログ出力は，一度のアナログ出力命令で一度だけ電圧値を変更できるアナログ出力仕様を指します．一度のアナログ出力命令で一度だけ電圧値を変えられますから，「いま，5 V を出力しなさい」という命令は実行できますが，バッファ型アナログ出力のように「これから，10 μ秒間隔で 0 V → 1 V → 2 V → 3 V → 4 V → 5 V を出力しなさい」という命令は実行できません．

スタティックアナログ出力であっても，アナログ出力命令を何度も実行すれば，アナログ出力値を変化させることができますが，アナログ出力の命令実行には，**10 m 秒程度の時間の確保**が必要です．目安として 10 m 秒以内の頻度で電圧を変化させる場合は，バッファ型アナログ出力が必要です．

なお，バッファ型アナログ出力の DAQ デバイスは，スタティックアナログ出力として動作させることもできます．

### 3.2.3 アナログ出力端子の名称

アナログ出力端子は，E シリーズか M シリーズかによって端子名が異なる場合があります．端子名をまとめたものを表 3.8 に示します．

表 3.8 アナログ出力の端子割り当て

| | チャンネル名 | 出力する電圧のプラス側の接続先 | 出力する電圧のマイナス側の接続先 |
|---|---|---|---|
| E シリーズの場合 | ao0 | AO 0 (DAC0OUT) | AO GND (AOGND) |
| | ao1 | AO 1 (DAC1OUT) | AO GND (AOGND) |
| M シリーズの場合 | ao0 | AO 0 | AO GND |
| | ao1 | AO 1 | AO GND |

## 3.2.4 アナログ出力の構成

Sシリーズを除くDAQデバイスのアナログ入力は，マルチプレクサで切り替えて一つのアナログ/デジタルコンバータで実行しますが，アナログ出力の場合は，図3.22のように，いずれのデバイスもアナログ出力チャンネルあたり一つずつのデジタル/アナログコンバータ（DAC）が搭載されて，アナログ出力します．

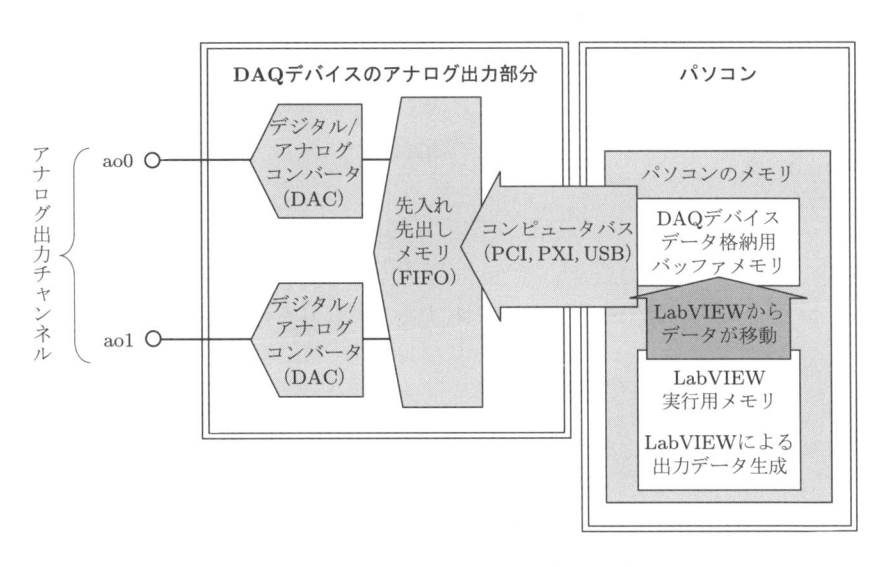

図3.22　DAQデバイスのアナログ出力の構成

LabVIEWでプログラミングされたアナログ出力のデータは，DAQデバイス上のFIFOメモリに流されてデジタル/アナログ変換されて出力します．

各アナログ出力あたりにデジタル/アナログコンバータが搭載されているので，アナログ出力する速さ（アップデートレート）は1チャンネルだけ使用した場合でも2チャンネル使用した場合でも変化がないように思えますが，複数チャンネルのアナログ出力を行うと，データ転送速度が追従しなくなってしまうため，アップデートレートが低下する場合があります．たとえば，EシリーズPCI-MIO-16E-1は，1チャンネルを使用した場合でも2チャンネルを使用した場合でも，アップデートレートは1 MHzですが，MシリーズPCI-6251は1チャンネル使用で2.86 MHz，2チャンネル使用で各チャンネルあたり2 MHzに低下するので，DAQデバイス選定のときは注意してください．

## 3.2.5 アップデートレート

アナログ入力で測定できる頻度をサンプリングレート（単位はMHzまたはMSample/s）とよびますが，アナログ出力で出力値を変化できる頻度をアップデートレート（単位は同じくMHzまたはMSample/s）とよびます．**スタティックアナログ出力は，アップデートレートの表記がありません．**

アナログ入力において正弦波を比較的きれいな波形として集録するには，正弦波の1周

# 第3章　DAQデバイスのハードウェア

期のデータ数が 20 ポイント以上になるように正弦波周波数の 20 倍以上のサンプリングレートが必要でした．アナログ出力時のアップデートレートについても同じようなことがいえます．

図 3.23（a）と（b）を比較すると，きれいな波形の正弦波を出力するには，1 周期を 20

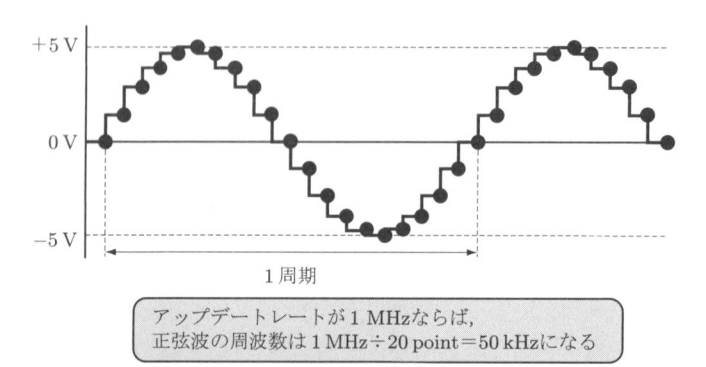

アップデートレートが 1 MHz ならば，
正弦波の周波数は 1 MHz ÷ 20 point ＝ 50 kHz になる

（a）1 周期のデータ数を 20 ポイントで表現したときの正弦波

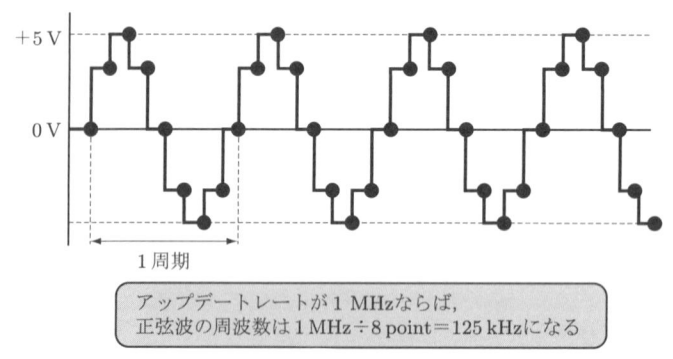

アップデートレートが 1 MHz ならば，
正弦波の周波数は 1 MHz ÷ 8 point ＝ 125 kHz になる

（b）1 周期のデータ数を 8 ポイントで表現したときの正弦波

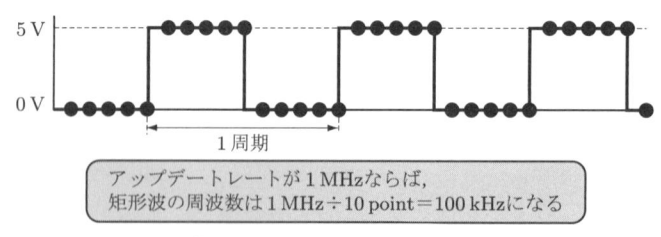

アップデートレートが 1 MHz ならば，
矩形波の周波数は 1 MHz ÷ 10 point ＝ 100 kHz になる

（c）1 周期のデータ数を 10 ポイントで表現したときの矩形波

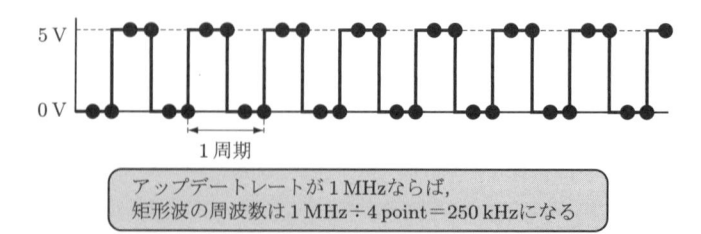

アップデートレートが 1 MHz ならば，
矩形波の周波数は 1 MHz ÷ 4 point ＝ 250 kHz になる

（d）1 周期のデータ数を 4 ポイントで表現したときの矩形波

図 3.23　アナログ出力波形を表現するデータ数とアップデートレートの関係

ポイント以上で表現したデータである必要がありますが，同時にアップデートレートも正弦波周波数の 20 倍以上でなければなりません．しかし，アップデートレートは仕様上の上限値があるので，きれいな正弦波をアナログ出力しようとすると，1 周期を表現するデータ数が増えるため，正弦波の出力周波数は低下するということになります．

矩形波を出力する場合は，図 3.23 (c)(d) のように 0 V → +5 V → 0 V → +5 V を繰り返すことで出力できるので，矩形波の最大周波数は最大アップデートレートの半分の周波数になります．

アナログ入力時のサンプリングレートの場合と同じように，アップデートレートとして指定できる値は，**とびとびの値**になるという制限があります．たとえば，M シリーズ PCI-6251 の仕様によると，アナログ出力のタイミング分解能は 50 ns なので，逆数を計算するとタイミングクロックの周波数は 20 MHz であることがわかります．アナログ入力のサンプリングレートを制御する場合と同じように，アナログ出力のアップデートレートは，タイミングクロックの周波数を分周比で割り算して求められます．

M シリーズ PCI-6251 の場合は，タイミングクロック 20 MHz を分周比 7 で割り算することにより，2.85714 MHz の最大アップデートレートを得ます．次に遅いアップデートレートは，分周比を 8 に設定したときの 20 MHz ÷ 8 = 2.5 MHz であることがわかります．

タイミングクロック 20 MHz に対して分周比 7 以上で割ったときの主なアップデートレートを表 3.9 に示します．

表 3.9 タイミングクロックが 20 MHz の DAQ デバイスで実行できるアップデートレート

| 分周比の設定 | アップデートレート [MHz] |
|---|---|
| 7 | 2.85714 |
| 8 | 2.5 |
| 9 | 2.22222 |
| 10 | 2 |
| 15 | 1.33333 |
| 20 | 1 |
| 25 | 0.8 |
| 30 | 0.666 |
| 任意の定数 | 20 ÷ 任意の整数 |

したがって，アナログ出力のタイミングクロックが 20 MHz である DAQ デバイスは，2.85714 MHz や 2.5 MHz のアップデートレート設定は実行可能ですが，「20 MHz ÷ 整数」で表現できない 2.6 MHz などのアップデートレートは実行できない点に注意してください．

実際に LabVIEW でプログラミングを行う場合に，アップデートレートを 2.6 MHz と設定して実行すると，何の問題なく実行できてしまいますが，自動的に値が丸められて 2.85714 MHz もしくは 2.5 MHz に変更されてしまっているので注意してください．LabVIEW でプログラミングするときのアップデートレートの設定は，「**20 MHz ÷ 整数**」で表現できる値としたほうが無難です．

## 3.2.6 スルーレート

　DAQ デバイスのアナログ出力の制御命令で $-10\,\mathrm{V} \to +10\,\mathrm{V}$ へ瞬間的に電圧を変化させる命令を実行することは可能ですが，実際の出力値としては大きな電圧変化に追従できない場合があります．この制限値をスルーレートとよびます．

　たとえば，M シリーズ PCI-6251 の最大アップデートレートは 2.86 MHz なので，瞬間的に電圧を変化できる最小時間間隔は 2.86 MHz の逆数から 0.35 μs と求められます．

　一方で，M シリーズ PCI-6251 のスルーレートの仕様値は，20 V/μs になっています．つまり，図 3.24 のように 1 μs あたり 20 V の変化に追従できるという意味なので，最大アップデートレート時の 0.35 μs あたりで追従できる電圧変化は 20 V × 0.35 μs ＝ 7 V になります．

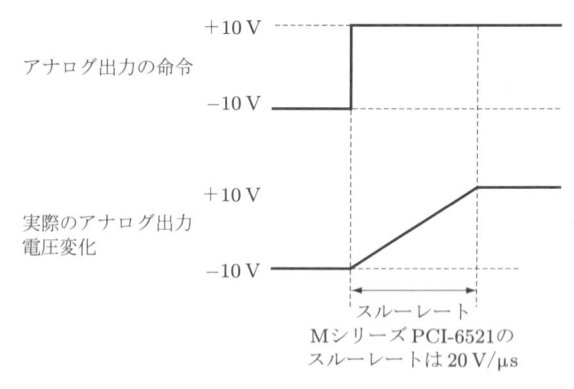

図 3.24　スルーレート

　したがって，最大アップデートレートの 2.86 MHz で使用する場合は，$-10\,\mathrm{V} \to +10\,\mathrm{V}$ へ変化する命令を実行しても，7 V 分だけ変化するので，実際には図 3.25 のように $-10\,\mathrm{V} \to -3\,\mathrm{V}$ の変化になります．

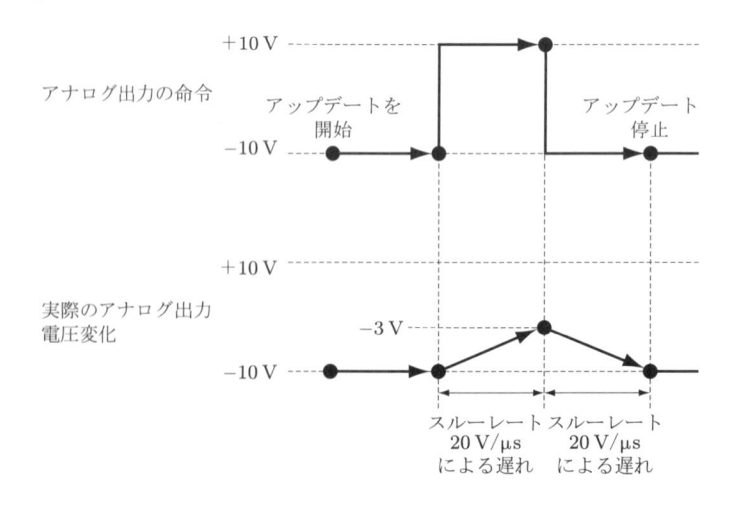

図 3.25　スルーレートによる矩形波出力の遅れ

最大アップデートレート 2.86 MHz で使用するときは，一度の変化量を 7 V 以下に抑えるようにプログラミングしてください．または − 10 V → + 10 V へ瞬間的に電圧を変化させる場合は，最大アップデートレートを 1 MHz までに制限して，1 μs 間の時間間隔を確保するように使用してください．

### 3.2.7 グリッジ

グリッジは，図 3.26 のようにアップデート時の電圧切り替え時に出力されてしまうスパイク状ノイズです．

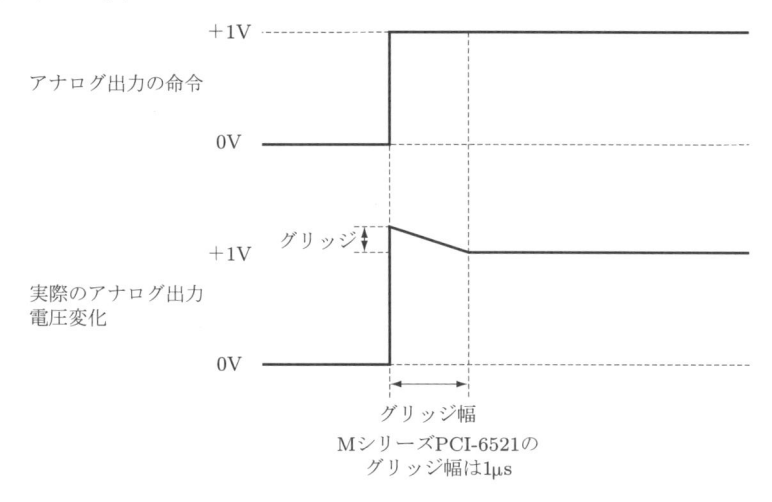

図 3.26 グリッジ

M シリーズ PCI‐6251 の仕様によると，幅 1 μs で 10 mV の電圧が表れる可能性があるようですが，いままではっきりとしたグリッジの発生を確認したことはありません．もし気になるようでしたら，オシロスコープなどでグリッジの有無を確認してください．必要があれば，フィルタ回路を通過させてグリッジを防ぐとよいでしょう．

### 3.2.8 パワーオン状態のアナログ出力状態

DAQ デバイスに電源を投入したとき，つまりパソコンに電源を投入したときに，DAQ デバイスのアナログ出力から不特定な電圧が出力される可能性があります．たとえば，M シリーズ PCI‐6251 の仕様によると，電源を投入した 1.5 s 後に最大 1.5 V のスパイク状の電圧が現れ，その後 ± 5 mV の範囲に落ち着く可能性があります．このような振る舞いは，どのような電気製品でも一般的に生じる過渡的現象です．

実用上は，LabVIEW プログラムを実行したときに測定システムが動作し始めるはずですから，測定システムが動作していない状態にあるパソコン起動時の DAQ デバイスの出力状態は，問題にならない場合が多いと思います．しかし，パソコン起動時に，このような電圧がアナログ出力されることで測定システム全体に影響を及ぼす可能性がある場合は，スイッチを介することなどで対策しましょう．

# 第4章 プログラミングの基礎とファイル保存方法

アナログ入力のプログラミングを学ぶ前に，ファイル保存方法を学習しましょう．

なぜアナログ入力のプログラミングの前にファイル保存方法を学ぶのかと不思議に思うかもしれません．しかし，ファイル保存方法を学ぶことで，LabVIEW特有の数値や配列の扱い方を理解し，「どのように測定データを扱って保存するのか」という仕組みを考慮できるようになります．その結果，アナログ入出力の実行方法が理解しやすくなります．LabVIEWでDAQデバイスを操作するときのファイル保存技術の概念は，とても重要です．

この章では，数値の扱い方から実行回数の制御，データの配列化方法，そしてファイル保存方法を紹介していきます．

## 4.1 LabVIEWプログラミングの入門

最終目的を考慮すると，本来はDAQデバイスから得たデータを保存することを学ぶべきですが，最初からDAQデバイスのデータを利用しようとすると，DAQデバイスのプログラミング方法とファイル保存方法のプログラミング方法が混在してしまい，プログラミングの考え方を複雑にしてしまいます．この節では，DAQデバイスに対するプログラミング部分を省いて，乱数データの配列化やグラフによる結果表示方法を練習してみましょう．

### 4.1.1 LabVIEWの起動

WindowsのスタートメニューからLabVIEWを選択して起動し，プログラミングのウィンドウを見てみましょう．

図4.1の起動画面で「ブランクVI（新規VI）」をクリックすると，新しいVIが開きます．ここでいうVIとはVirtual Instrumentsの略で，日本語直訳は「仮想計測器」の意味になります．仮想計測器とは，計測器のパネルやツマミの操作をプログラミングによってパソコン画面上の操作に置き換えるという意味です．

LabVIEWプログラミングは，図4.2のように二つのウィンドウが常に対になっていま

4.1 LabVIEW プログラミングの入門

図 4.1　LabVIEW8.5 の起動画面

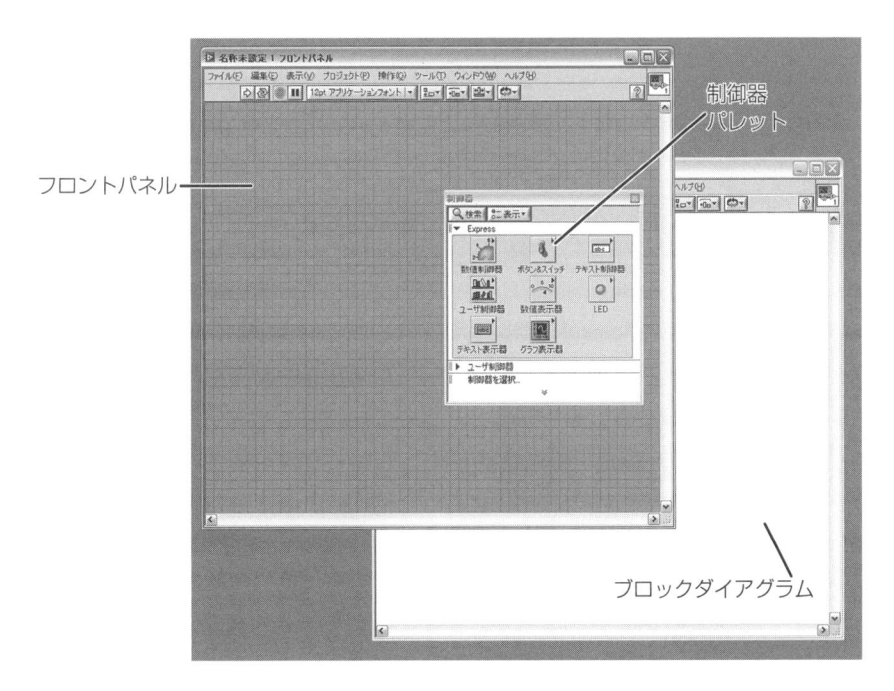

図 4.2　LabVIEW のプログラミング画面

す．もし，LabVIEW が文字化けを起こしている場合は，巻末の「付録 A：文字化けの対処方法」を参照してください．

　灰色のウィンドウは「フロントパネル」とよばれるもので，値を入力したり結果を表示するユーザインタフェース側のウィンドウになります．一方の白色のウィンドウは「ブロックダイアグラム」とよばれるもので，プログラミングを記述する部分になります．

第4章　プログラミングの基礎とファイル保存方法

フロントパネルとブロックダイアグラムは，通常の Windows の操作と同じようにマウスクリックで切り替え可能ですが，キーボードの「Ctrl キー + E キー」を押すと簡単に切り替えができます．

また，キーボードの「Ctrl キー + T キー」を押すと，図 4.3 のようにフロントパネルとブロックダイアグラムを並べることができます．

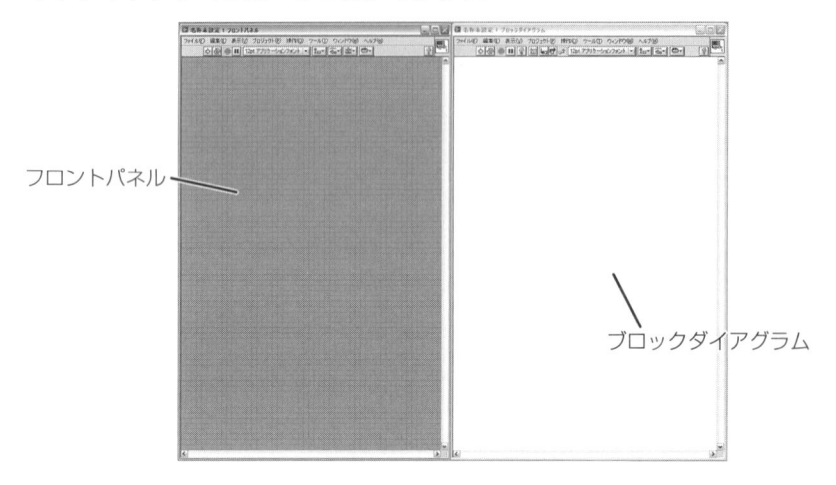

図 4.3　左右に並べた状態

## 4.1.2　各種パレット

初めて LabVIEW を起動したときは，さまざまなアイコン状のオブジェクトが載った小さなウィンドウが現れます．図 4.4 のウィンドウは，「制御器パレット」とよばれるウィンドウで，フロントパネル上のオブジェクトがない部分で右クリックすることで呼び出すことができます．

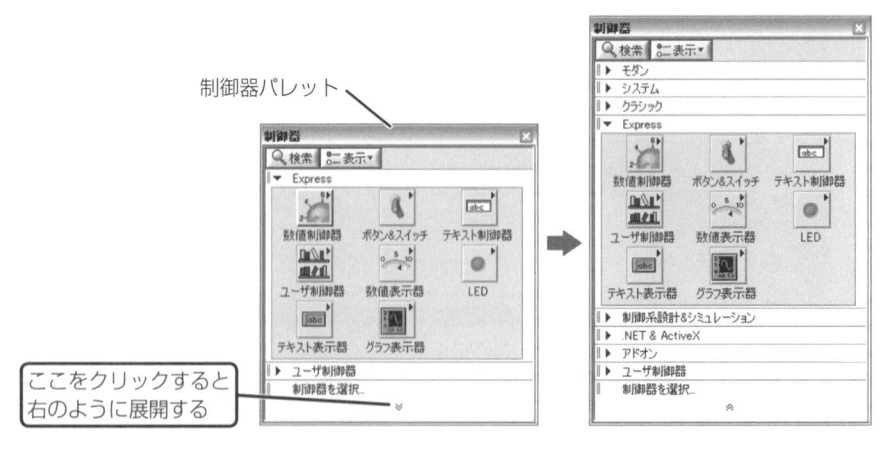

図 4.4　制御器パレット

制御器パレットの中には，デジタル表示器やボタンなどのユーザインタフェースのオブジェクトがたくさん並んでいます．これらを使用することで，LabVIEW プログラムの操作画面を作成します．

図 4.5 のウィンドウは「関数パレット」とよばれるもので，ブロックダイアグラム上で右クリックすることで呼び出すことができます．

関数パレット

ここをクリックすると右のように展開する

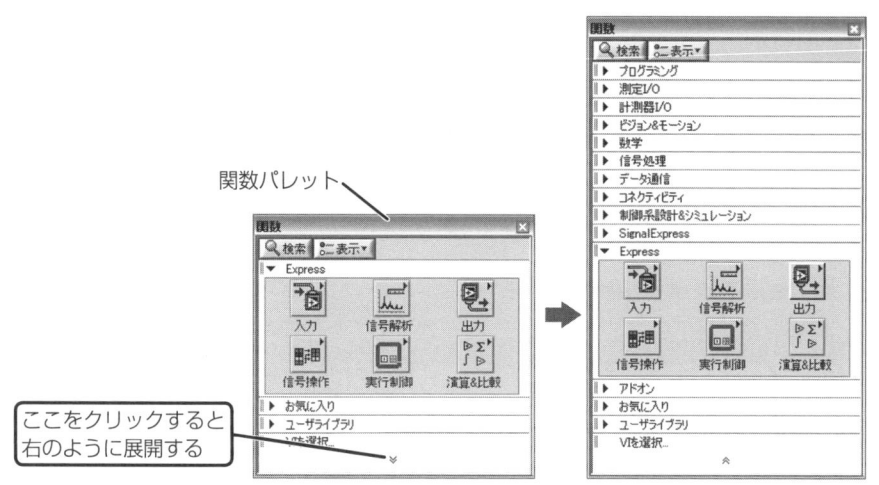

図 4.5　関数パレット

関数パレットの中には，非常にたくさんの関数が入っています．すべての関数を覚えることは不可能に近いですが，「この種類の関数は，ここにある」という感覚は必要です．

図 4.6 のウィンドウは「ツールパレット」とよばれるもので，フロントパネルまたはブロックダイアグラム上でキーボードの「Shift キー」を押しながら，マウスを右クリックすると現れます．

自動選択ツール
指ツール
ラベリングツール
ワイヤリングツール
矢印ツール

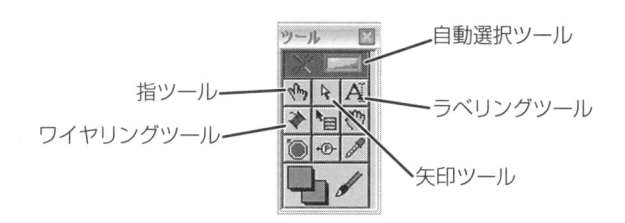

図 4.6　ツールパレット

- 「指ツール 🖑」

  フロントパネルやブロックダイアグラム上のオブジェクトのボタンを押す機能を有しています．

- 「矢印ツール ▸」

  フロントパネルやブロックダイアグラム上のオブジェクトの大きさを変えたり，移動させたりできるツールです．

- 「ラベリングツール 🅰」

  フロントパネルやブロックダイアグラム上に文字や数字を書き込むときのツールです．

- 「ワイヤリングツール ◆」

  ブロックダイアグラムでワイヤーを配線するときに使用します．

第4章　プログラミングの基礎とファイル保存方法

- 「自動選択ツール 　　　 」

　プログラミングに必要なほとんどの機能が自動的に切り替わります．パソコン起動時のデフォルト設定は，自動選択ツールです．

### 4.1.3　LabVIEW プログラムの実行と停止方法

　LabVIEW プログラムの実行は，図 4.7 のように LabVIEW のウィンドウ上にあるボタンを使用します．以下に，主なボタンについて説明します．

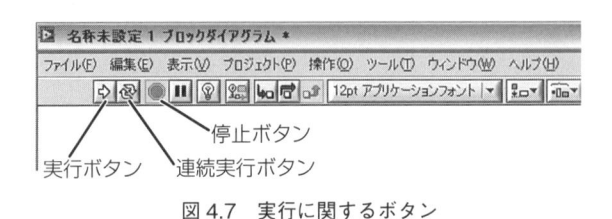

図 4.7　実行に関するボタン

- 実行ボタン

　LabVIEW プログラムは，一番左側にある「矢印マーク 　 」を押すと実行できます．

- 連続実行ボタン

　「矢印が回転しているマーク 　 」は，実行を何度も繰り返す連続実行です．ファイル保存時に保存先を聞いてくるようなウィンドウが開くプログラムを含む場合は，連続実行ボタンを押すと停止できなくなってしまうので，注意してください．

- 停止ボタン

　「赤いボタン 　 」は停止ボタンになります．普通のプログラムは実行後に停止するはずですが，繰り返し制御のプログラミングミスで停止しなくなってしまった場合は，非常停止として使用します．

　停止ボタンを連用しているユーザを見かけますが，**停止ボタンの連続使用は避けてください**．たとえば，数値計算を実行中に，この停止ボタンを押した場合は，計算で使用されている**メモリを開放しない状態**になる場合があり，パソコンのメモリを無駄に使用することになります．とくに DAQ デバイスなどのハードウェアを制御しているときに停止ボタンを押すと，ハードウェアの制御は LabVIEW の制御から離れてしまい，暴走する場合があります．また，スタンドアロン型とよばれる箱型計測器を通信によって制御している場合は，通信を開いたまま断線するということになるので，使用できる**通信回線数（リソース）が不足**し，パソコンを再起動するまで LabVIEW が実行できなくなる場合があります．これらの事項は，LabVIEW に限らず他のプログラミング言語においても共通することなので，非常停止することなくプログラムの実行が正常に停止するプログラミングを心がけてください．

4.1 LabVIEW プログラミングの入門

### 4.1.4 乱数の発生と数値の表示

ここでは，LabVIEW で乱数を発生させて，その結果を表示させてみましょう．

LabVIEW には，0 から 1 までの間でランダムな数値を出力する乱数の関数（Random Number 関数）があります．図 4.8 のように乱数の関数は，ブロックダイアグラムで現れる「関数パレット」→「プログラミングパレット」→「数値パレット」→「乱数」にあります．

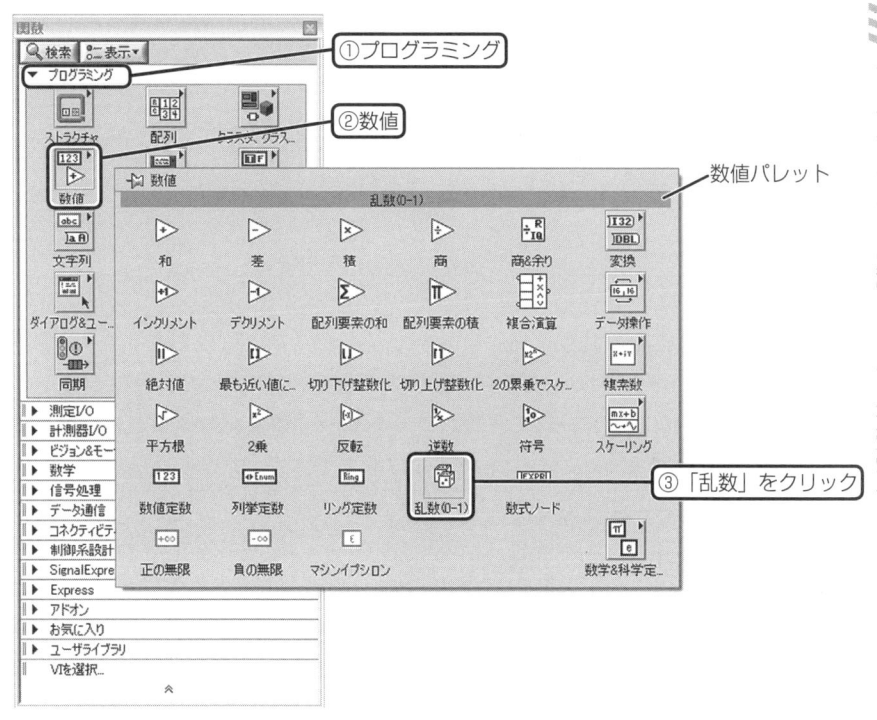

図 4.8　乱数の場所

「乱数」を選んで，ブロックダイアグラム上でクリックすると，図 4.9 のように乱数が配置されます．

図 4.9　LabVIEW の乱数の関数（Random Number 関数）

乱数の関数上で右クリックして現れるメニューから「表示項目」→「ラベル」を選択すると，図 4.10 のように関数の名前を明示することができます．

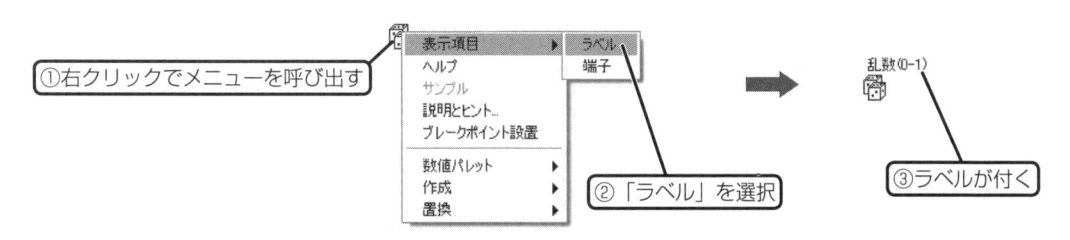

図 4.10　ラベルの表示方法

第4章　プログラミングの基礎とファイル保存方法

　また，乱数をはじめとした関数の意味を表示するには，LabVIEWのメニューバーの「ツール」→「詳細ヘルプを表示」を選択するか，キーボードの「Ctrlキー＋Hキー」を押すと，ヘルプウィンドウが開きます．調べたい関数の上にマウスポインタを移動させると，図4.11のようなヘルプを表示させることができるので，関数の働きを確認することができます．

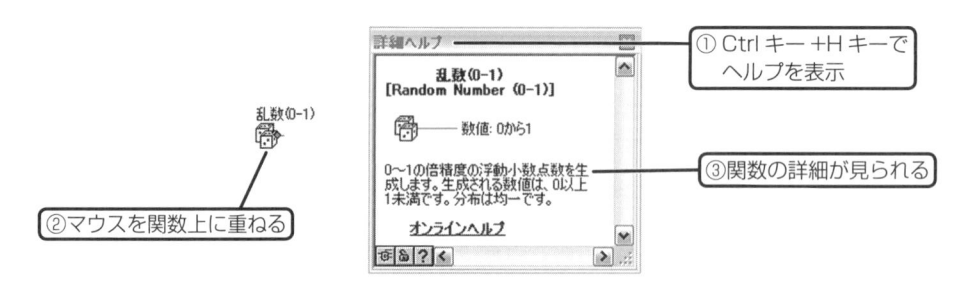

図4.11　ヘルプの表示

　この状態では実際の乱数を見ることができないので，乱数を表示させる数値表示器（デジタル表示器）が必要になります．数値表示器は，図4.12のようにフロントパネルで現れる「制御器パレット」→「モダンパレット」→「数値パレット」→「数値表示器」にあるので，図4.12のようにフロントパネルに置いてください．

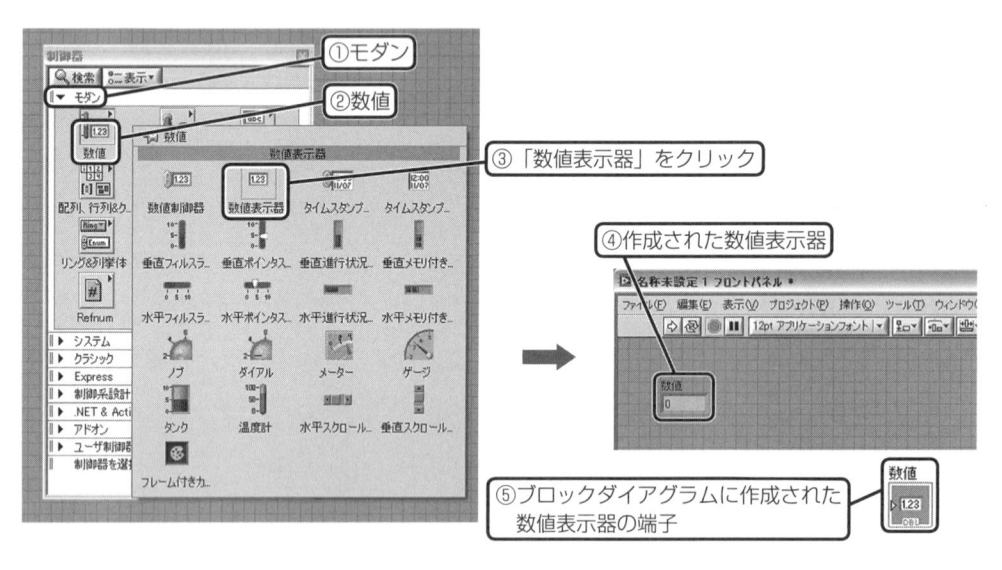

図4.12　数値表示器の場所とフロントパネルの数値表示器，数値表示器の端子

　フロントパネルに数値表示器ができると同時に，ブロックダイアグラムには，図4.12の⑤のようなオレンジ色の端子ができます．フロントパネルの数値表示器に表示する数値を受け渡すには，ブロックダイアグラムの端子に値を与えます．また，LabVIEWの環境において，オレンジ色は小数点を含む数値であることを明示しています．

　自動選択ツールならば乱数にマウスを近づけるとワイヤリングツールに変化するので，最初のマウスクリックで配線開始，次のマウスクリックで配線を留めながら，図4.13の

ように乱数を数値表示器にワイヤーで配線してください．

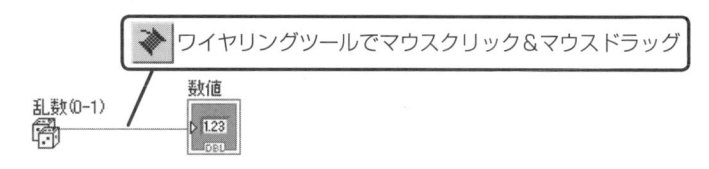

図 4.13　乱数と数値表示器の端子をワイヤーで配線

ここで，LabVIEW プログラムを実行してください．乱数で発生する数値は数値表示器に受け渡されて，乱数が表示されることが確認できます．LabVIEW プログラミングは，データを生成する制御器属性の部分とデータを表示する表示器属性の部分があり，それらの間をワイヤーで配線することで，データの受け渡しが行われることを基本にしています．

### 4.1.5　関数や端子，ワイヤーの編集方法

前述の乱数の関数と数値表示器の端子を利用して，関数や端子，ワイヤーの位置の編集方法を簡単に説明します．

● 位置の移動方法

関数や端子，ワイヤーの位置を変更したいときは，図 4.14 のように移動したい部分をマウスクリックで選んで，マウスドラッグします．もしくは，移動したい部分をマウスクリックで選んだあと，キーボードの矢印「←→↑↓」を押すと，少しずつ移動することができます．

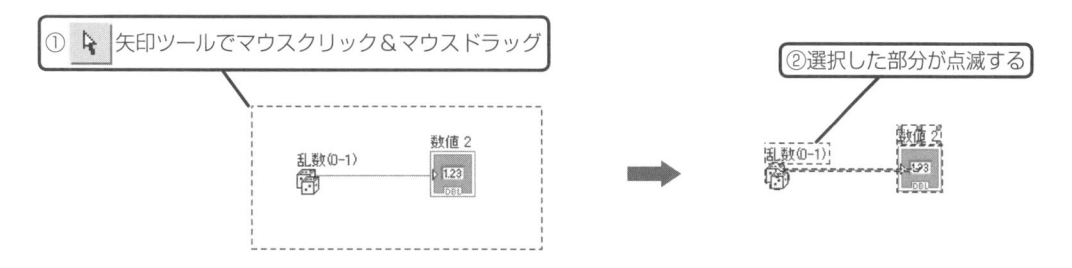

図 4.14　移動させたい部分の選択

● 消去方法

選択した状態でキーボードの「Back Space キー」を押すと，選択した部分が消去できます．

● コピー方法

選択した状態でキーボードの「Ctrl キー＋ C キー」でコピーになり，任意の場所で「Ctrl キー＋ V キー」でペーストされて，選択した部分のコピーができます．

第4章　プログラミングの基礎とファイル保存方法

### 4.1.6 乱数の配列化

ここでは LabVIEW で数値を配列化する方法を学びます．

前述のプログラムのブロックダイアグラムをコピーして，図 4.15 のようにさらに乱数と数値表示器を追加してください．

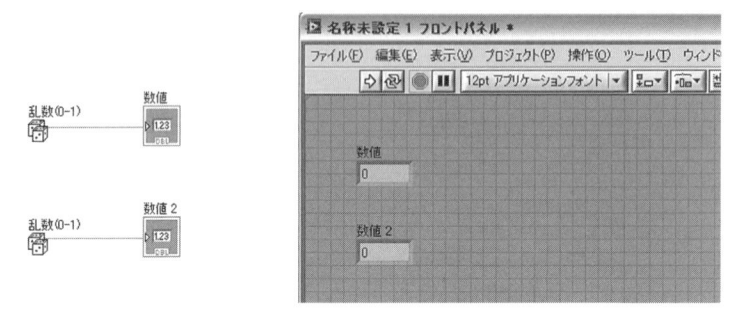

図 4.15　2つの乱数発生と数値表示器

二つの乱数をまとめて，一つの数値表示器として表示するには，配列を用います．二つの乱数を一つの配列にまとめるには，配列連結追加の関数（Build Array 関数）を使用します．配列連結追加の関数は，図 4.16 のように，ブロックダイアグラムで現れる「関数パレット」→「プログラミングパレット」→「配列パレット」→「配列連結追加」にあります．

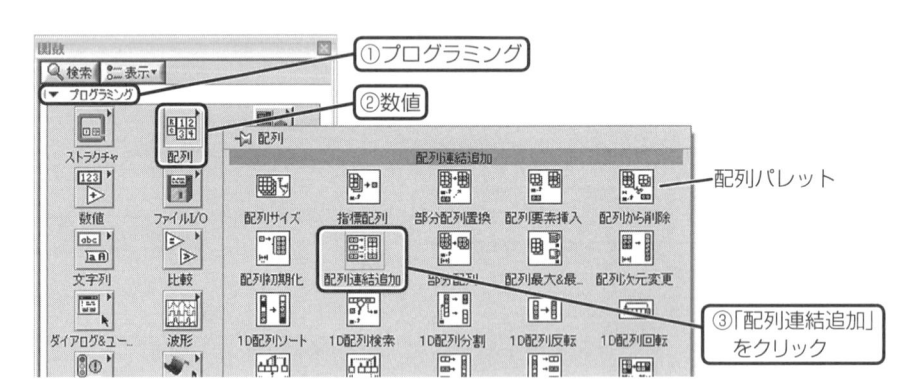

図 4.16　配列連結追加の場所

配列連結追加関数は，図 4.17 のようにマウスで大きさを調整して，ワイヤーで配線してください．

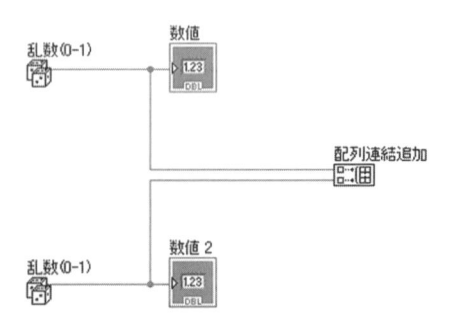

図 4.17　二つの乱数を配列化

次に配列連結追加の関数上で右クリックして現れるショートカットメニューから，図4.18のように表示器を作成します．フロントパネルには，配列の数値表示器ができます．このような表示器作成方法は，他の関数でも使用できるのでプログラミング速度が上がります．

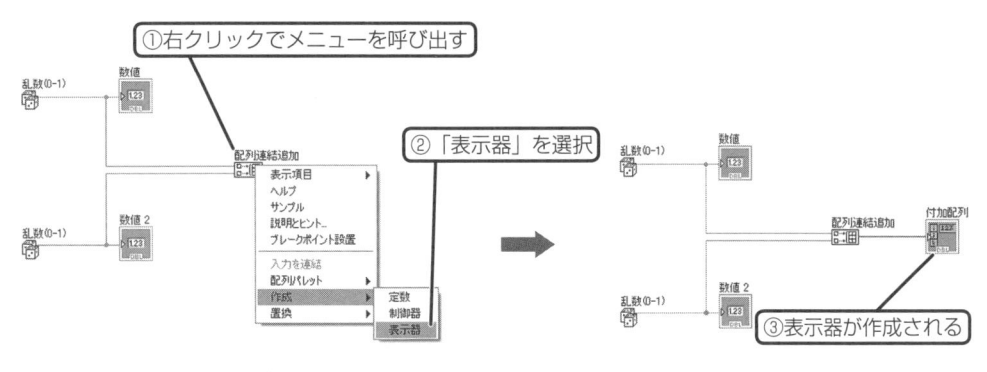

図4.18　表示器作成方法

また，図4.19のように数値表示器の右下をマウスドラッグで右に移動させると，表示される要素数を増やすことができます．

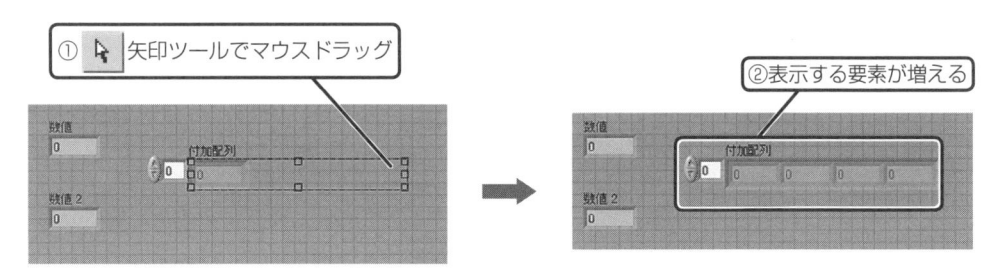

図4.19　表示する要素数を増やす方法

さらにユーザ側から数値を入力するには，数値制御器を追加します．数値制御器は，フロントパネルで現れる「制御器パレット」→「モダンパレット」→「数値パレット」→「数値制御器」にあります．図4.20のように数値制御器を追加してみましょう．数値制御器はユーザ側から数値が入力できるように，数値増減ボタンが付いていることが特徴です．

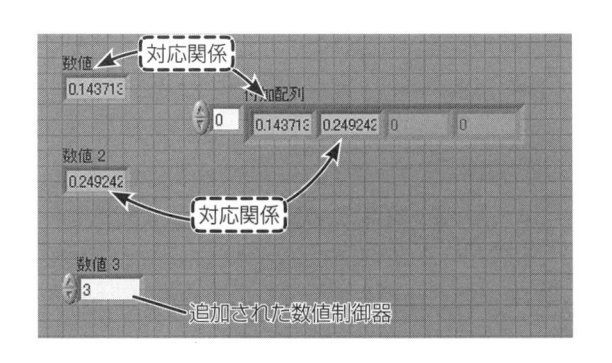

図4.20　フロントパネルに追加された数値制御器

ブロックダイアグラムに切り替えて，図4.21のように数値制御器を配列に配線して完成させてください．

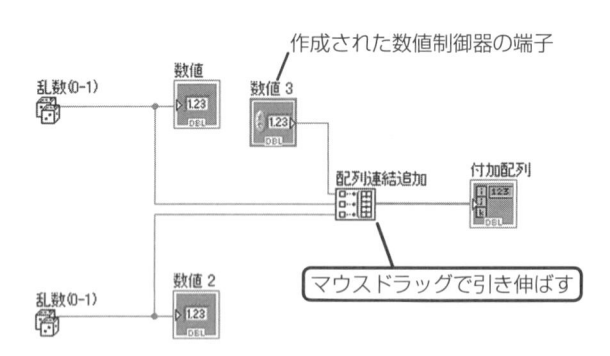

図4.21 数値制御器を配列に配線

ブロックダイアグラムを見ると，数値表示器に対して数値制御器の端子の枠は太くなっています．LabVIEWプログラミングでは，ユーザが入力する制御器属性と結果を表示する表示器属性を簡単に区別できるように**端子の枠の太さ**が異なっています．

作成したプログラムを実行すると，図4.22のように数値制御器の値はフロントパネルに表示されます．

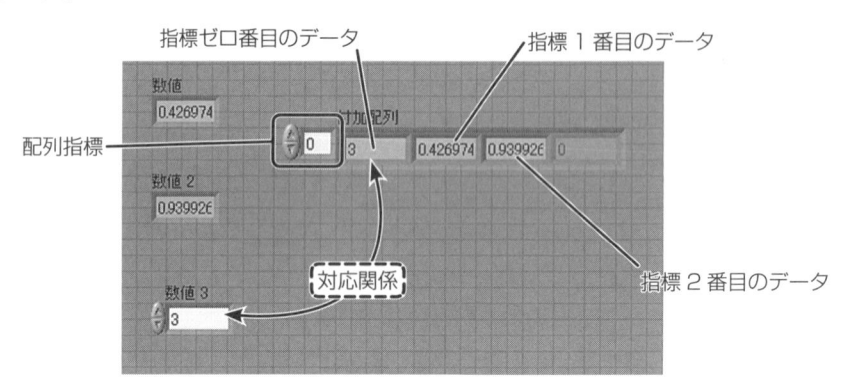

図4.22 数値制御器の値が反映された配列の数値表示器

配列連結追加関数の一番上に数値制御器の値を配線したので，数値制御器の値は配列のゼロ番目のデータになります．この位置を配列の指標ゼロ番目のデータといいます．配列連結追加の真ん中に配線した乱数は，配列の1番目にあり，この位置を配列の指標1番目のデータといいます．配列連結追加の下端に配線した乱数は，配列の2番目にあり，この位置を配列の指標2番目のデータといいます．他のプログラミング言語であっても，普通，**配列の最初の指標はゼロ番目**から始まります．

このように配列化すると複数個数値データを各要素として格納することができるようになります．他のプログラミング言語の場合は，配列の大きさを型宣言しておく必要がありますが，LabVIEWの場合は，自動的に適当な大きさで型宣言されます．LabVIEWプログラミングで配列に格納できる要素数は，$2^{31}-1 = 2147483647$個なので，大きさを気にしながらプログラミングする必要はありません．

配列の左側に付いている配列指標は，どの要素を表示するかを指定するものです．ゼロ番目になっているデフォルト値を，1や2に変えてみてください．表示されている要素が移動することが確認できます．これを利用すれば，たとえば200個の要素を格納している状態で100番目の要素を見る場合は，配列の左側に付いている配列指標に数字100を入力すれば，100番目，101番目，102番目，103番目の四つの要素を表示させることができます．くれぐれも，指標はゼロ番目から始まっていることに気を付けてください．

### 4.1.7 For ループ

LabVIEWで繰り返し命令を実行する方法は，ForループとWhileループの2種類があります．

図4.23のようにForループとWhileループは，ブロックダイアグラムで現れる「関数パレット」→「プログラミングパレット」→「ストラクチャパレット」内にあります．

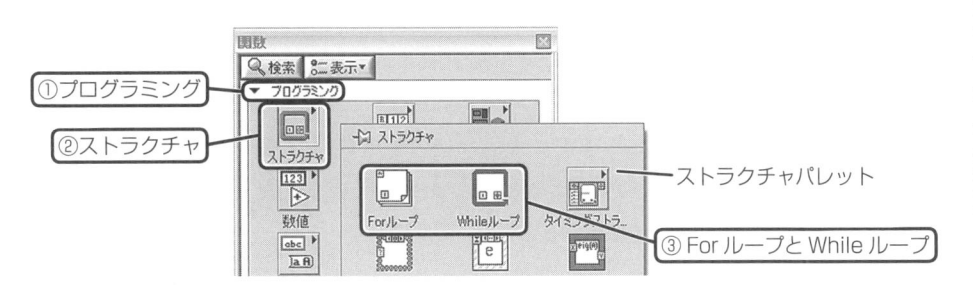

図4.23 ForループとWhileループの場所

次に図4.24のように新しいブランクVI（新規VI）を開いてください．

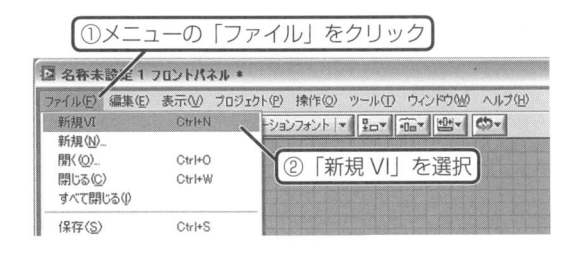

図4.24 ブランクVI（新規VI）の作り方

次に図4.25のようにForループの中に乱数の関数が入っているブロックダイアグラムを作成してください．Forループは，マウスドラッグで描くことができます．乱数からForループの枠まで配線してください．

Forループは，枠内のプログラムを繰り返し $N$ 回実行するものです．繰り返し数 $N$ を指定するには，図4.26のようにForループの左上にある **N** にマウスを移動させて右クリックで現れるメニューから，「制御器を作成」を選択します．

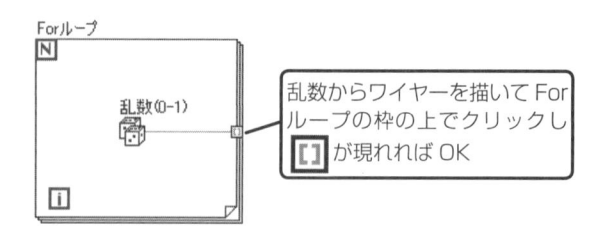

第4章　プログラミングの基礎とファイル保存方法

図 4.25　For ループと乱数

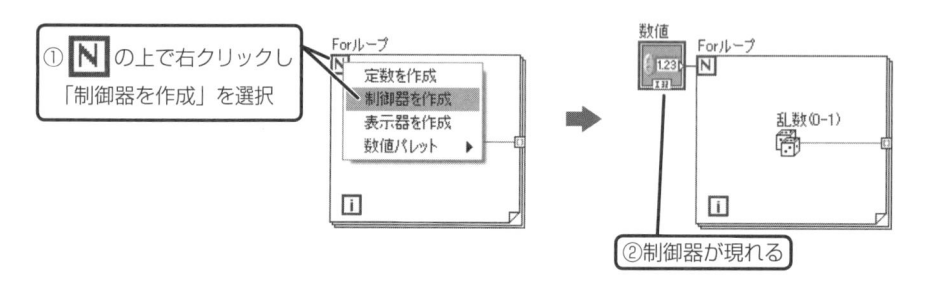

図 4.26　For ループの繰り返し数 N の制御器を作成

作成した制御器は青色になります．青色は整数型の数値であることを明示しています．乱数を表示するために，図 4.27 のように乱数からの配線と For ループの枠がつながっている部分で右クリックして，表示器を作成してください．

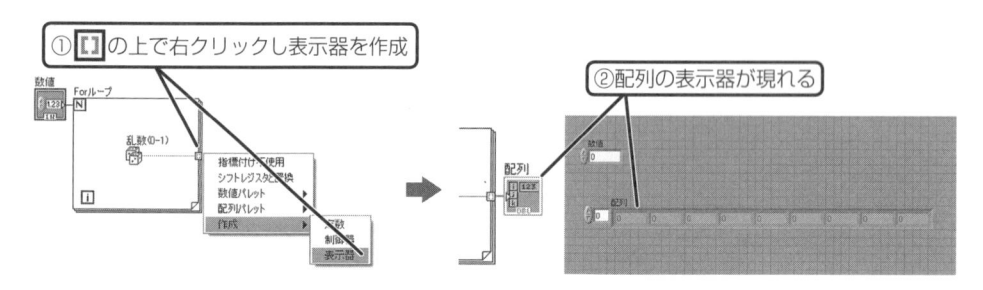

図 4.27　For ループの枠から表示器を作成

作成された表示器をフロントパネルで確認すると，図 4.28 のように，すでに配列の数値表示器になっています．For ループはプログラムを繰り返し実行することを前提としているので，LabVIEW が For ループ内で発生するデータは配列として格納するべきであると判断しています．For ループの枠上で配列として格納されているかどうかの目印は For ループと配線の接続部分に小さなオレンジ色の [] の記号があることで区別できます．

繰り返し数を 5 として実行すると，図 4.28 のようになり，5 回分の乱数が格納されていることがわかります．1 回目に実行されたときの乱数の値は指標ゼロ番目のデータであり，5 回目最後の乱数の値は指標 4 番目に格納されている点に注意してください．

4.1 LabVIEW プログラミングの入門

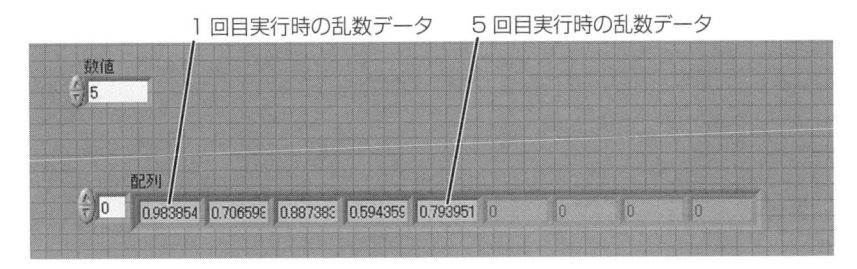

```
        1回目実行時の乱数データ      5回目実行時の乱数データ
  数値
   5

  配列
   0   0.983854 0.706599 0.887383 0.594359 0.793951  0    0    0
```

図 4.28　配列の数値表示器（繰り返し数 5 として実行した結果）

### 4.1.8　While ループ

For ループは定められた回数だけプログラムを実行する繰り返し命令でしたが，While ループは，条件によって停止させることができる繰り返し命令です．While ループの場所は，関数パレット内の For ループの隣にあります．

新しいブランク VI（新規 VI）を開いて，図 4.29 のように While ループの中に乱数の関数が入っているブロックダイアグラムを作成してください．While ループは，For ループの場合と同様にマウスドラッグで描くことができます．乱数から While ループの枠まで配線してください．

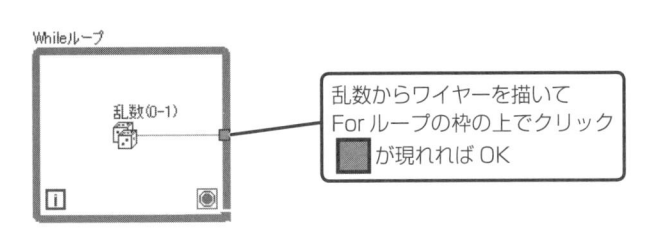

```
  Whileループ
     乱数(0-1)
       🎲                乱数からワイヤーを描いて
                        For ループの枠の上でクリック
                         ■ が現れれば OK
     [i]           [◉]
```

図 4.29　While ループと乱数

While ループは右下にある ◉ で示される条件端子によって停止するかどうかを判断します．繰り返しの条件を制御するには，図 4.30 のように While ループの右下にある ◉ で示される条件端子にマウスを移動させて右クリックで現れるメニューから，「制御器を作成」を選択します．

ブロックダイアグラムに作成された制御器は緑色になっています．また，フロントパネルにはボタンができます．

LabVIEW では，「True（真，ボタンを押す）」または「False（偽，ボタンを押さない）」で表現されるブール代数を緑色と定めています．While ループの条件端子から制御器を作成するときに，「True の場合停止」という項目にチェックマークが入っていましたが，これは，True という状態，つまりボタンが押されたという状態ならば，While ループの繰り返し実行を停止するという意味です．

次に乱数を表示するために，図 4.31 のように乱数からの配線と While ループの枠がつながっている部分で右クリックして，表示器を作成してください．

作成された表示器は，確認してみると配列になっていません．For ループの場合はデ

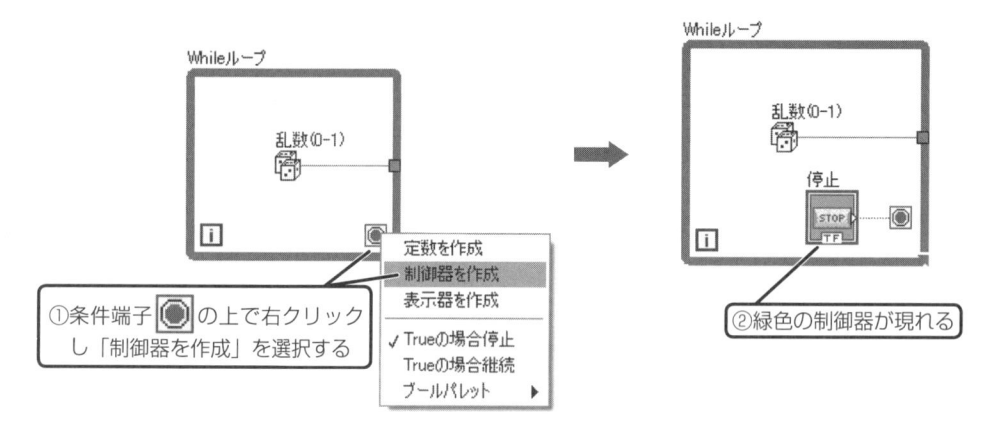

第4章　プログラミングの基礎とファイル保存方法

図 4.30　While ループの条件端子の制御器を作成

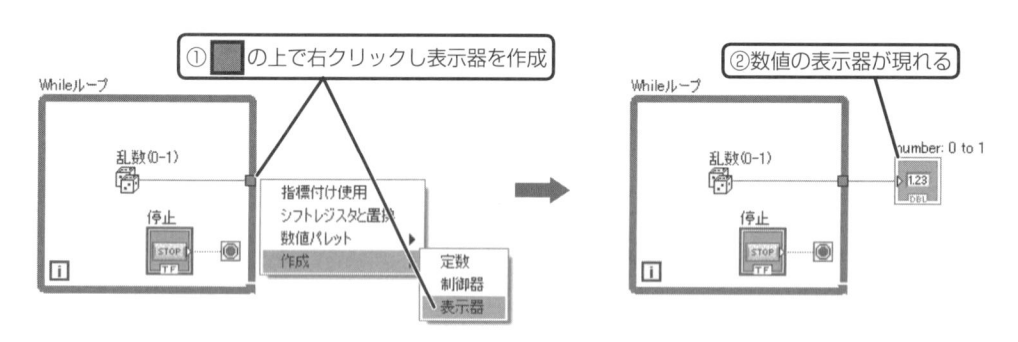

図 4.31　While ループの枠から表示器を作成

フォルトで指標付けが有効になっていますが，While ループの場合はデフォルト設定で指標付けが無効の状態になっています．While ループを停止したときに出力するデータは，最後に実行された乱数の値だけになるという特徴があります．図 4.31 における While ループと配線の接続部分は単なるオレンジ色であり，For ループのような □ の記号がないことで，指標付けが無効になっていることが判断できます．

For ループのように指標付けを有効にするには，図 4.32 のように乱数からの配線と While ループの枠がつながっている部分で右クリックして，「指標付け使用」を選択します．そして，再度，表示器を作りなおせば図 4.32 のように配列の表示器になります．

この状態で実行すれば，For ループの場合と同じように乱数が発生し配列化されますが，数秒間に何万回も実行されてしまいます．ここで実行時間を遅くするために待ち時間の関数を加えます．図 4.33 のように，ブロックダイアグラムで現れる「関数パレット」→「プログラミングパレット」→「タイミングパレット」→「次のミリ秒倍数まで待機」を選択して While ループ内に配置します．

図 4.34 のように，「次のミリ秒倍数まで待機」の待ち時間は，関数の左側で右クリックして現れるメニューから「定数作成」を選択して，数値 1000 を与えてください．

この状態で実行し，約 5 秒後にフロントパネルに作った「停止ボタン」を押すと，図 4.34 のように乱数が 5 個発生していることが確認できます．これは 1000 ms になるまで待

4.1 LabVIEW プログラミングの入門

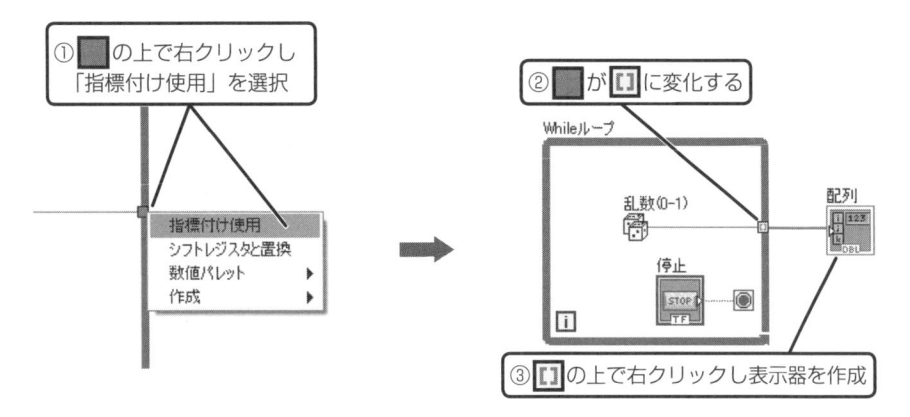

図 4.32　指標付け使用の選択方法と While ループで配列を出力する方法

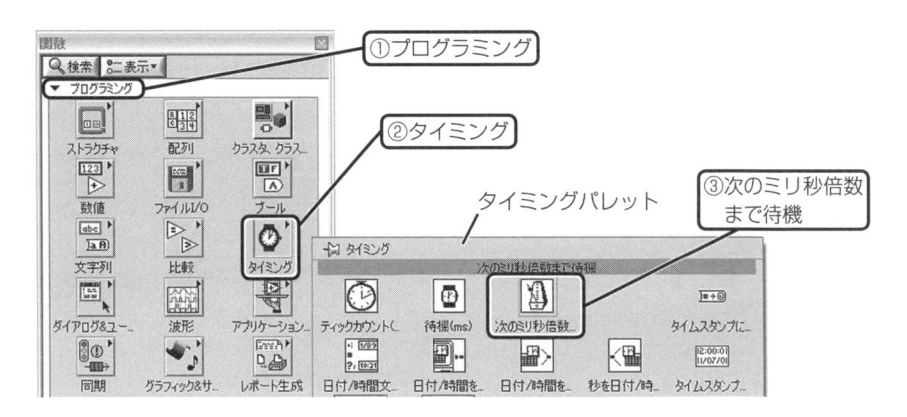

図 4.33　「次のミリ秒倍数まで待機」の場所

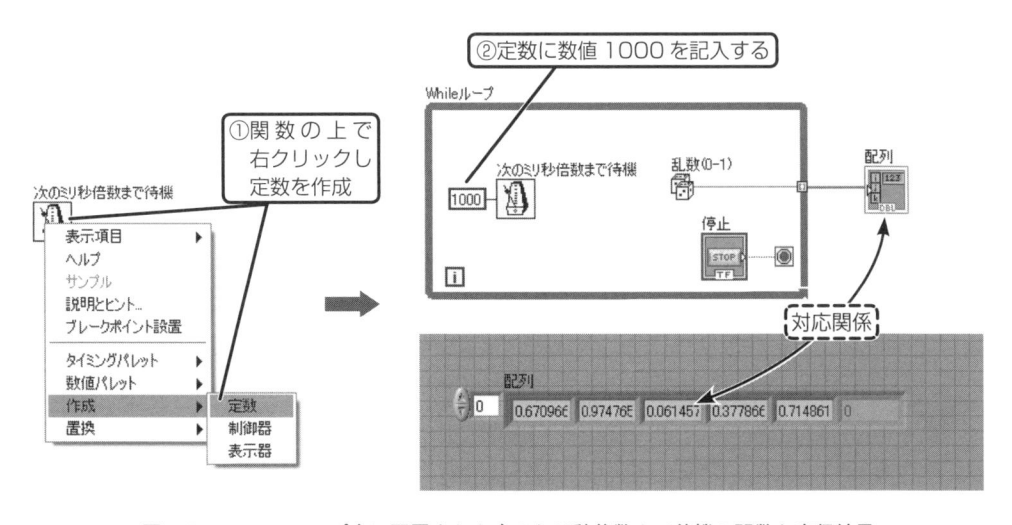

図 4.34　While ループ内に配置された次のミリ秒倍数まで待機の関数と実行結果

機するという命令を与えたため，5秒間実行すると，While ループ内の実行回数が5回になるためです．

DAQ デバイスで直流電圧を1秒間隔で繰り返し測定して配列化するプログラミングは，このプログラミングと基本動作が同じになります．

### 4.1.9 数値一次元配列データのグラフ表示方法

測定結果をグラフで表示するようにしましょう．ここでは「波形グラフ」を使用します．波形グラフは図4.35のようにフロントパネルで現れる「制御器パレット」→「モダンパレット」→「グラフパレット」→「波形グラフ」にあります．

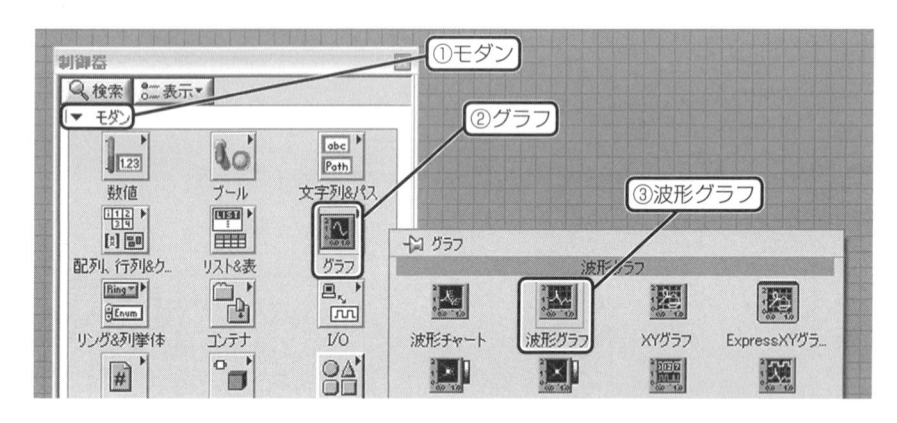

図4.35　波形グラフの場所

波形グラフは図4.36のように配置して，ワイヤーを配線してください．

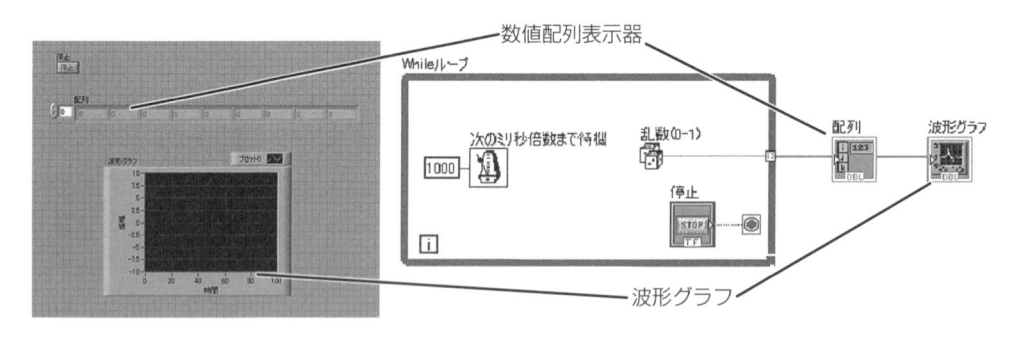

図4.36　波形グラフとブロックダイアグラム

この状態で実行して5秒後に停止すると，図4.37のように5個の乱数が配列化されて，グラフに表示される様子が確認できます．

この例では，While ループを停止させたときに，結果がまとめて表示されるという特徴があります．ほとんどの測定システムは，測定結果のリアルタイム表示が求められるので，乱数が発生するごとにデータが表示される方法を次に説明します．

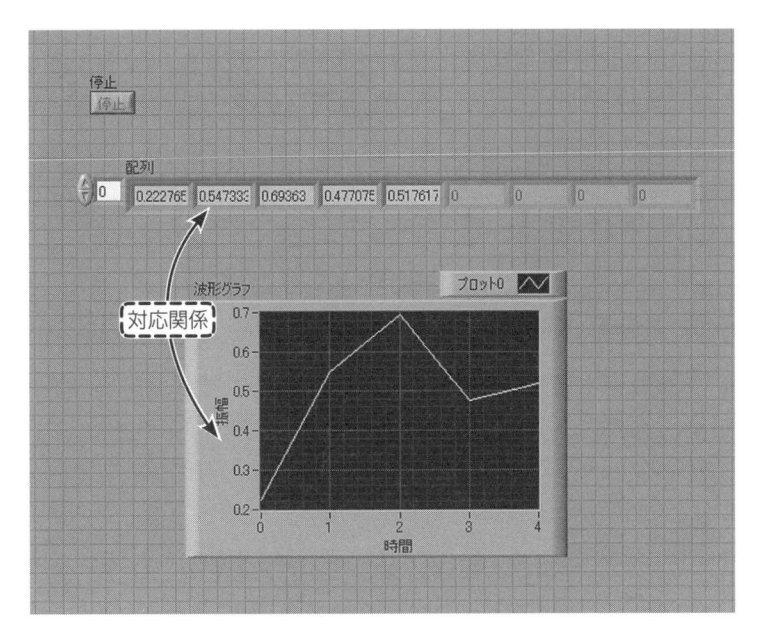

図 4.37　乱数が表示されたグラフ

### 4.1.10　グラフ表示をリアルタイム化する方法

乱数が発生するごとにデータを配列化して表示するには，While ループ特有のシフトレジスタを用います．シフトレジスタは，図 4.38 のように While ループの枠にマウスポインタを移動させて，右クリックすると現れるメニューから作成できます．

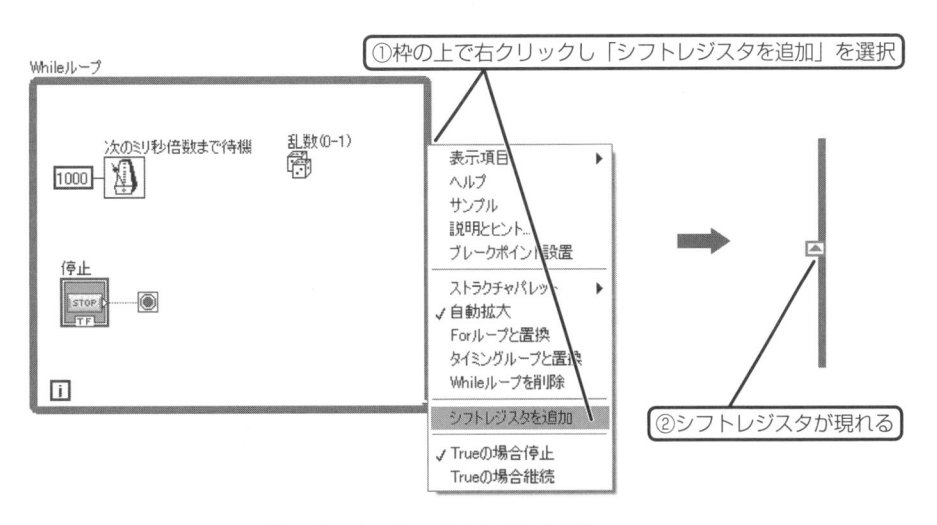

図 4.38　シフトレジスタの作成方法

シフトレジスタは While ループのようにプログラムが繰り返し実行されたときに過去のデータを保存できる機能です．シフトレジスタを追加したら，図 4.39 のようにブロックダイアグラムを作成してください．

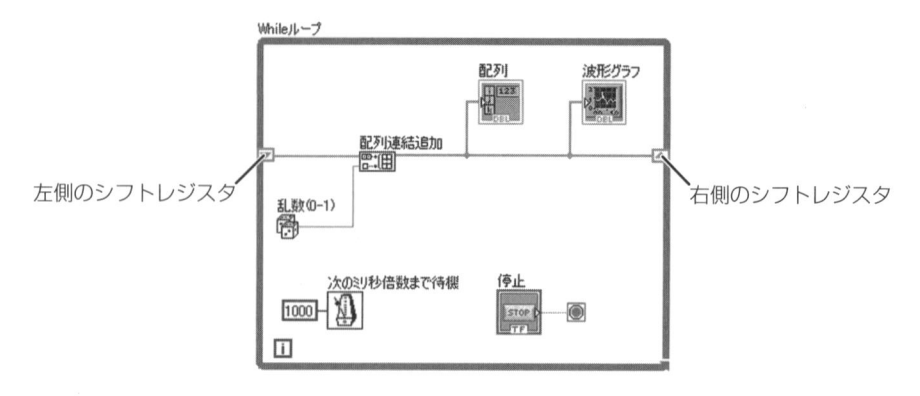

第4章 プログラミングの基礎とファイル保存方法

図 4.39 シフトレジスタを使ったリアルタイム表示方法

このブロックダイアグラムでは，まず乱数が発生すると，配列連結追加で乱数が配列化されます．その配列は配列の数値表示器と波形グラフでデータ表示されます．Whileループ内のすべての関数の実行が完了すると，乱数の配列は右側のシフトレジスタに格納されます．

次の While ループの繰り返し実行時は，While ループで一つ前の実行時に右側のシフトレジスタに格納させたデータを左側のシフトレジスタから出力します．すると再び乱数が発生し，左のシフトレジスタから引き出された配列に新たな乱数が追加されます．そして，配列は配列の数値表示器と波形グラフでデータ表示されて，右側のシフトレジスタにデータは格納されるという動作をします．詳細は，実際にプログラムを実行してみると確認できます．

なお，LabVIEW のバージョンによっては，再起動しない限り，**左側のシフトレジスタにはデータが残ったままになります**．プログラムを実行するたびに，左側のシフトレジスタの内容を空にするためには，図 4.40 のように左側のシフトレジスタにマウスポインタを移動させて，右クリックすると現れるメニューから「作成」→「定数」を選択して，空の配列を初期値として与えることで解決できます．

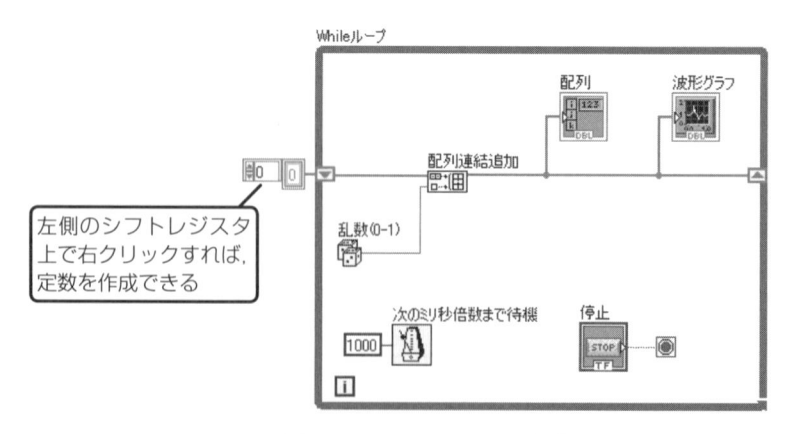

図 4.40 シフトレジスタに初期値を与える方法

このプログラミング方法により，リアルタイムで配列化しながら結果を表示できることがわかります．このような表示方法をトレンド表示ともいいます．

## 4.1.11 数値二次元配列データのグラフ表示方法

次は2チャンネル分の電圧測定結果を想定して，While ループ内に乱数の関数が二つある場合の保存方法を学びます．

2つの乱数をそれぞれ乱数 A と乱数 B とします．While ループが実行されるたびに，乱数 A と乱数 B の値が発生します．While ループで何度も実行を繰り返すので，乱数 A と乱数 B の値を表として考えると次表のようになります．

| 実行1回目の乱数Aの値 | 実行1回目の乱数Bの値 |
| --- | --- |
| 実行2回目の乱数Aの値 | 実行2回目の乱数Bの値 |
| 実行3回目の乱数Aの値 | 実行3回目の乱数Bの値 |
| 実行4回目の乱数Aの値 | 実行4回目の乱数Bの値 |
| 実行5回目の乱数Aの値 | 実行5回目の乱数Bの値 |
| 実行6回目の乱数Aの値 | 実行6回目の乱数Bの値 |

このような表になるように配列としてデータを取り扱うには，配列を二次元化しなければなりません．図 4.41 のように，シフトレジスタの初期値である定数の配列の指標ゼロ部分にマウスポインタを移動させて，右クリックすると現れるメニューから，「次元を追加」を選択して，配列を二次元化します．

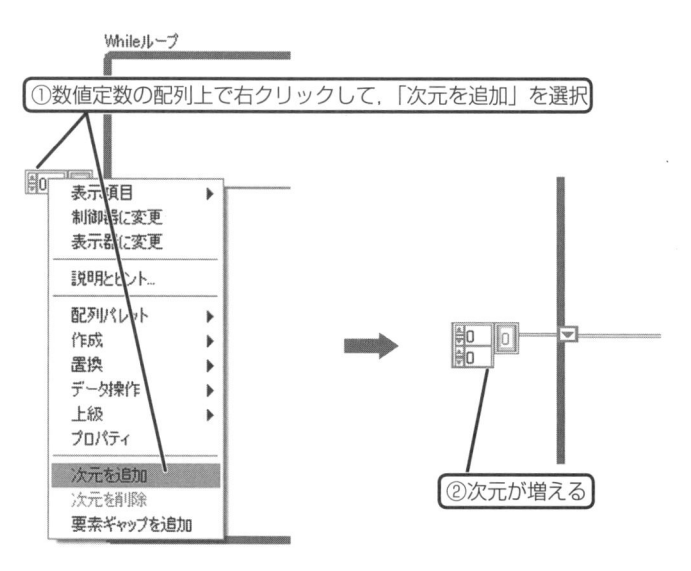

図 4.41 配列の次元を追加する方法

配列の次元を追加したら，図 4.42 のように乱数を追加したブロックダイアグラムを作成してください．

この手順に従うと，数値表示器の配列とグラフは，ワイヤーが壊れた状態になります．これは数値表示器の配列が1次元配列になっているためであり，While ループの初期値の配列を二次元に変更したように，次元追加をしなければなりません．図 4.43 のように，フロント

第4章　プログラミングの基礎とファイル保存方法

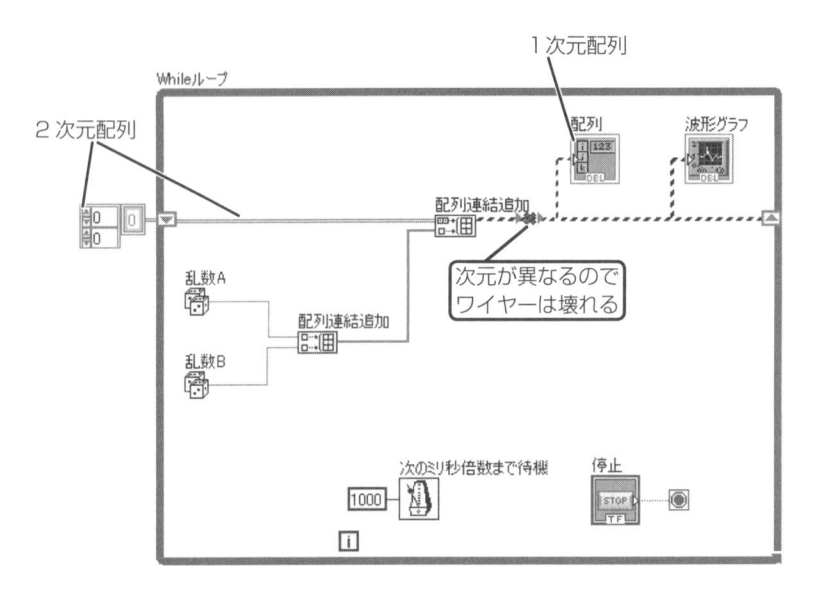

図 4.42　初期値に次元を追加して乱数の関数を 2 つに増やす

パネルにある数値表示器の配列の次元を同様に追加すると，ワイヤーが修復されます．プログラムは実行できる状態になるので，図 4.43 のようにフロントパネルを整えてください．

なお，配列の次元は必要に応じて追加しなければなりませんが，波形グラフに関しては 1 次元配列と二次元配列データを自動的に切り替える仕様になっています．実行してみる

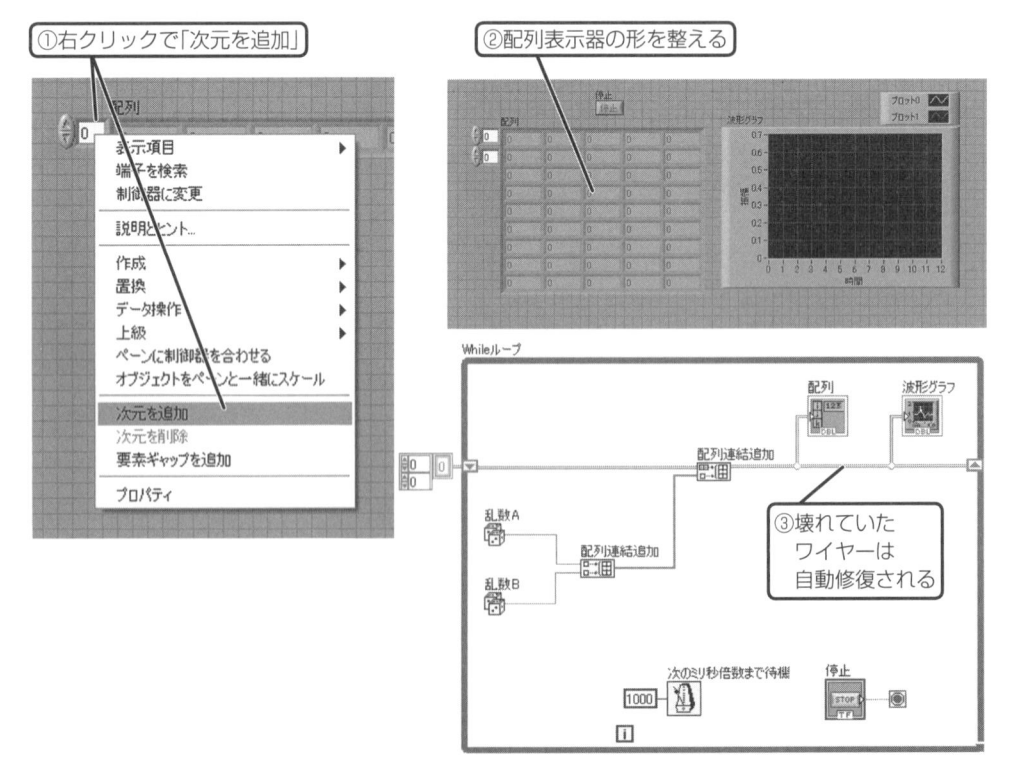

図 4.43　数値表示器の配列を二次元化

4.1 LabVIEW プログラミングの入門

と，図 4.44 のように，1 秒ごとに乱数データが追加されて，グラフが描かれる様子が確認できます．

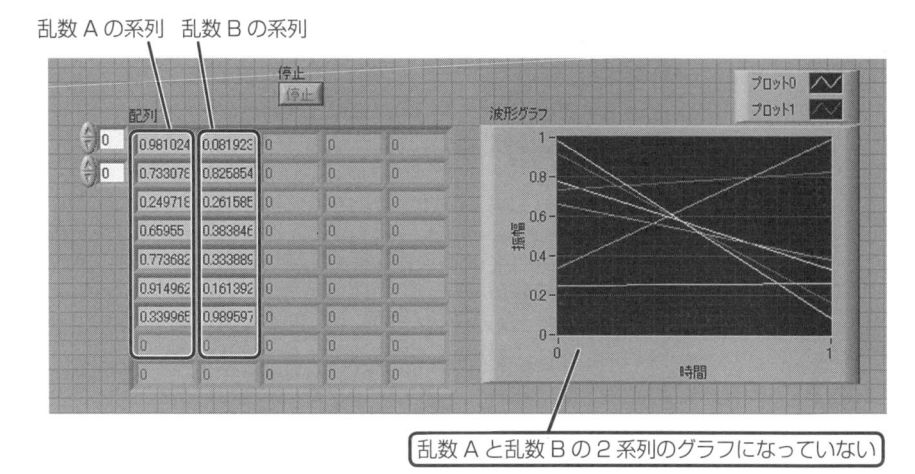

図 4.44　2 つの乱数をグラフでトレンド表示した結果

乱数 A の変化の軌跡もしくは乱数 B の変化の軌跡を見るという 2 系列のデータの場合ならば，グラフの線は 2 本になっているべきですが，複数本の線が見えます．これは，LabVIEW が二次元配列からデータを読み取ってグラフ化するときは，**配列内で横方向（行）のデータの並びをグラフとして描くようにデフォルト設定**されているためであり，LabVIEW の特性です．

2 系列のデータとしてグラフに表示するには，図 4.45 のように波形グラフ上で右クリックして現れるメニューから「配列転置」を選択して，配列の縦方向（列）と横方向（行）

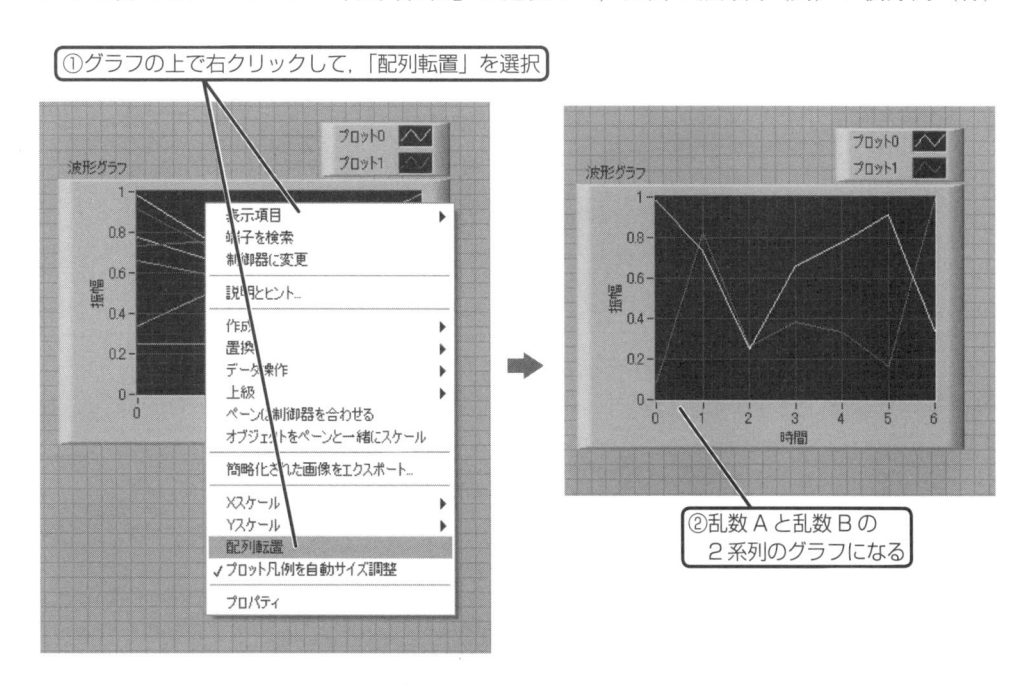

図 4.45　波形グラフで配列転置を選択した結果

第4章　プログラミングの基礎とファイル保存方法

のデータ系列を入れ替えることで対応できます．

図4.46のようにブロックダイアグラムで現れる「関数パレット」→「プログラミングパレット」→「配列パレット」→「2D配列転置」の関数を用いても配列の縦方向（列）と横方向（行）のデータ系列を入れ替えることができます．

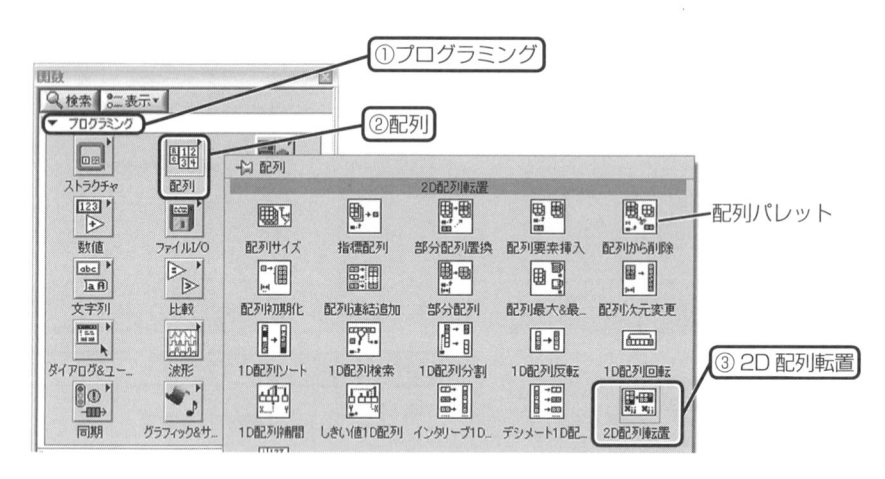

図4.46　2D配列転置の場所

ここまでのプログラミングで，乱数を用いたデータロガーのような測定システムができているという手ごたえを感じ始めているのではないでしょうか．

次は，データをファイルに保存する方法を説明します．

## 4.2　データのファイル保存方法

ファイル保存方法は，取得したデータを保存するタイミングによって難易度が変わります．ここでは，LabVIEW7以降に採用されたExpress関数を使用して，順次，難易度を上げながら配列化された乱数データをファイル保存する代表的方法を紹介していきます．

### 4.2.1　乱数配列データのファイル保存

数値データを簡単に保存するには，Express関数である「計測ファイルへ書き込む（LabVIEW計測ファイル書き込み）」が利用できます．

4.1.11項で作成したWhileループで乱数の数値配列を生成するプログラムを変更して，図4.47のようなブロックダイアグラムを作成していきましょう．

計測ファイルへ書き込む関数は，図4.48のようにブロックダイアグラムで現れる「関数パレット」→「プログラミングパレット」→「ファイルI/Oパレット」→「計測ファイルへ書き込む」にあります【LabVIEW7の場合は，ブロックダイアグラムで現れる「関数パレット」→「全関数パレット」→「ファイルI/Oパレット」→「LabVIEW計測ファイル書き込み」にあります】．

4.2 データのファイル保存方法

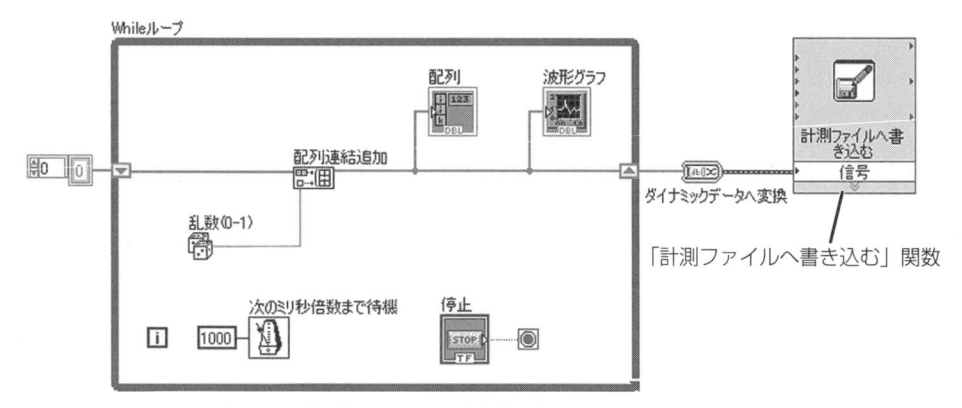

図 4.47 「計測ファイルへ書き込む」によるファイル保存

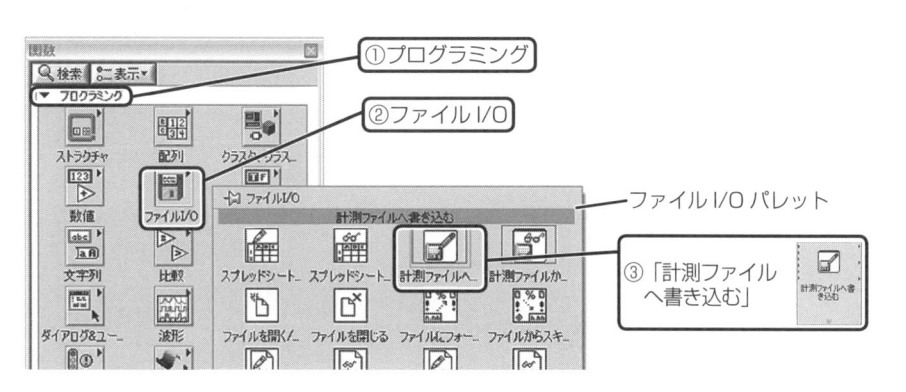

図 4.48 「計測ファイルへ書き込む」の場所

「計測ファイルへ書き込む」をブロックダイアグラムに置くと，図 4.49 のような「計測ファイルへ書き込む」の構成ウィンドウが開きます．ファイルが保存される場所が明記してあ

図 4.49 「計測ファイルへ書き込む」の構成ウィンドウ

第4章　プログラミングの基礎とファイル保存方法

ることを確認してから，起動時のデフォルト設定のままで「OK」をクリックしてください．

図 4.47 の「ダイナミックデータへ変換」の関数は，右側のシフトレジスタと「計測ファイルへ書き込む」の「信号」にワイヤーを配線すると自動的に現れます．

作成したプログラムを実行してみましょう．フロントパネルに作成した停止ボタンを押して While ループを停止させると，図 4.49 で指定した場所に図 4.50 のような test.lvm というファイルができています．

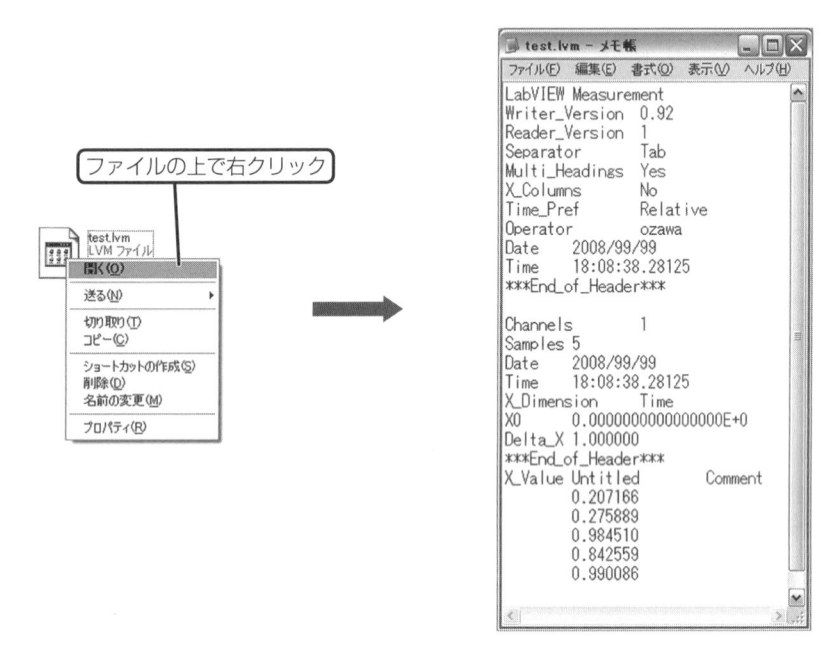

図 4.50　test.lvm ファイルをメモ帳で開いた場合

test.lvm の拡張子 lvm は，Windows で登録されていないファイルなので，ファイルを開くには，拡張子を lvm から txt に変更する，もしくは図 4.50 のようにファイル上で右クリックして，「開く」を利用して開いてください．たとえば，Windows のメモ帳で開くと，図 4.50 のように，ファイルの内容を見ることができます．

### 4.2.2　ファイルダイアログの追加方法

プログラムを実行したときに，どこにファイルを保存するかを尋ねてくるファイルダイアログを追加する方法を紹介します．

ファイルダイアログ関数は，図 4.51 のようにブロックダイアグラムで現れる「関数パレット」→「プログラミングパレット」→「ファイル I/O パレット」→「上級ファイル関数パレット」→「ファイルダイアログ」にあります．【LabVIEW のバージョンによっては，ここで紹介する新型のファイルダイアログ関数がありません．その場合は，旧型の関数「開く / 作成 / 置換ファイル関数（Open/Create/Replace File.vi）」で代用することができます．詳細は，巻末の付録 C を参照してください】．

4.2 データのファイル保存方法

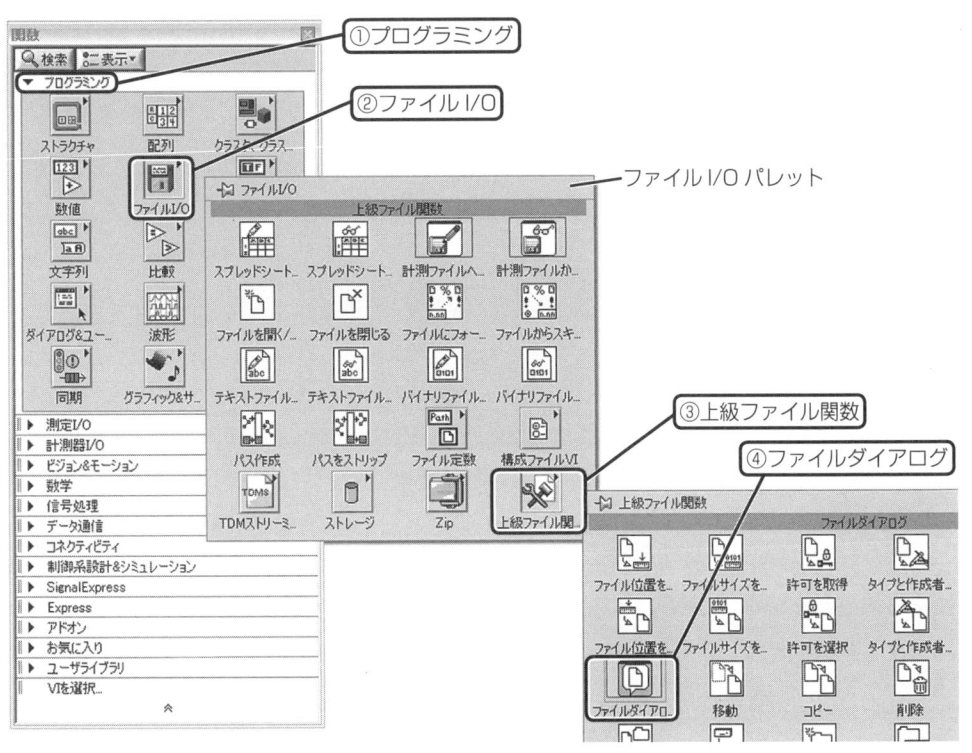

図 4.51 ファイルダイアログの場所

ファイルダイアログ関数を利用して，図 4.52 のようなブロックダイアグラムを作成していきましょう．ファイルダイアログ関数の大きさはマウスを使って変更できるので，図 4.52 のように大きく引き伸ばしたほうがわかりやすいと思います．

ファイルダイアログ関数の右側の定数は，接続部分で右クリックすることで作成できます．

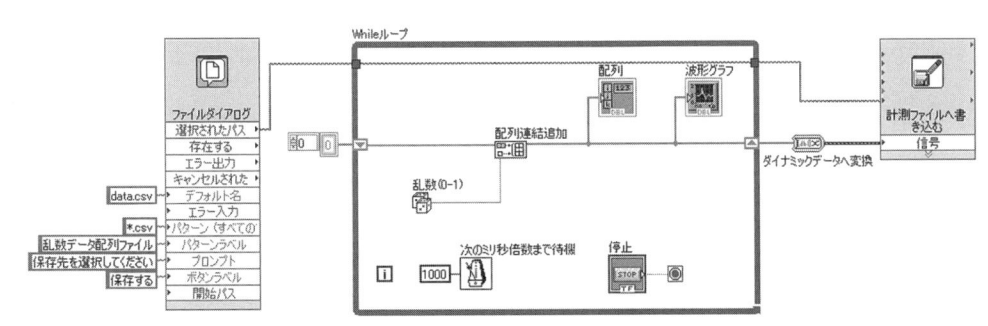

図 4.52 ファイルダイアログを追加

各定数の設定
- デフォルト名は，「data.csv」
- パターンは，カンマ区切りファイルである「*.csv」
- パターンラベルは，「乱数データ配列ファイル」
- プロンプトは，「保存先を選択してください」

第4章　プログラミングの基礎とファイル保存方法

> ● ボタンラベルは，「保存する」

　ファイルダイアログ関数をブロックダイアグラムに置いたときに，図4.53のようなウィンドウが開きますが，設定は，そのままで大丈夫です．

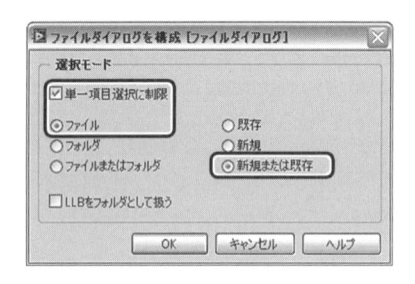

図4.53　「ファイルダイアログを構成」ウィンドウ

　また，「計測ファイルへ書き込む」関数上でクリックすると，「計測ファイルへ書き込む」の構成ウィンドウが開くので，カンマ区切りのファイル形式になるように設定を図4.54のとおりに変更してください．

ファイルダイアログ関数を使用しているため，この保存場所は無効になる

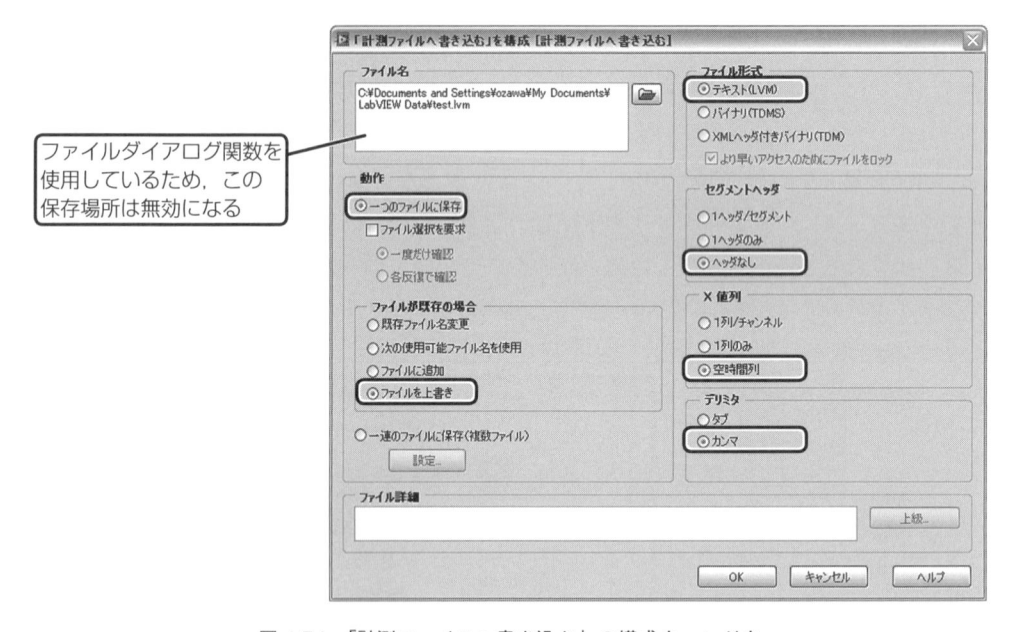

図4.54　「計測ファイルへ書き込む」の構成ウィンドウ

　このプログラムを実行すると，乱数が発生する前に，どこにデータを保存するのかを聞いてくるようになるので，data.csvというファイル名で保存してください．また，ファイルダイアログでカンマ区切りのcsvファイルであることを明示することにより，図4.55のようにマイクロソフト社のExcelで取り扱うことが容易になります．以後は，**ファイル保存形式をcsvファイル**として扱っていきます（もし，カンマ区切りでファイル保存できない場合は，巻末の付録Cを参照してください）．

4.2 データのファイル保存方法

図 4.55 ファイル保存の結果

### 4.2.3 乱数データを随時追加して保存する方法

今までのファイル保存のプログラムは，While ループが終了したときに，シフトレジスタに蓄えられたデータを最後に 1 度で保存するというものでした．このようなファイル保存方法の場合，途中でパソコンが止まってしまったなどの事態になったときにすべてのデータが保存されない状況になります．乱数が発生するたびにリアルタイムで 1 個ずつデータをファイルに追加保存すれば，停止直前までのデータは保存されます．リアルタイムにファイル保存する方法は，計測ファイルへ書き込む関数を While ループの中に入れたプログラミングで実現できます．

先ほどのプログラムに手を加えて，図 4.56 のようなブロックダイアグラムを作成してください．

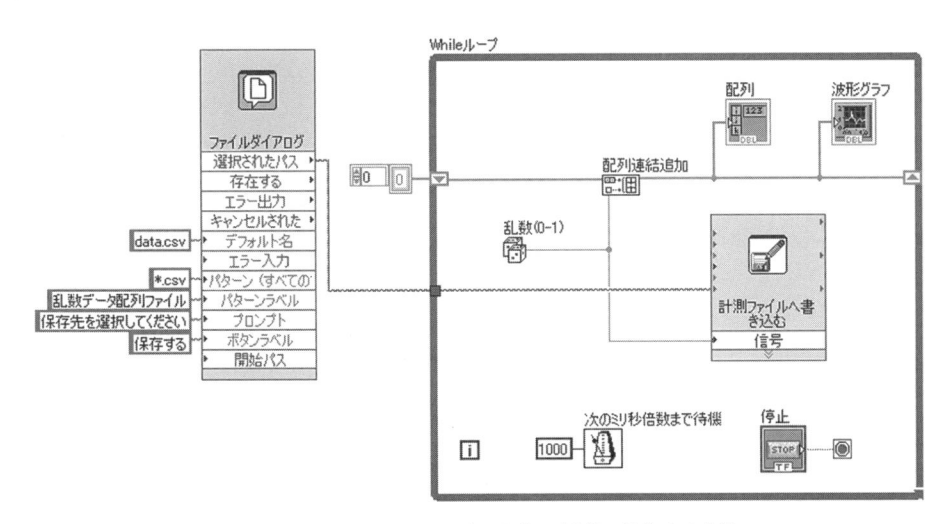

図 4.56 リアルタイムでデータを 1 個ずつ保存する方法

さらに，計測ファイルへ書き込む関数上でクリックすると，「計測ファイルへ書き込む」の構成ウィンドウが開くので，ファイル追加になるように設定を図 4.57 のとおりに変更してください．

作成したら実行してください．保存されたファイルは，図 4.58 のようになります（もし，カンマ区切りでファイル保存できない場合は，巻末の付録 C を参照してください）．

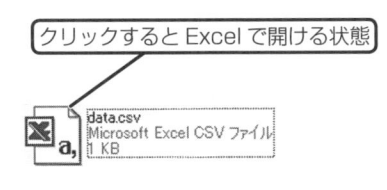

ここで注目すべき点は，データが縦方向に並んでいる点です．ファイルに追加でデータ

第4章　プログラミングの基礎とファイル保存方法

ファイルダイアログ関数を
使用しているため，この
保存場所は無効になる

図 4.57 「計測ファイルへ書き込む」の構成ウィンドウ

最も古い乱数

最後に発生した乱数

図 4.58 ファイル保存の結果

を保存するときは，時間の経過とともに縦方向で一番下にデータが追加されていく構造になります．

### 4.2.4 波形チャート

　直前に作成したプログラムを長時間実行し続けると，シフトレジスタ内にすべての乱数データが配列となって蓄積され続けるので，メモリを大量に消費する結果となります．そのつどデータをファイル保存しているのであれば，シフトレジスタで配列を保存する必要はなく，表示するグラフも最新の1000ポイントぐらいでよいでしょう．

　このようにメモリ消費を抑えるならば，図4.59のようにシフトレジスタを削除して，最新のデータのみを表示する波形チャートを用いるべきでしょう．

　波形チャートは，波形グラフと同じ場所のフロントパネルで現れる「制御器パレット」→「モダンパレット」→「グラフパレット」→「波形チャート」にあります．波形チャートは，制御器パレットの波形グラフの隣にあります．波形チャートのデータ表示数は，デフォルトで1024ポイントになっていますが，必要に応じて波形チャート上で右クリック

4.2 データのファイル保存方法

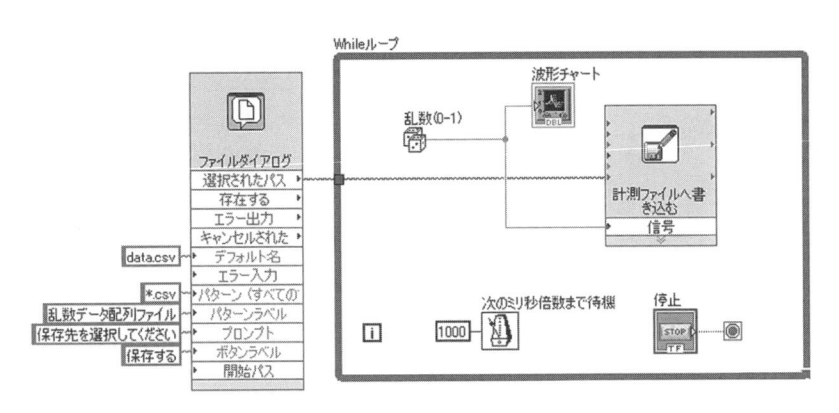

図 4.59 波形チャートを用いたファイル保存

して,「チャート記録の長さ」で変更できます.

波形チャートは,LabVIEW を終了するまで最新のデータを保持し続けます.毎度,実行するたびに,前回のデータに新しいデータが追加表示されるという特性をもっています.

プログラムを実行するときに前回のデータを消去するには,図 4.60 のように波形チャート上で右クリックして現れるメニューから「作成」→「プロパティノード」→「履歴データ」を選択して,プロパティノードの履歴データ(History)を作成します.さらに図 4.61 のようにプロパティノードの履歴データ上で右クリックして現れるメニューから「すべて

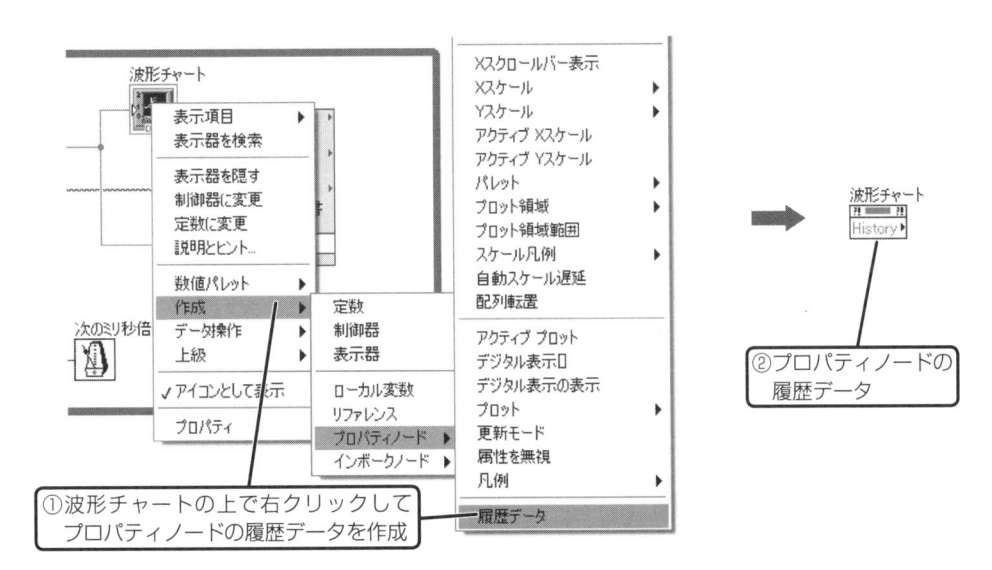

図 4.60 プロパティノードの履歴データの作成方法

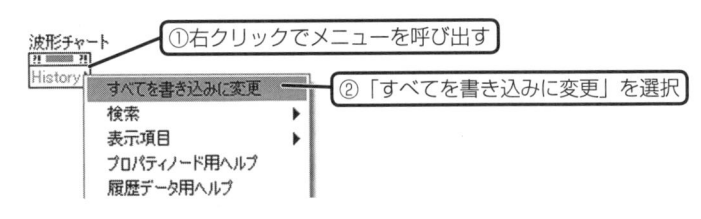

図 4.61 プロパティノードの属性を「すべてを書き込みに変更」

97

第4章　プログラミングの基礎とファイル保存方法

を書き込みに変更」にして，値を受け入れられる状態にします．再度，図4.61のようにプロパティノードの履歴データ上で右クリックして現れるメニューから「作成」→「定数」を選択して，図4.62のように情報が入っていない空のデータを与えるようにします．これにより，プログラム実行時に，波形チャートの履歴データに空のデータを与えるようになるので，履歴が消えるようになります．

ここで，波形チャートのプロパティノードの履歴データをWhileループ内に入れてしまうと，毎回，乱数が発生すると同時に履歴を消去することになり，何も表示されなくなるので，注意しましょう．

制御器と表示器のプロパティノードの属性は，細かい設定を変更できるように多くの種類が用意されているので，いろいろと試すといいでしょう．

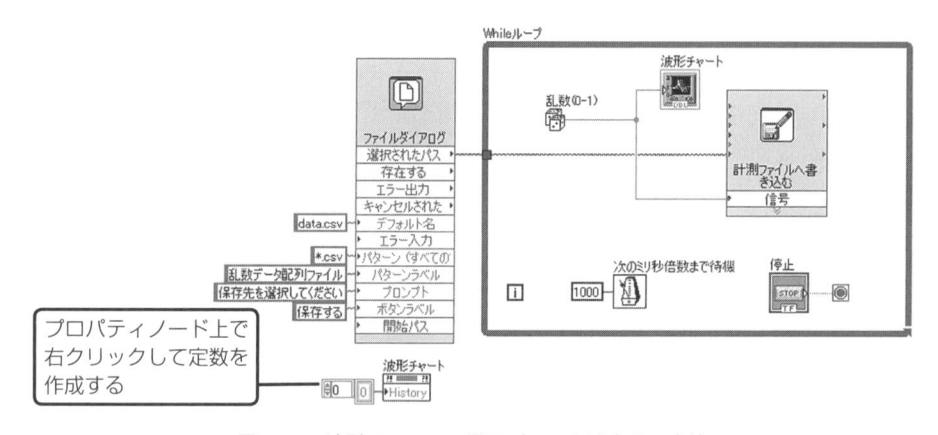

図4.62　波形チャートの履歴データを消去する方法

### 4.2.5　2系列データのファイル保存方法

今までは，乱数は1個から発生するという1系列のデータを取り扱ってきました．ここでは乱数を乱数Aと乱数Bというように2系列に増やした場合について紹介します．図4.63のように乱数を追加したブロックダイアグラムを作成してください．2D配列転置の関数は，ブロックダイアグラムで現れる「関数パレット」→「プログラミングパレット」→「配列パレット」→「2D配列転置」にあります．

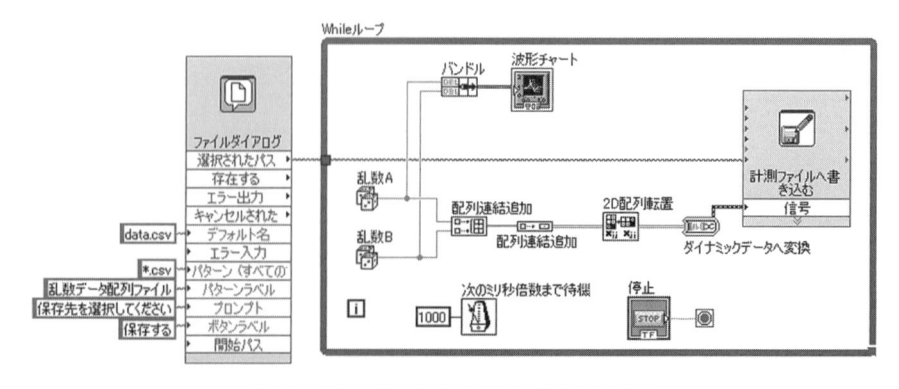

図4.63　2系列の乱数データを保存する方法

ブロックダイアグラム内で使用しているバンドルは，ブロックダイアグラムで現れる「関数パレット」→「プログラミングパレット」→「クラスタパレット」→「バンドル」にあるもので，「バンドル＝束ねる」という意味合いから，複数のデータを1本のワイヤーに束ねてクラスタ化するものです．二つの乱数を一次元配列にまとめても大丈夫なのではないのかと考えるかもしれませんが，波形チャートは一次元配列を複数のデータ系列の乱数データであると判断せず，一つのデータ系列内に二つの乱数が収まっていると判断するので，一つのデータ系列として表示されてしまいます．そのため，2系列のデータを1本のワイヤーへ束ねることを明示するために，バンドルを用います．

また，ファイル保存部分は少し複雑です．2系列のデータを一次元配列にして，さらに配列連結追加を利用して二次元配列にしています．この2次元配列は転置して，行と列を入れ替えるという操作を加えています．その結果，実行後のファイルは，図4.64のように，乱数Aが左側の列，乱数Bが右側の列という順序で保存されるようになります．

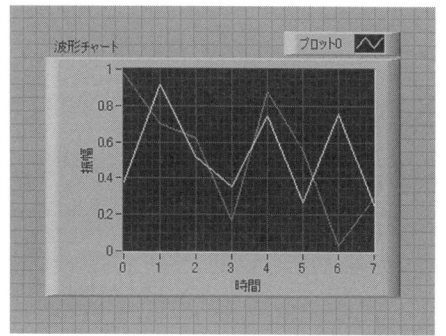

図4.64　2系列データをファイル保存した結果

## 4.2.6　実行回数情報を追加して保存する方法

今までに保存してきたファイルの中身は，すべて数値データだけでしたが，1回目の測定，2回目の測定，3回目の測定という回数情報または時間情報を追加する簡単な方法を紹介します．

図4.65は，Whileループの実行回数を出力する端子 [i] を利用して回数情報を追加して

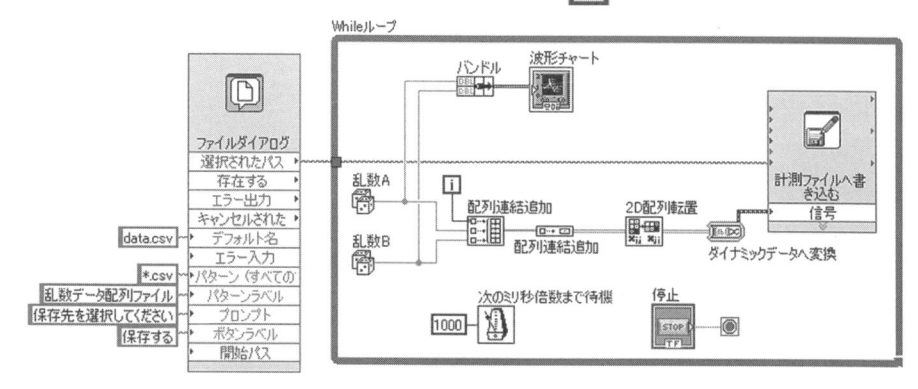

図4.65　実行回数データを含むファイル保存方法

います.

実行してみると，図4.66のようにB列に実行回数情報が保存されていることがわかります.

|   | A | B | C | D | E | F |
|---|---|---|---|---|---|---|
| 1 |   | 0 | 0.480614 | 0.062826 |   |   |
| 2 |   | 1 | 0.612918 | 0.03436 |   |   |
| 3 |   | 2 | 0.836951 | 0.800489 |   |   |
| 4 |   | 3 | 0.13259 | 0.658243 |   |   |
| 5 |   | 4 | 0.902187 | 0.066613 |   |   |
| 6 |   | 5 | 0.138212 | 0.526428 |   |   |
| 7 |   |   |   |   |   |   |
| 8 |   |   |   |   |   |   |

図4.66　測定回数データを含むファイル保存の結果

## 4.2.7　ヘッダ情報を追加して保存する方法

いままでに保存してきたファイルの中身は，すべて数値データだけでしたが，「3列目は"乱数A"，4列目は"乱数B"」であるということをファイルの一番上に含ませるヘッダの追加方法を紹介します.

ヘッダを追加したプログラムは，図4.67のようになります.

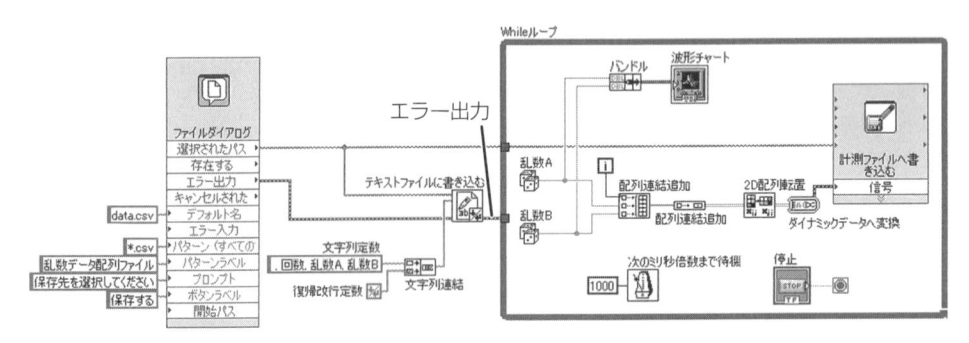

図4.67　ヘッダ情報を追加したファイル保存方法

ヘッダ情報として，「回数」「乱数A」「乱数B」を含ませるには，「，回数，乱数A，乱数B」のカンマ区切りの文字列定数を用意します．文字列定数は，図4.68のようにブロックダイアグラムで現れる「関数パレット」→「プログラミングパレット」→「文字列パレット」→「文字列定数」にあります.

さらにヘッダ情報の最後には改行を与える必要があるので，ブロックダイアグラムで現れる「関数パレット」→「プログラミングパレット」→「文字列パレット」→「復帰改行定数」を用います．文字列をつなぐには，ブロックダイアグラムで現れる「関数パレット」→「プログラミングパレット」→「文字列パレット」→「文字列連結」を用います.

テキストファイルに書き込む関数は，図4.69のようにブロックダイアグラムで現れる「関数パレット」→「プログラミングパレット」→「ファイルI/Oパレット」→「テキストファイルに書き込む」にあります【LabVIEW7～7.1は，同じパレット上にある「文字をファイルに書き込み（Write characters To File.vi）」という関数が同等機能の関数に

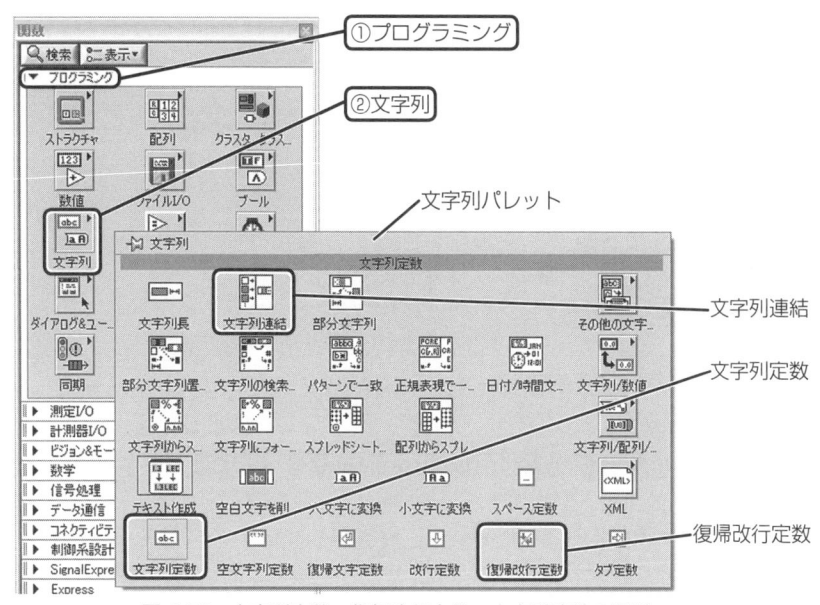

図 4.68 文字列定数，復帰改行定数，文字列連結の場所

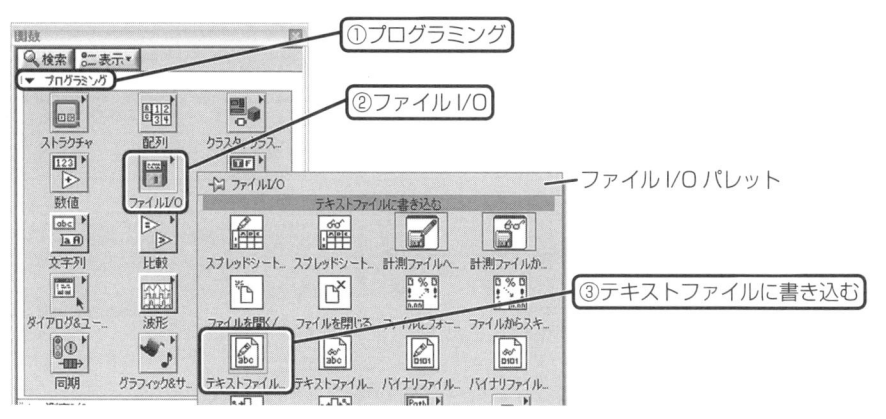

図 4.69 「テキストファイルに書き込む」の場所

なります．エラー出力がないので，ファイルパスの出力を While ループの枠に接続してください】．

　ここで「テキストファイルに書き込む」関数からのエラー出力は，While ループの枠につながっていることに注意してください．While ループは，**While ループへ入力されてくるデータがそろうまで，実行せずに待機するという特性**をもっています．そこで，テキストファイルに書き込む関数のエラー出力を While ループの入力として枠につなぐと，テキストファイルに書き込む関数の実行が終わって，エラー出力が発生してから，それを入力する側の While ループが実行されるようになります【LabVIEW7.1 以前の場合で「文字をファイルに書き込み (Write characters To File.vi)」関数を用いた場合は，ファイルパスの出力を While ループの枠に接続することで，実行順序が決定することになります】．LabVIEW は，実行に**必要なデータがそろっている関数から次々と実行を開始する**という特性をもっているので，このように故意にワイヤーを配線することによって，関数の実行順序を制御できます．このプ

第4章　プログラミングの基礎とファイル保存方法

ログラムの実行結果のファイルを Excel で開くと，図 4.70 のようになります（もし，カンマ区切りでファイル保存できない場合は，巻末の付録 C を参照してください）．

|   | A | B | C | D | E |
|---|---|---|---|---|---|
| 1 |   | 回数 | 乱数A | 乱数B |   |
| 2 |   | 0 | 0.260072 | 0.918428 |   |
| 3 |   | 1 | 0.795971 | 0.617394 |   |
| 4 |   | 2 | 0.138791 | 0.329159 |   |
| 5 |   | 3 | 0.185368 | 0.616305 |   |
| 6 |   | 4 | 0.931442 | 0.21228 |   |
| 7 |   | 5 | 0.088059 | 0.021581 |   |
| 8 |   | 6 | 0.934736 | 0.313374 |   |
| 9 |   |   |   |   |   |

図 4.70　ヘッダ情報を追加したファイル保存の結果

## 4.2.8　配列データを随時追加して保存する方法

オシロスコープによる電圧波形の測定データのように，1度の測定で多くの数値が集録される場合のファイル保存方法を学びます．

For ループ内で乱数を 10 回発生させて，配列化したデータを継続的に保存する方法は，図 4.71 のようになります．

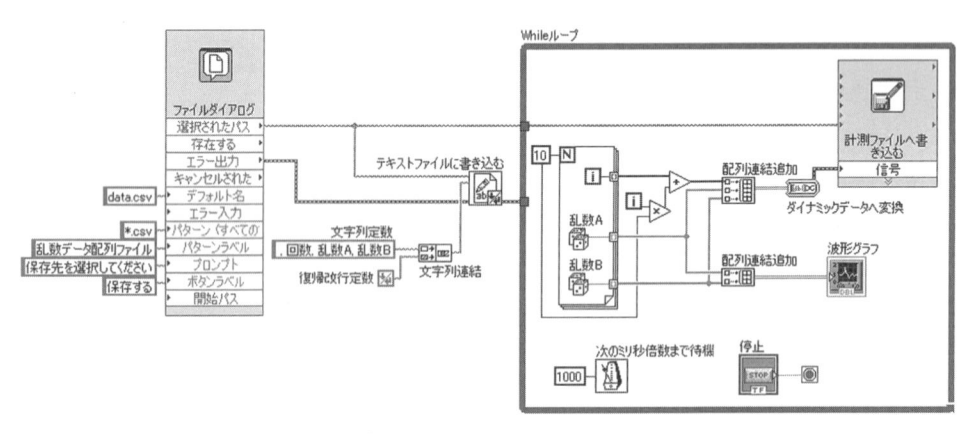

図 4.71　配列データを継続的にファイル保存する方法

ブロックダイアグラム内の四則演算（足し算と掛け算）は，測定回数を算出している部分です．四則演算の関数は，図 4.72 のようにブロックダイアグラムで現れる「関数パレット」→「プログラミングパレット」→「数値パレット」内にあります．乱数の表示は，1秒ごとに最新の乱数データだけを表示するように，波形グラフを使用しています．

実行してみると，図 4.73 のような結果が得られます．短時間で多くの数値が保存されている様子が確認できます．多チャンネルの波形情報を連続的に測定する場合は，このプログラミング方法で対応できます．

4.3 データファイルを LabVIEW で開く方法

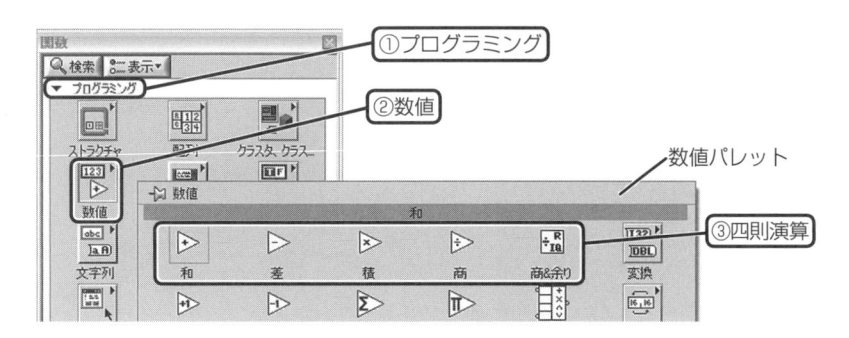

図 4.72　四則演算の場所

図 4.73　配列データを継続的にファイルに保存した結果

## 4.3 データファイルを LabVIEW で開く方法

　データをファイルに保存するプログラミングは，複雑になってしまう場合が多いですが，保存したデータを LabVIEW で開く方法は簡単です．LabVIEW のファイル I/O パレットの関数を使えば，ほとんどの要求を満たします．ここでは，ファイルを LabVIEW で開く方法を簡単に説明します．

### 4.3.1　Express 関数による方法

　ファイルを開く Express 関数としては，「計測ファイルから読み取る（LabVIEW 計測ファイル読み取り）」があります．図 4.74 のような「計測ファイルから読み取る」を利用したダイアグラムを作成してみましょう．

　「計測ファイルから読み取る」は，図 4.75 のようにブロックダイアグラムで現れる「関数パレット」→「プログラミングパレット」→「ファイル I/O パレット」→「計測ファイルから読み取る」関数になります【LabVIEW7 の場合は，ブロックダイアグラムで現れる「関数パレット」→「全関数パレット」→「ファイル I/O パレット」→「LabVIEW 計測ファイル読み取り」にあります】．

　「計測ファイルから読み取る」をブロックダイアグラムに置くと，図 4.76 のような「計

第4章　プログラミングの基礎とファイル保存方法

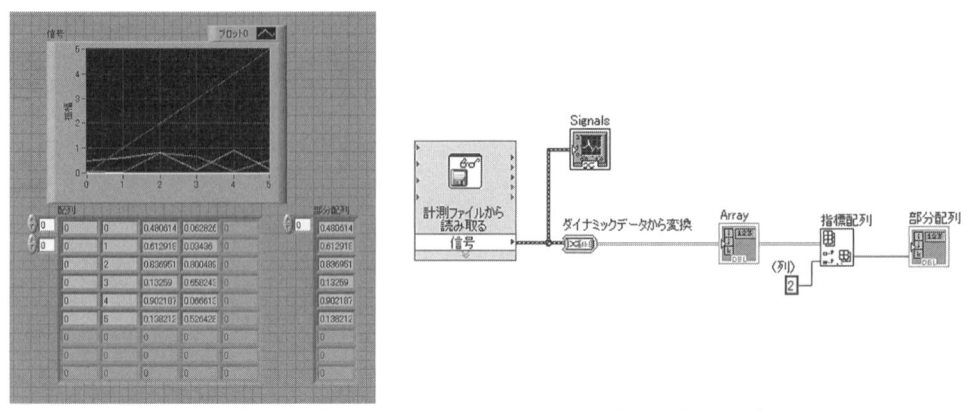

図4.74　「計測ファイルから読み取る」を利用した方法

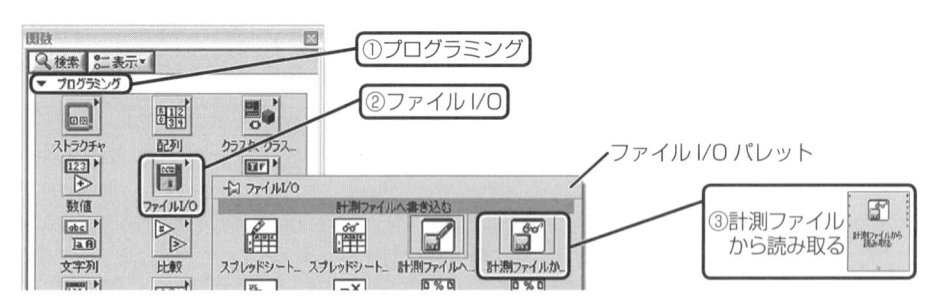

図4.75　「計測ファイルから読み取る」の場所

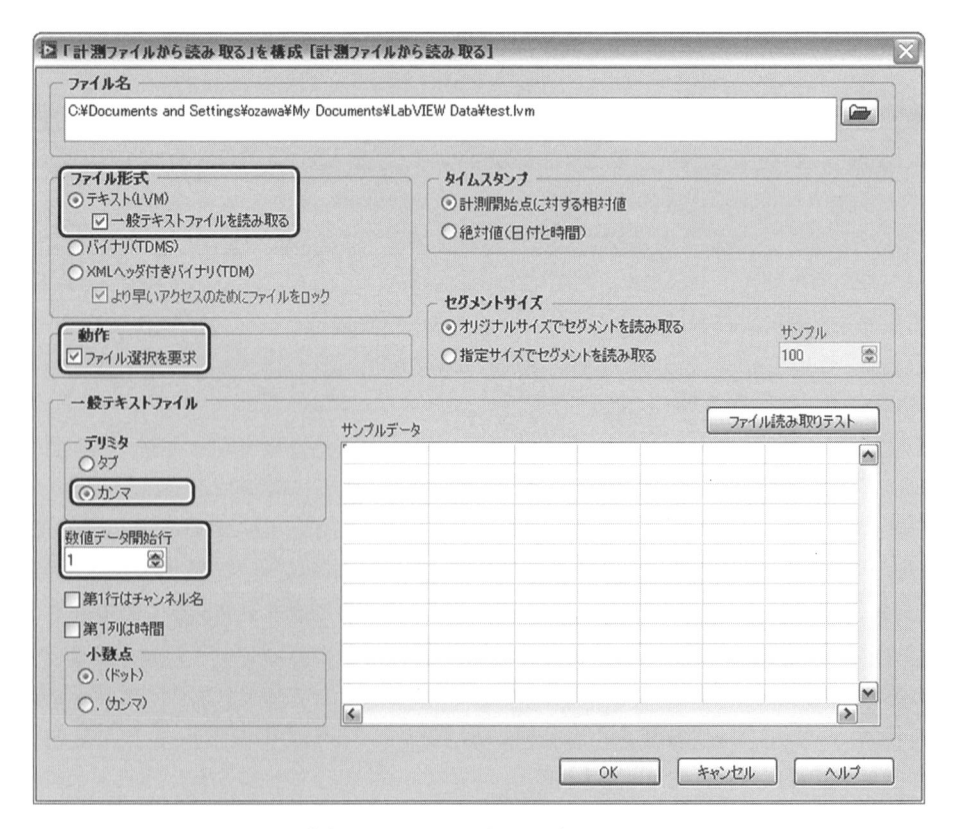

図4.76　「計測ファイルから読み取る」の構成ウィンドウ

測ファイルから読み取る」の構成ウィンドウが開きます．いままでの乱数データを保存したファイルを開くためには，図 4.76 のように「ファイル選択を要求」をチェックし，「デリミタ」を「カンマ」に設定してください．「数値データ開始行」は，ヘッダがないファイルならば「1」を指定し，1 行のヘッダ情報があれば 2 行目から数値データになるので「2」を指定してください．「計測ファイルから読み取る」の構成ウィンドウの設定を確認したら，「OK」をクリックしてください．

グラフは，図 4.77 のように，「計測ファイルから読み取る」の信号出力の上で右クリックして作成できます．

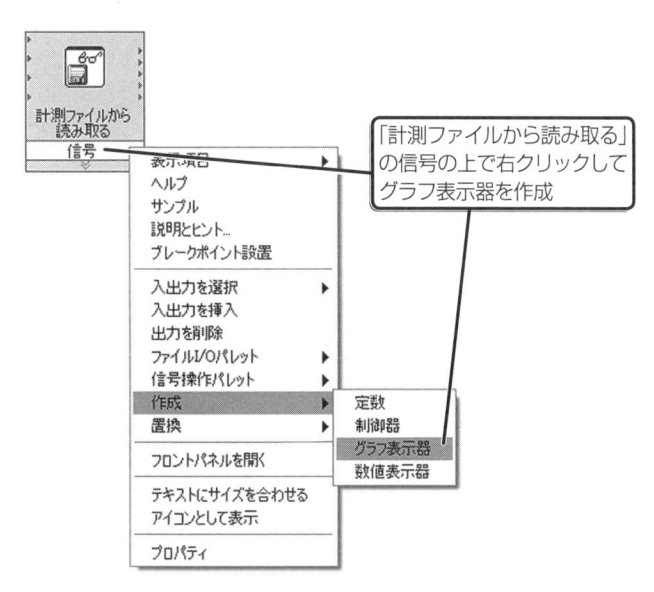

図 4.77 「計測ファイルから読み取る」の信号出力からのグラフ表示器の作成方法

「ダイナミックデータから変換」の関数は，図 4.78 のように「計測ファイルから読み取る」の信号出力の上で右クリックして作成できます【LabVIEW7 の場合は，ブロックダイアグラムで現れる「関数パレット」→「信号操作パレット」→「ダイナミックデータから変換」を選択して作成できます】．

「ダイナミックデータから変換」をクリックすると，図 4.79 のような「ダイナミックデータから変換する条件を設定」ウィンドウが開きます．データ系列の方向は，上から下へ縦長の列方向に保存する方法を学んできていますから，図 4.79 のようにサンプルデータの並びが縦長になるような「2D スカラ配列」を選択してください．

指標配列関数は，ブロックダイアグラムで現れる関数パレット→プログラミングパレット→配列パレット→指標配列にあります．各表示器は，関数の出力を右クリックして作成してください．

図 4.74 のようにブロックダイアグラムが完成したら，実行してみましょう．図 4.74 のフロントパネルのように，データが表示されることを確認してください．これで，ファイル保存した内容を LabVIEW で読み出すことができるようになります．さらに指標配列関数を使うと，数値を細かく抽出することができるので，試してみるとよいでしょう．

第4章 プログラミングの基礎とファイル保存方法

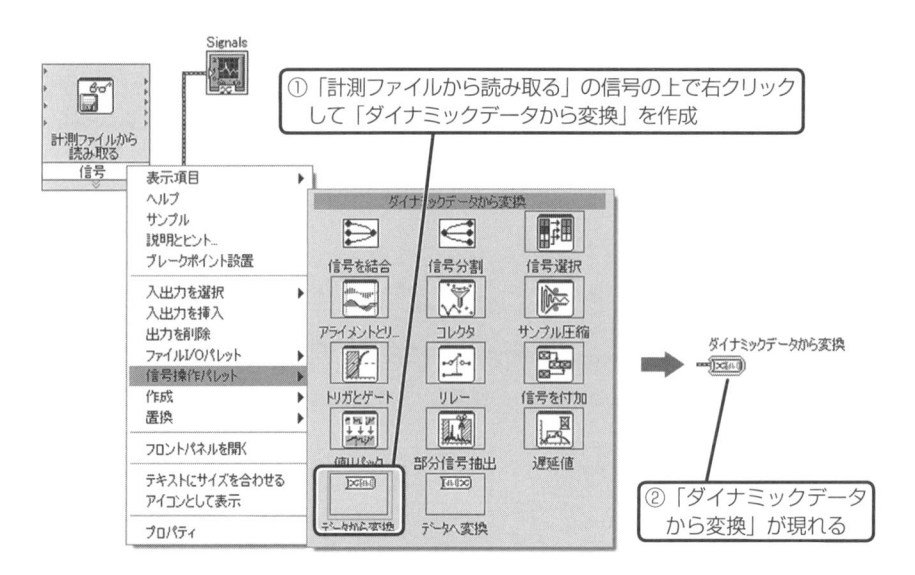

図 4.78 「ダイナミックデータから変換」の作成方法

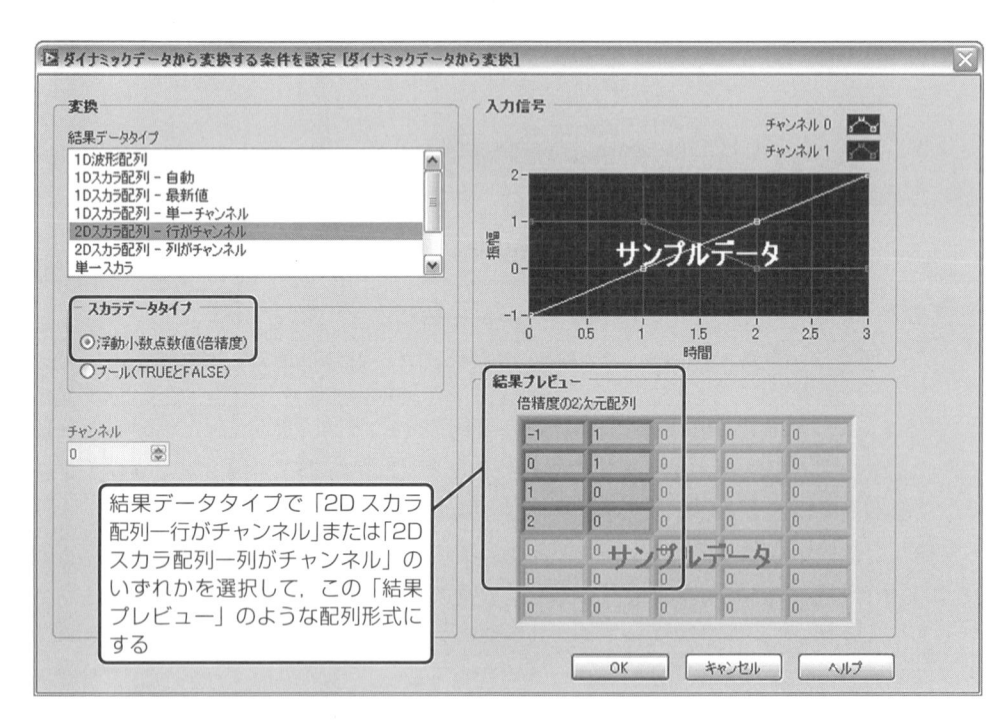

図 4.79 ダイナミックデータから変換する条件を設定

この方法は，数値を読み込むことができますが，**文字情報はすべてゼロに置き換えられてしまうという現象**が生じます．文字情報を読み込む方法は次に紹介します．

## 4.3.2 従来型の関数による方法

ヘッダ情報などの文字情報を読み込むには,従来型の関数を用います.

図4.80は,従来型の関数を用いて作成したフロントパネルとブロックダイアグラムです.図4.80のブロックダイアグラムの上段は,ブロックダイアグラムで現れる「関数パレット」→「プログラミングパレット」→「ファイルI/Oパレット」→「テキストファイルから読み取る」【LabVIEW7~7.1は,ブロックダイアグラムで現れる「関数パレット」→「プログラミングパレット」→「ファイルI/Oパレット」→「ファイルから文字を読み取り」

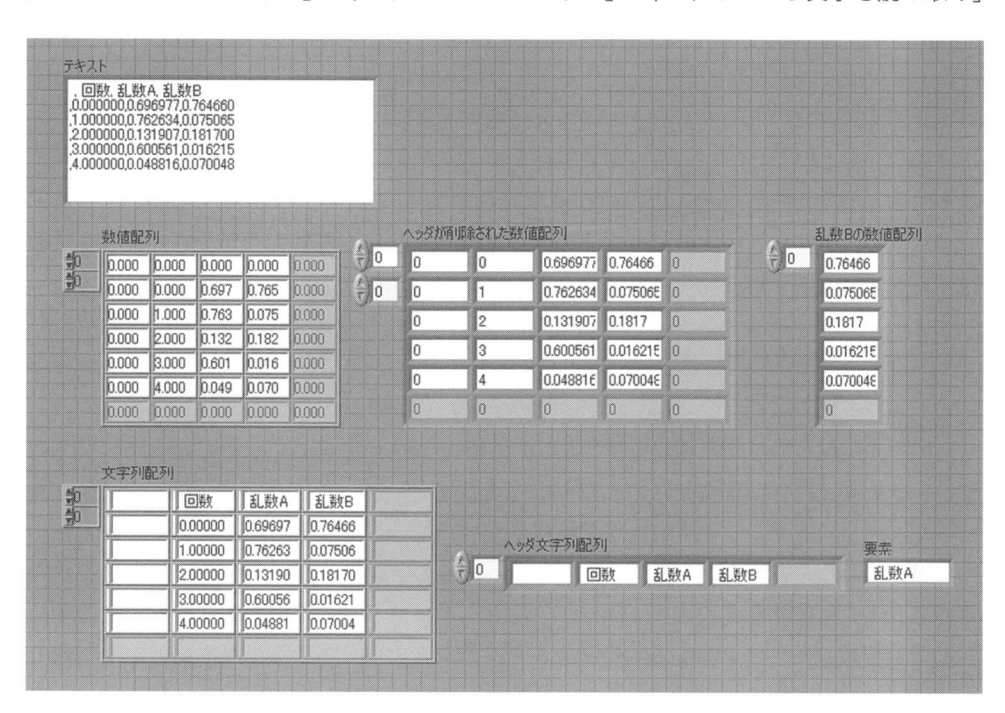

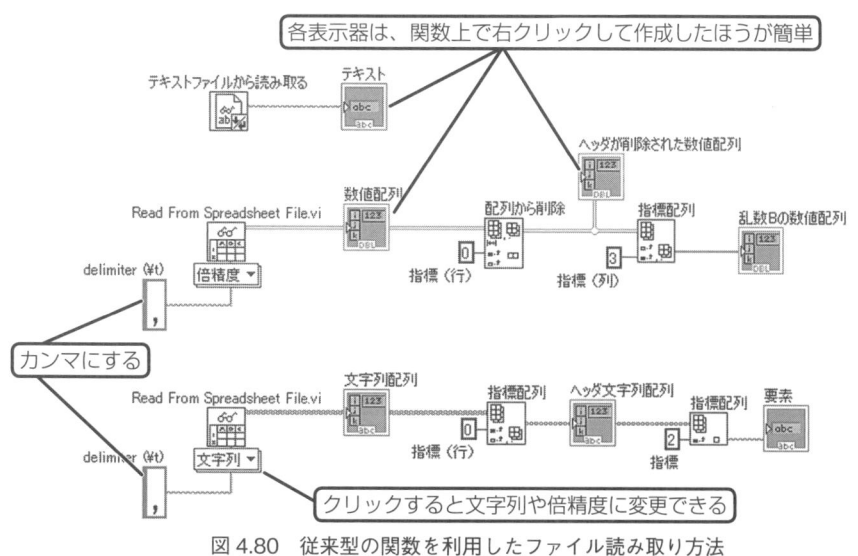

図4.80 従来型の関数を利用したファイル読み取り方法

を代用できます】を使用して，ファイルの内容をすべて読み込む方法です．テキストの文字列表示器は，「テキストファイルから読み取る」の関数の上で右クリックして現れるメニューから，表示器を作成しました．実行すると，ファイルダイアログが開いて，どのファイルを開くかを聞いてくるので，ファイル保存で作成したヘッダ情報が含まれている csv ファイルを選んでください．実行後，フロントパネルを確認すると，ファイルの内容がすべて読み出されていることが確認できます．

　図 4.80 のブロックダイアグラムの中段は，ブロックダイアグラムで現れる「関数パレット」→「プログラミングパレット」→「ファイル I/O パレット」→「スプレッドシートファイルから読み込む（Read From Spreadsheet File.vi）」【LabVIEW7 〜 7.1 は，「スプレッドシートファイルから読み取り」を代用できます】を使用して，ファイルの内容を数値の配列として読み込む方法です．カンマ区切りのデータは，配列の各要素に自動的に変換されます．一番上の行はヘッダ情報の文字列なので，配列から削除関数を使用してヘッダ情報を削除します．次に 2 次元の数値配列から乱数 B の数値配列だけを一次元配列として抽出しています．配列操作に関する関数は，いずれもブロックダイアグラムで現れる「関数パレット」→「プログラミングパレット」→「配列パレット」内にあります．

　図 4.80 のブロックダイアグラムの下段は，ブロックダイアグラムで現れる「関数パレット」→「プログラミングパレット」→「ファイル I/O パレット」→「スプレッドシートファイルから読み込む（Read From Spreadsheet File.vi）」を使用して，ファイルの内容を文字列の配列として読み込む方法です．スプレッドシートファイルから読み込む関数のデフォルト設定は「倍精度」でデータを読み込む設定になっているので，マウスクリックで「文字列」に変更できます．ヘッダ情報は配列指標関数を使用して一番上の行から抽出しています【LabVIEW7 〜 7.1 は，「倍精度」を「文字列」で読み込む設定に変更できないので，ヘッダ情報を読み込むには，ブロックダイアグラムの上段の方法で代用します】．

　以上の方法で，ファイルの中身を読み出すことができます．もちろん LabVIEW で作ったファイルだけでなく，マイクロソフト社の Excel などで作ったカンマ区切り（タブ区切り）のテキストデータファイルも読み出すことができます．

　さらに，配列に関する関数および文字列に関する関数を使用すれば，データを細かく抽出することが可能です．

# 第5章 アナログ入力プログラミング

第2章では，DAQデバイスのインストールとテストパネルによる基礎的動作を確認しました．第3章ではDAQデバイスのアナログ入力モードやサンプリングレートなどのハードウェアに関する事項を説明し，第4章では乱数データを利用したファイル保存方法について説明しました．

第5章からは，いままでの各章で学んできたことを基礎にして，いよいよDAQデバイスのプログラミングを開始します．この章では，測定データをファイル保存する方法を取り入れながら，オンデマンドアナログ入力モード，有限アナログ入力モード，連続アナログ入力モードなどのアナログ入力のプログラミング方法を学びます．

## 5.1 DAQアシスタント関数によるアナログ入力の基礎事項

LabVIEW6.1以前のアナログ入力プログラミングは，関数を使いこなすことが難しいという問題がありましたが，LabVIEW7以降でExpress関数[17]の一つであるDAQアシスタント関数が採用され，簡単にアナログ入力ができるようになりました．ここではDAQアシスタント関数の共通事項について説明します．

### 5.1.1 DAQアシスタント関数の起動

DAQアシスタント関数を使用してアナログ入力を設定してみましょう．DAQアシスタント関数は，図5.1のようにブロックダイアグラムで現れる「関数パレット」→「測定I/O→DAQmxパレット」→「DAQアシスタント」にあります．

新しいブランクVI（新規VI）を開いて，関数パレットから「DAQアシスタント関数」を選択してブロックダイアグラムに置くと，図5.2のように初期化が始まります．初期化動作は，どのようなDAQデバイスがパソコンに据え付けられているかどうかを検索しています．

---

[17) LabVIEW6.1以前は，DAQデバイスに対する制御命令を記述するとき，複数個の関数と繰り返し実行命令を複雑に組み合わせる必要がありましたが，LabVIEW7以降は，それらの作業を一つの関数で対話式に素早く作成できる機能が採用されました．そのため，素早くできるという意味からLabVIEW7は別名LabVIEW7Expressとして販売され，そのときに追加された関数をExpress関数とよびます．

第5章　アナログ入力プログラミング

　DAQアシスタント関数の初期化が終わると，図5.3のように選択の画面が出てくるので，入力を行う意味の「信号を集録」を選択して，次に「アナログ入力」を選択して，「電圧」を選択します．

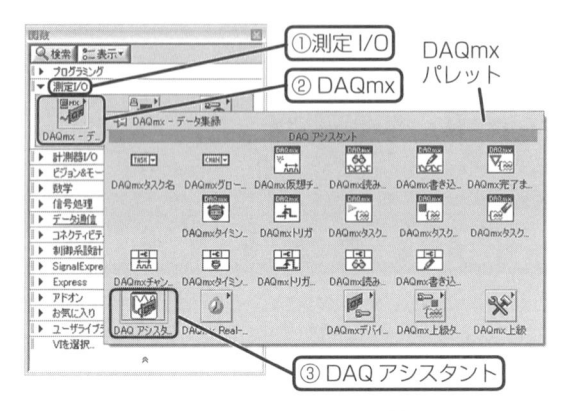

図5.1　DAQアシスタント関数の場所 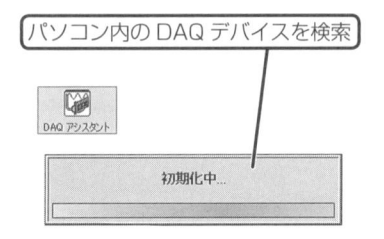　　　図5.2　DAQアシスタント関数の初期化

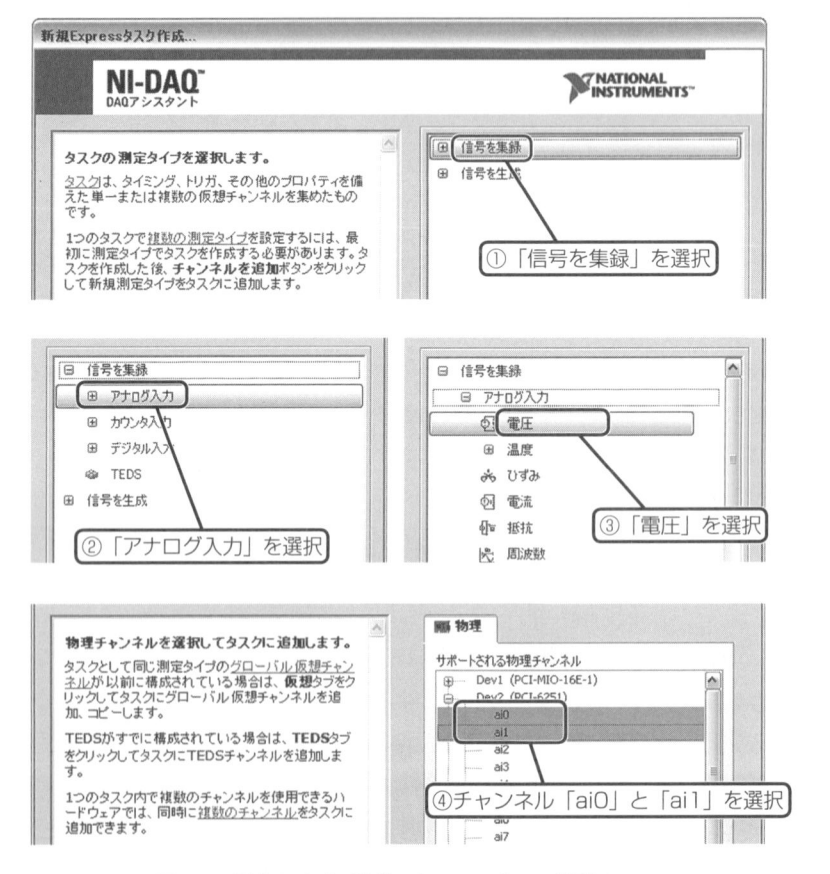

図5.3　測定タイプの選択からチャンネルの選択まで

　パソコンで認識されているDAQデバイスの一覧が見えるので，必要なDAQデバイスを選択し，使用するチャンネルを選びます．複数のチャンネルを選択するときは，キー

5.1 DAQアシスタント関数によるアナログ入力の基礎事項

ボードの「Ctrlキー」を押しながらマウスクリックしてください．図5.3では，Dev2として識別されているMシリーズPCI-6251のアナログ入力0チャンネル（ai0）とアナログ入力1チャンネル（ai1）を選択しています．

チャンネルの設定を終えると，図5.4のようなアナログ入力の詳細設定のウィンドウが開きます．アナログ入力の詳細設定のウィンドウは，電圧入力範囲や集録モードを指定したり，接続図を確認したりすることができます．以後，これらについて順次説明していきます．

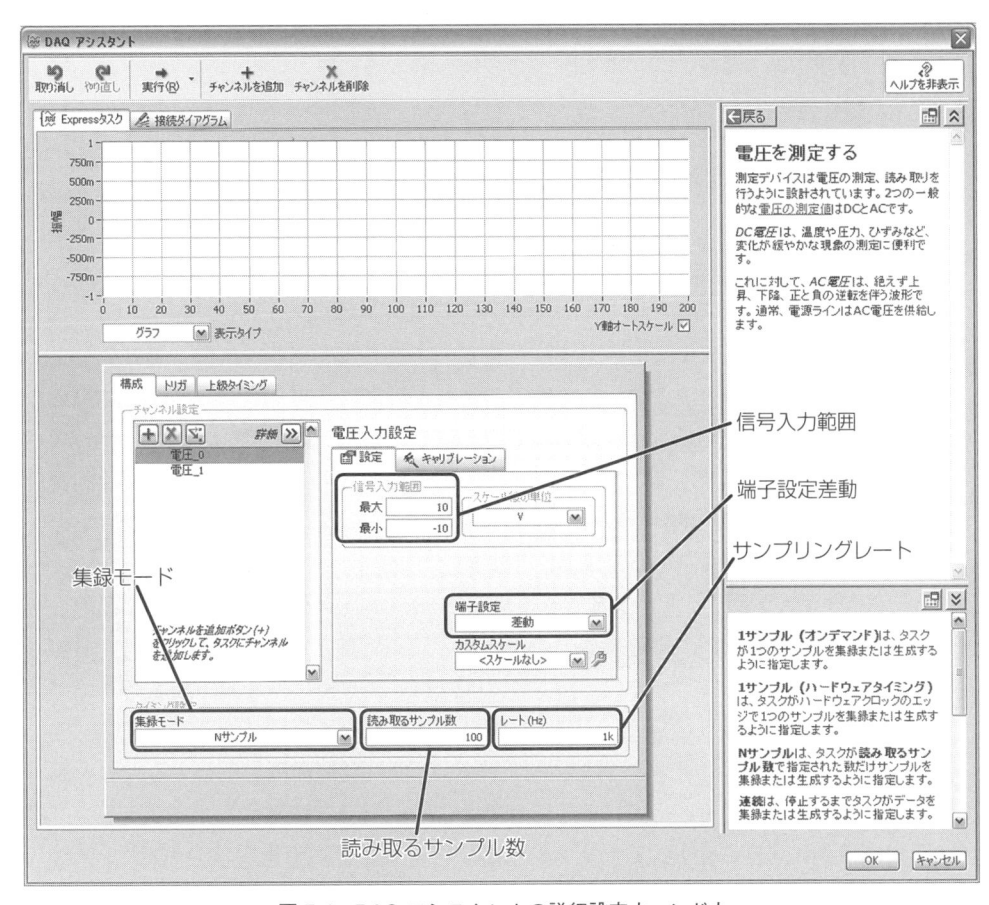

図5.4 DAQアシスタントの詳細設定ウィンドウ

## 5.1.2 DAQアシスタントの電圧入力設定

第3章で述べたように，DAQアシスタントの詳細設定の「電圧入力設定」は，測定する電圧の大きさに合わせて設定すると分解能が改善されやすくなります．ただし，設定した値がそのままDAQデバイスの電圧入力範囲として設定されるわけではありません．第3章で述べたように，たとえばMシリーズPCI-6251の場合は，±10 V，±5 V，±2 V，±1 V，±0.5 V，±0.2 V，±0.1 Vの電圧入力範囲が設定できるという仕様になっているので，DAQアシスタント上で±3 Vに設定しても，±3 Vの電圧入力範囲でDAQデバイスは動作しません．実際には±3 Vの範囲をカバーできるように自動的に±5 Vの電圧入力範囲として設定されて動作することになります．

第5章　アナログ入力プログラミング

どのような測定においても，最小測定分解能1 LSBは何mVであるということを念頭におくことは必須なので，あらかじめDAQデバイスの仕様書を調べて，**仕様書に従った電圧入力範囲をDAQアシスタントで指定**するようにしましょう．

### 5.1.3　DAQアシスタントの集録モード

DAQアシスタントの詳細設定の「集録モード」は，サンプル数の取り扱い方から大別して次の3種類があります．

● 1サンプル

　1サンプル（オンデマンド）は，テスタで直流電圧を単純に1点だけ測定するような動作を指します．プログラミング上ではワンポイントアナログ入力モードとよびます．Measurement & Automation Explorerのテストパネルでは，「オンデマンド」とよんでいます．

　1サンプル（オンデマンド）をプログラム上で繰り返し実行すれば，連続的なアナログ入力動作になりますが，その**実行回数は1秒間に100回程度が安定して動作する限度**です．1サンプル（オンデマンド）の測定の時間間隔は，第4章で用いた「次のミリ秒倍数まで待機」関数などのタイマー関数を利用したソフトウェア的な制御を利用します．この方法は，Windowsの時計機能を利用しているので，パソコンの負荷状況によっては多少の誤差が発生します．

　そこで，DAQデバイスに搭載されている内部クロックタイミング信号を利用した時間間隔で，1点ずつ測定する方法が1サンプル（HWタイミング）です．HWタイミングは，ハードウェアタイミングの略です．1点だけでなく，複数のサンプルをまとめて取り扱う場合は，後述の連続サンプルに似た動作になります．

　1サンプル（オンデマンド）は，ソフトウェア的に時間間隔を制御するため，測定の実行中であっても，必要に応じて自動的に時間間隔を変更するプログラミングを記述できます．しかし，1サンプル（HWタイミング）の場合はDAQアシスタントの設定で決めた時点で時間間隔が固定されますが，測定する時間間隔は正確になるという違いがあります．

● Nサンプル

　Nサンプルは，デジタルオシロスコープで1回だけ波形を測定するような動作を指します．プログラミング上では有限アナログ入力モードとよびます．Measurement & Automation Explorerのテストパネルでは，「有限」とよんでいます．DAQデバイスの仕様に従ったサンプリングレートでアナログ入力を実行できます．

● 連続サンプル

　連続サンプルは，データを取りこぼすことなく，DAQデバイスの仕様に従ったサンプリングレートで連続的にアナログ入力する動作を指します．プログラミング上では連続アナログ入力モードとよびます．Measurement & Automation Explorerのテストパネルでは，「連続」とよんでいます．普通は1000個分のデータごとに読

### 5.1 DAQアシスタント関数によるアナログ入力の基礎事項

み出すなど，まとまった数で繰り返しデータを読み出して使います．1点ごとにデータを読み出す場合は，1サンプル（HWタイミング）を使用します．

なお，先ほどの図5.4では「Nサンプル」を選択しています．

図5.5によると，アナログ入力は，測定開始命令やデータを読み出す命令，測定終了命令などが複雑に組み合わされて実行されています．LabVIEW6.1以前は，これらの命令を一つずつ組み合わせる必要がありましたが，LabVIEW7以降で採用されたDAQアシス

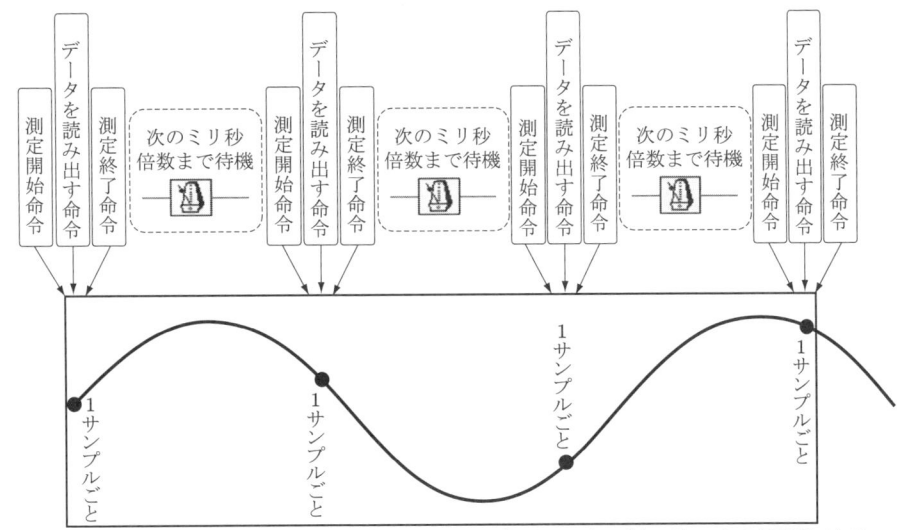

※サンプリング間隔はソフトウェアタイミングになる．DAQデバイスのサンプリングレートは無関係である．

（a）1サンプル（オンデマンド）

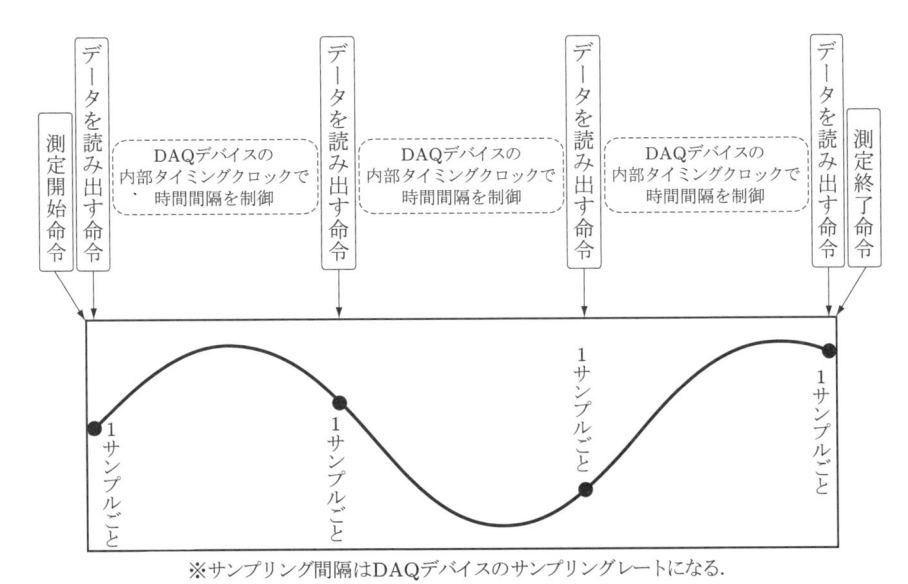

※サンプリング間隔はDAQデバイスのサンプリングレートになる．

（b）1サンプル（HWタイミング）

図5.5 集録モードの比較

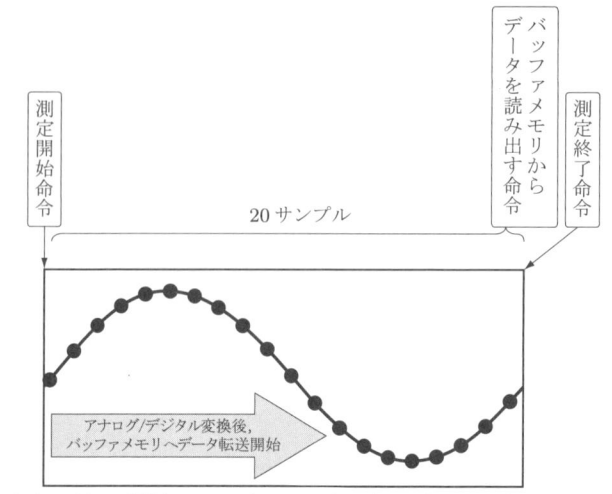

# 第5章　アナログ入力プログラミング

（c）Nサンプル

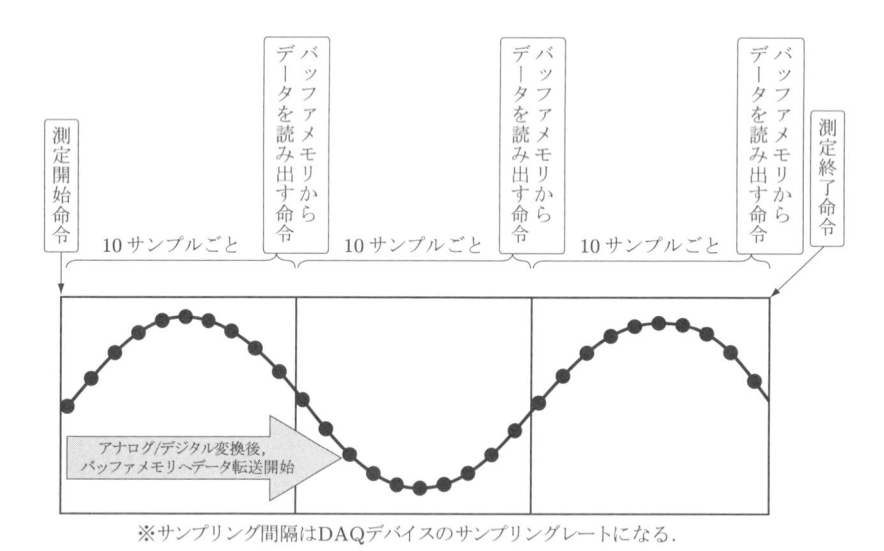

※サンプリング間隔はDAQデバイスのサンプリングレートになる．

（d）連続サンプル

※サンプリング間隔はDAQデバイスのサンプリングレートになる．

図5.5　集録モードの比較（つづき）

タント関数は，これらの複雑な動作を一つの関数内で自動処理するようになっており，命令の流れを強く意識してプログラミングをする必要性はなくなりました．

もし，動作の違いがわかりにくい場合は，Measurement & Automation Explorerのテストパネルで各モードの動作を見てみることが理解への早道です．

## 5.1.4　DAQアシスタントの端子設定

DAQアシスタントの詳細設定の「端子設定」は，「差動（DIFF）」，「非基準化シング

## 5.1 DAQアシスタント関数によるアナログ入力の基礎事項

ルエンド（NRSE）」，「基準化シングルエンド（RSE）」の3種類があります．先ほどの図5.4は「差動」を選択しています．

端子設定を選択したら，実際の接続方法を見るために「接続ダイアグラム」をクリックしてください．「接続ダイアグラム」をクリックすると，図5.6のように「アクセサリを選択」ウィンドウが開く場合があるので，DAQデバイスに接続している端子台を選択してください．ここでは「CB-68LP」を選択しました．

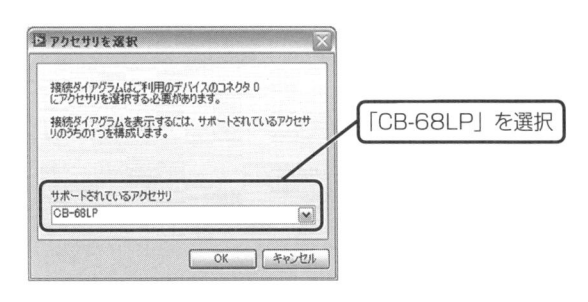

図5.6 アクセサリの選択

もしくは，「MAXのデバイスとインタフェースからアクセサリを選択してください」という指示が表示された場合は，Measurement & Automation Explorerを開いて，DAQデバイスのプロパティからアクセサリを選択してください．

アクセサリを選択すると，図5.7のように端子台と測定する電圧源までの接続図が表示されます．接続は，図5.7に従って結線すればいいのですが，端子設定を「差動」または

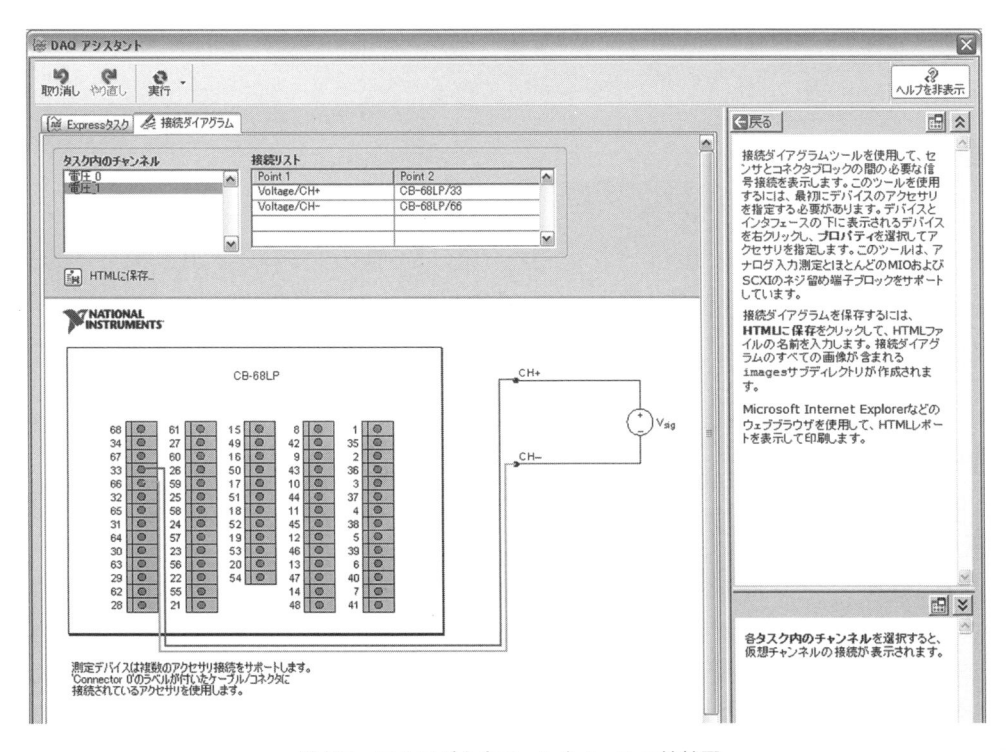

図5.7 アナログ入力チャンネルai1の接続図

「非基準化シングルエンド」を選択した場合は，第3章で説明したように，必要に応じてバイアス抵抗を付与することを思い出しましょう．

「OK」をクリックすると，このウィンドウは閉じて図5.8のようなDAQアシスタント関数が完成します．DAQアシスタント関数上でクリックすれば，再びアシスタントの詳細設定のウィンドウを呼び出すことができます．

図5.8 ブロックダイアグラムのDAQアシスタント関数

以上の内容は，DAQアシスタントを用いたアナログ入力プログラミングで共通する事項です．次は，アナログ入力のプログラミング方法を紹介します．

## 5.2 ワンポイントアナログ入力モード

LabVIEWからのプログラミング命令で，測定データを1サンプルずつ集録する方法をワンポイントアナログ入力モードとよびます．ワンポイントアナログ入力モードは，1秒ごとに温度を測定する場合などで使われる方法です．

ワンポイントアナログ入力モードには，1サンプル（オンデマンド）と1サンプル（HWサンプリング）の2種類がありますが，集録したデータの取り扱いは同じです．ここでは一般的に用いられる「1サンプル（オンデマンド）」に設定した方法を説明します．

### 5.2.1 ワンポイントアナログ入力モードプログラミング

5.1.1項に従って，新規VI（ブランクVI）を開いて，DAQアシスタントを置き，ai0とai1の2チャンネル分の電圧測定を設定して，DAQアシスタントの詳細設定ウィンドウを開いてください．ワンポイントアナログ入力モードの場合，図5.9のようにDAQアシスタントの集録モードを「1サンプル（オンデマンド）」に設定します．

設定して「OK」をクリックすると，このウィンドウは閉じてDAQアシスタント関数が完成します．

DAQアシスタント関数は，図5.10のようにマウスで入出力端子を引き伸ばすと，各種条件の入出力端子が大きくなります．

入出力端子にない条件を変更するには，DAQアシスタント関数をクリックして，再びDAQアシスタントの詳細設定のウィンドウを開いて編集します．

この状態でDAQアシスタントはアナログ入力を実行できる状態にあります．集録したデータはダイナミックデータタイプとよばれる形式で出力されます．

ダイナミックデータタイプを数値配列に変換するときは，4.3節のデータファイルを

5.2 ワンポイントアナログ入力モード

LabVIEW で開く方法の場合と同じように，図 5.11 のように DAQ アシスタントのデータ端子上で右クリックして現れるメニューから「信号操作パレット」→「ダイナミックデー

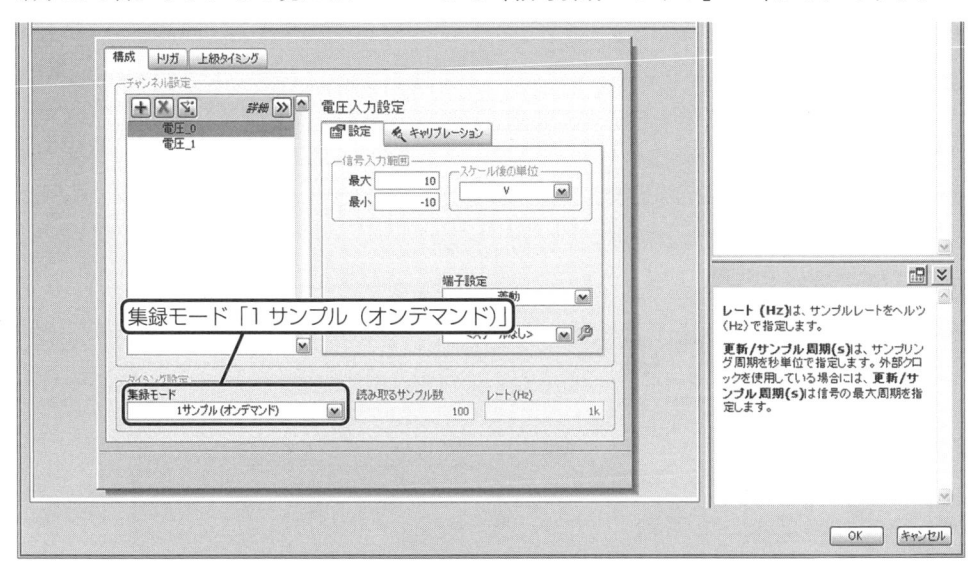

図 5.9 DAQ アシスタントの 1 サンプル（オンデマンド）設定

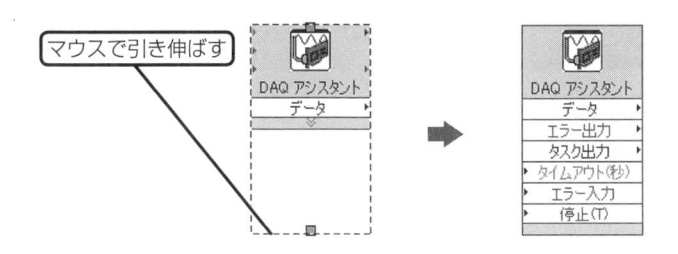

図 5.10 DAQ アシスタント関数の入出力端子を引き伸ばす方法

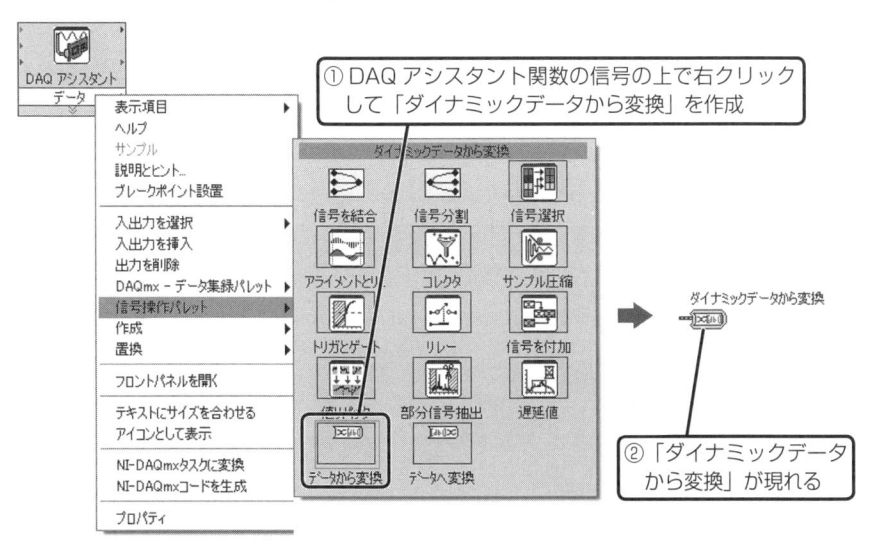

図 5.11 「ダイナミックデータから変換」関数の作成方法

タから変換」を選択して，集録したデータを変換できます【LabVIEW7 の場合は，ブロックダイアグラムで現れる「関数パレット」→「信号操作パレット」→「ダイナミックデータから変換」を選択して作成できます】．

　「ダイナミックデータから変換」関数をブロックダイアグラム上に置くと，図 5.12 のようなウィンドウが開いて，どのように変換するのかを尋ねてきます．もしくは，「ダイナミックデータから変換」関数をクリックすると，「変換する条件を設定」のウィンドウが開きます．ワンポイントアナログ入力は，各入力チャンネルあたり 1 個のデータしか含まれていないので，「1D スカラ配列 - 最新値」を選択しましょう．

　図 5.13 のように「ダイナミックデータから変換」関数を DAQ アシスタントのデータ端

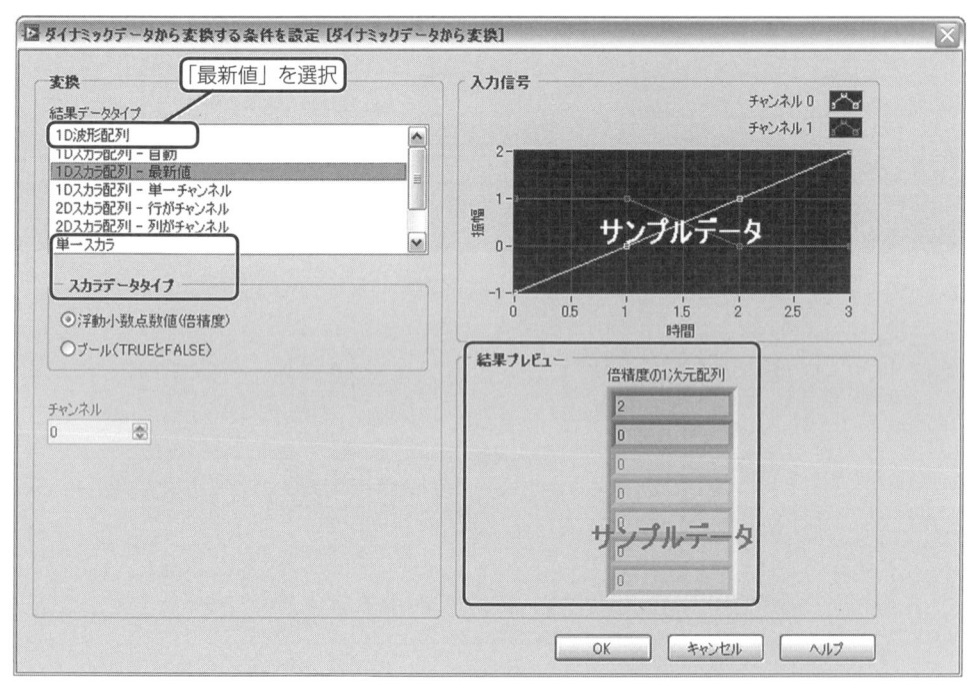

図 5.12　ダイナミックデータから変換する条件を設定

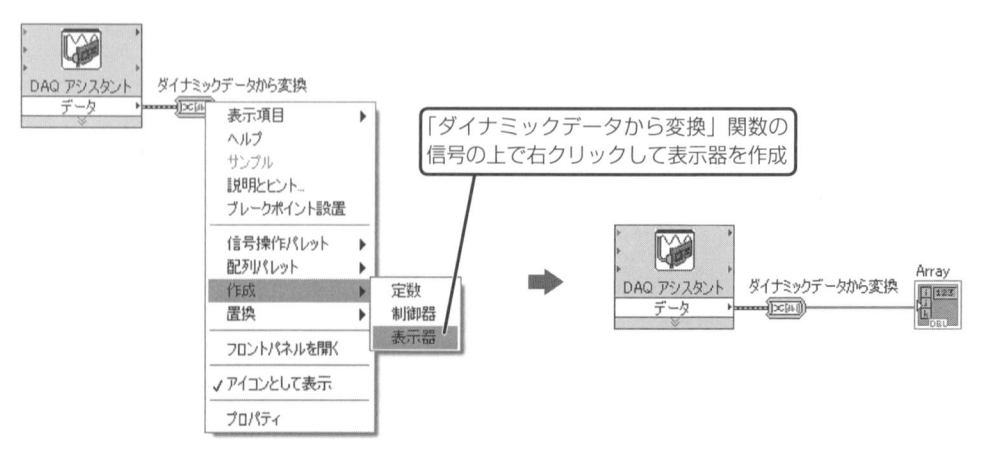

図 5.13　「ダイナミックデータから変換」関数から表示器を作成

子に接続したら，DAQアシスタントで集録したデータを表示できるように，「ダイナミックデータから変換」関数上で右クリックして現れるメニューから表示器を作成してください．

作成したプログラムを実行すると，図5.14のように，左から順番にai0チャンネルとai1チャンネルの電圧測定結果が表示されます．第4章の乱数Aと乱数Bの数値を一次元配列で取り扱った場合と同じことになります．

ワンポイントアナログ入力は電圧測定を1回だけ行う動作なので，商用周波数などのノイズが混入しても，ノイズの影響なのか真の値なのかを区別しにくいという特性があります．この場合は，連続アナログ入力モードを実行し，複数のサンプルの平均値を計算して，**平均値を一つの測定値として保存するほうが商用周波数のノイズに強くなります**．詳細は，後述の「連続アナログ入力モードを応用したワンポイントアナログ入力」で説明します．

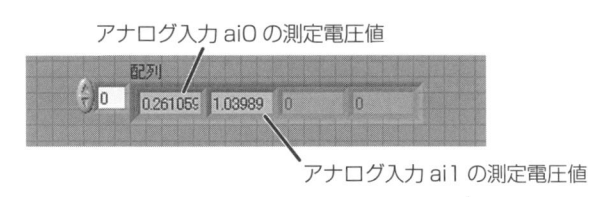

図5.14　ワンポイントアナログ入力モードの実行結果（2チャンネル分）

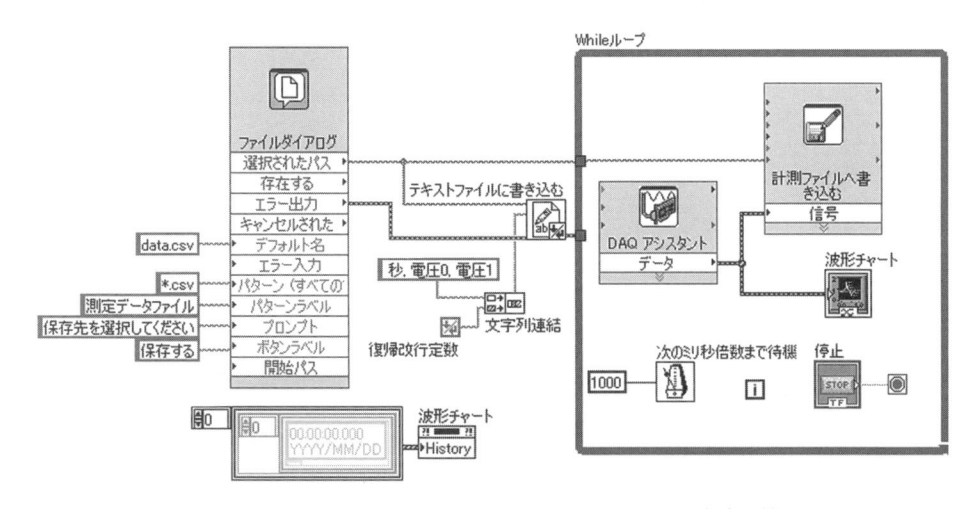

## 5.2.2　ワンポイントアナログ入力モードのファイル保存

このプログラムを4.2.7項の「ヘッダ情報を追加して保存する方法」に組み合わせて，図5.15のようなブロックダイアグラムを作成します．

ヘッダの文字列は「秒, 電圧0, 電圧1」に指定しました．パターンラベルは「測定データファイル」としました．DAQアシスタントのデータは，ダイナミックデータなので，計測ファイルへ書き込む関数の信号に直接接続できます．同様に波形チャートも，DAQアシスタントのダイナミックデータを直接接続することができます．このとき，波形

図5.15　ワンポイントアナログ入力モードのファイル保存方法

## 第5章 アナログ入力プログラミング

チャートに接続されるデータがダイナミックデータに変更されるため，波形チャートのプロパティノードの配線が壊れますが，改めて「履歴（history）」の上で右クリックして定数または制御器を作成すれば修復されます．

「計測ファイルへ書き込む」関数の設定は，図5.16のように変更して，測定した時間が保存されるようにしてください．

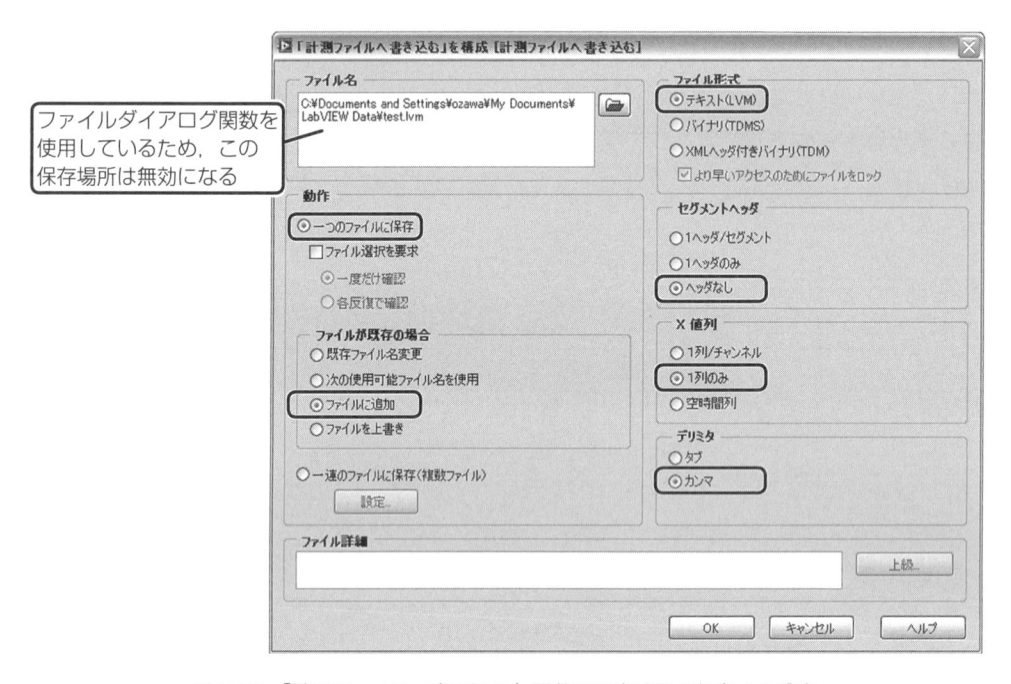

図5.16 「計測ファイルへ書き込む」関数で測定時間を保存する設定

ブロックダイアグラムが完成したら，実行してみてください．保存された結果は，図5.17のようになり，測定開始時をゼロ秒として，測定時の時間情報と電圧測定結果が保存されます．（もし，カンマ区切りでファイル保存できない場合は，巻末の付録Cを参照してください）．

図5.17 ワンポイントアナログ入力モードのファイル保存結果

DAQアシスタントの設定を1サンプル（オンデマンド）で実行すると，1回目の測定と2回目の測定の時間間隔が，1秒よりも短くなってしまう点に注意してください．正確に等間隔の時間間隔で実行したい場合は，DAQアシスタントの設定を1サンプル（HWタイミング）に変更することで対応できます（HWタイミングに設定したときは，「次の

5.2 ワンポイントアナログ入力モード

ミリ秒倍数まで待機」関数は不要です）．

　1サンプル（オンデマンド）ならば，必要に応じて，「次のミリ秒倍数まで待機」関数の数値を変更すれば，測定間隔を変えることができます．しかし，最小値は100 m秒程度までと考えてください．100 m秒に設定すると，1秒間に10回測定を行うことになりますが，同時にファイル保存も1秒間に10回行うことになるので，パソコンに負担がかかるようになります．

　また，LabVIEWの命令がDAQデバイスに流れて，DAQデバイスが実行するまでの時間は，数m秒必要なので，DAQデバイスに命令を送る時間間隔は，おおまかな目安として10 m秒程度を確保しておく必要があります．したがって，毎回ファイル保存を行わなくても，**ワンポイントアナログ入力を実行する頻度は，1秒間に100回程度**までにするべきです．

### 5.2.3 ワンポイントアナログ入力モードのファイル保存のカスタマイズ

　前述の方法は，DAQアシスタントのデータ出力と「計測ファイルへ書き込む」関数の信号入力が，ともにダイナミックデータであることを利用しました．

　ファイルに保存されるデータの1列目を「測定回数」にしたり，電圧の単位をmVに変換したりするためには，ダイナミックデータを配列に変換する方法を用います．

　4.2.7項の「ヘッダ情報を追加して保存する方法」に組み合わせて，図5.18のようなブロックダイアグラムを作成してみましょう．

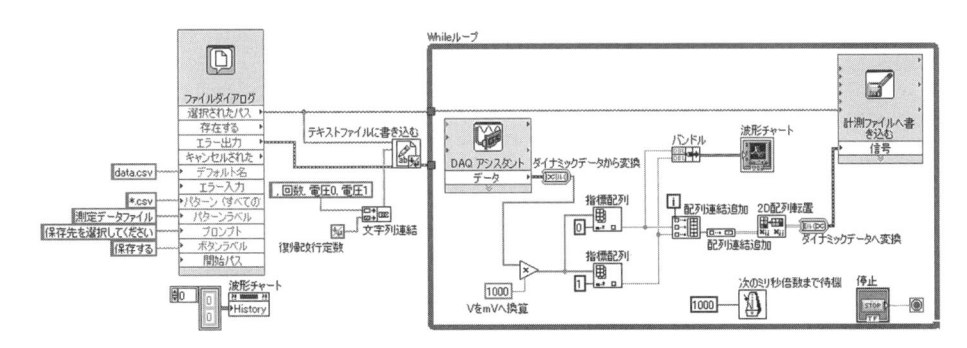

図5.18　ワンポイントアナログ入力モードのファイル保存のカスタマイズ

　Whileループ内の「指標配列」関数は，各チャンネルのデータを抽出するために用いています．ヘッダの文字列は「　,回数,電圧0,電圧1」に指定しました．パターンラベルは「測定データファイル」としました．また，VをmVへ変換するために，測定データに対して1000を掛け算しています．［計測ファイルへ書き込む］関数の設定は，図5.19のように「空時間列」に指定してください．

　作成したら実行してみましょう．ファイル保存の結果は，図5.20のようになります（もし，カンマ区切りでファイル保存できない場合は，巻末の付録Cを参照してください）．回数データ系列が保存されて，電圧の値が1000倍に換算されて保存されていることが確認できます．この方法を利用すれば，測定したデータに計算を加えた結果を保存することができます．

第5章　アナログ入力プログラミング

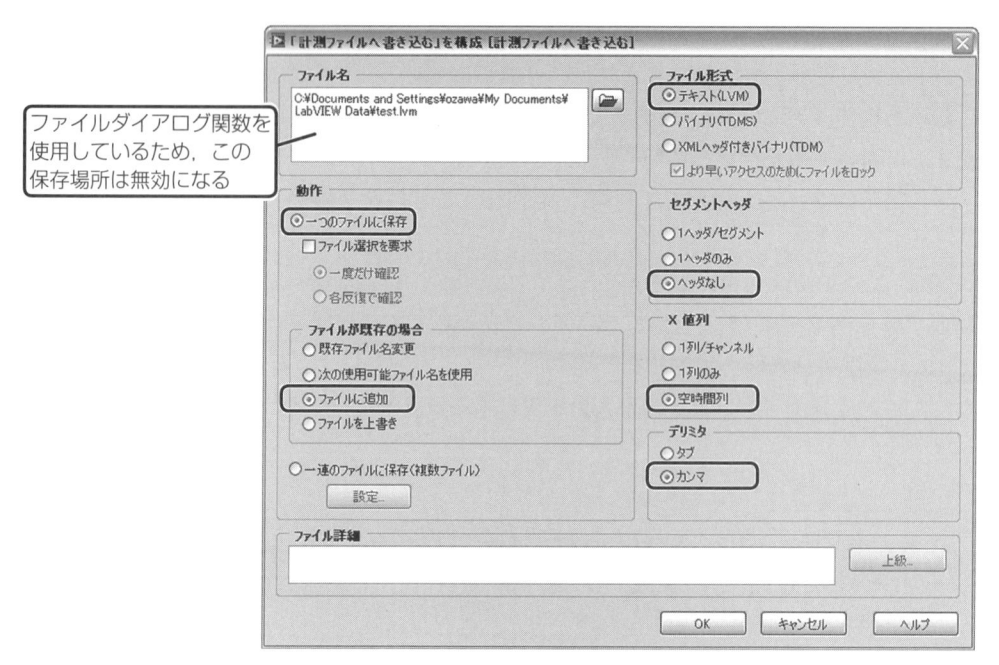

ファイルダイアログ関数を使用しているため，この保存場所は無効になる

図 5.19　「計測ファイルへ書き込む」関数で空時間列を指定

図 5.20　ワンポイントアナログ入力モードをカスタマイズしたファイル保存結果

　ワンポイントアナログ入力モードは，1 点のデータごとにデータを読み出す命令を実行しているので，測定頻度を高速化すると，読み出す命令を繰り返し高速実行するためにパソコンに負荷がかかってしまいます．測定頻度の高速化は，1 秒間に 10 〜 100 回程度の測定を目安にしてください．

## 5.3　有限アナログ入力モード

　LabVIEW からの一度の測定命令で，指定したサンプリングレートで複数個のデータを測定するプログラミング命令は，有限アナログ入力モードとよばれます．有限アナログ入力モードは，オシロスコープで一度だけ測定する動作と同じであり，音声などの波形を測定するために必要な動作です．
　ここでは，有限アナログ入力モードのプログラミングと外部クロックの設定方法，ファ

イル保存の使い方について説明します．

### 5.3.1 有限アナログ入力モードプログラミング

5.1.1項に従って，新規V（ブランクVI）を開いて，DAQアシスタントを置き，ai0とai1の2チャンネル分の電圧測定を設定して，DAQアシスタントの詳細設定ウィンドウを開いてください．有限アナログ入力モードは，図5.21のようにDAQアシスタントの集録モードを「Nサンプル」に設定します．この例では，読み取るサンプル数1000，レートを100 kHzに設定しています．

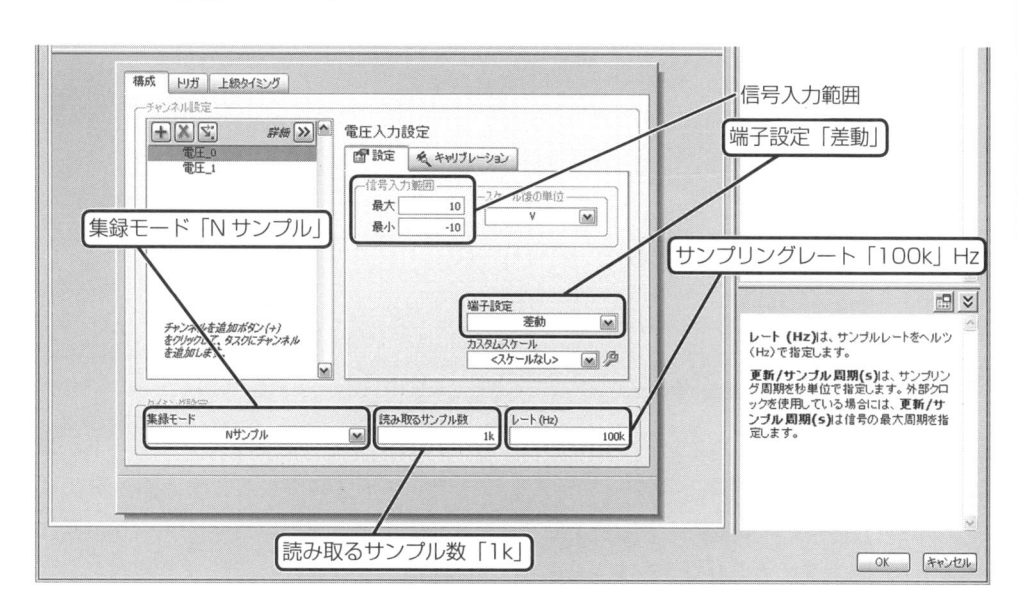

図5.21　DAQアシスタントのNサンプル設定

DAQアシスタントのレート［Hz］の設定は，各チャンネルあたりのサンプリングレートのことであり，DAQデバイスの仕様の最大サンプリングレート以下で設定することが可能です．しかし，第3章で述べたように，サンプリングレートとして指定できる値はDAQデバイスのタイミング分解能（50 ns）によって決定されることを思い出してください．

なお，測定時の実際のサンプリングレートは，LabVIEWプログラム上で表示させることができるので，指定どおりに動作しているかを確認することができます．

DAQアシスタントの読み取るサンプル数とは，各チャンネルあたりの測定データ数のことです．たとえば，サンプリングレートを10 kHz = 10000 Hzと指定して，2秒間の測定を行うならば，読み取るサンプル数を10000 × 2 = 20000と指定します．

アナログ/デジタル変換されたデータを一度で蓄えられる大きさが，読み取るサンプル数であるともいえます．ここで，読み取るサンプル数は，どの大きさまで指定できるのかという質問をよく受けます．DAQデバイス上にFIFOメモリとよばれるメモリが搭載されており，FIFOメモリ数の大きさが読み取りサンプル数の最大値と思われているかもしれませんが，DAQデバイス上のFIFOメモリはDAQデバイス内でデータを転送すると

第5章 アナログ入力プログラミング

きに一時的にデータを格納する場所であって，実際のデータ保存場所はNI-DAQmxの命令でパソコンのメモリ領域に割り当てられたバッファメモリです．したがって，読み取るサンプル数はパソコンのメモリの大きさに依存します（ナショナルインスツルメンツ社のモジュール式計測器の高速デジタイザNI-SCOPEの場合は，NI-SCOPEデバイスに搭載されたメモリの大きさが読み取りサンプル数の最大値になります）．

必要条件を設定して「OK」をクリックすると，DAQアシスタント関数が完成します．図5.22のようにマウスで入出力端子を引き伸ばすと，サンプリングレートと読み取るサンプル数の入力端子が現れます．何も接続しなければ，DAQアシスタントの詳細設定で指定した条件で動作しますが，プログラムの実行前に必要に応じて数値を与えれば，指定したサンプリングレートと読み取るサンプル数で動作します．

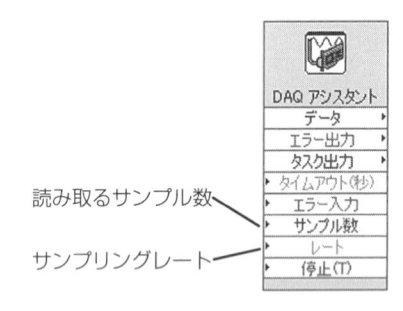

図5.22 全入出力端子表示させたDAQアシスタント関数

この状態のDAQアシスタントで集録したデータから，実際のサンプリングレートが確認できるように，ダイナミックデータ形式を波形データ形式に変換します．図5.23のようにDAQアシスタントのデータ端子上で右クリックして現れるメニューから「信号操作パレット」→「ダイナミックデータから変換」を選択して，集録したデータを変換します【LabVIEW7の場合は，ブロックダイアグラムで現れる「関数パレット」→「信号操作パ

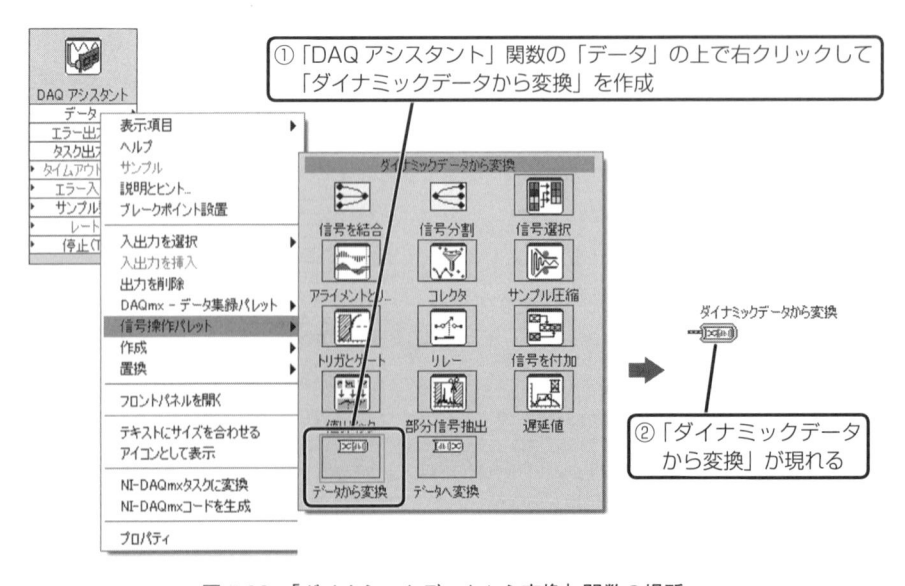

図5.23 「ダイナミックデータから変換」関数の場所

5.3 有限アナログ入力モード

レット」→「ダイナミックデータから変換」を選択して作成できます】．

「ダイナミックデータから変換」関数をブロックダイアグラム上に置くと，図 5.24 のように変換する条件を尋ねてきます．波形データ形式で抽出するために，「単一波形」を選択してください．

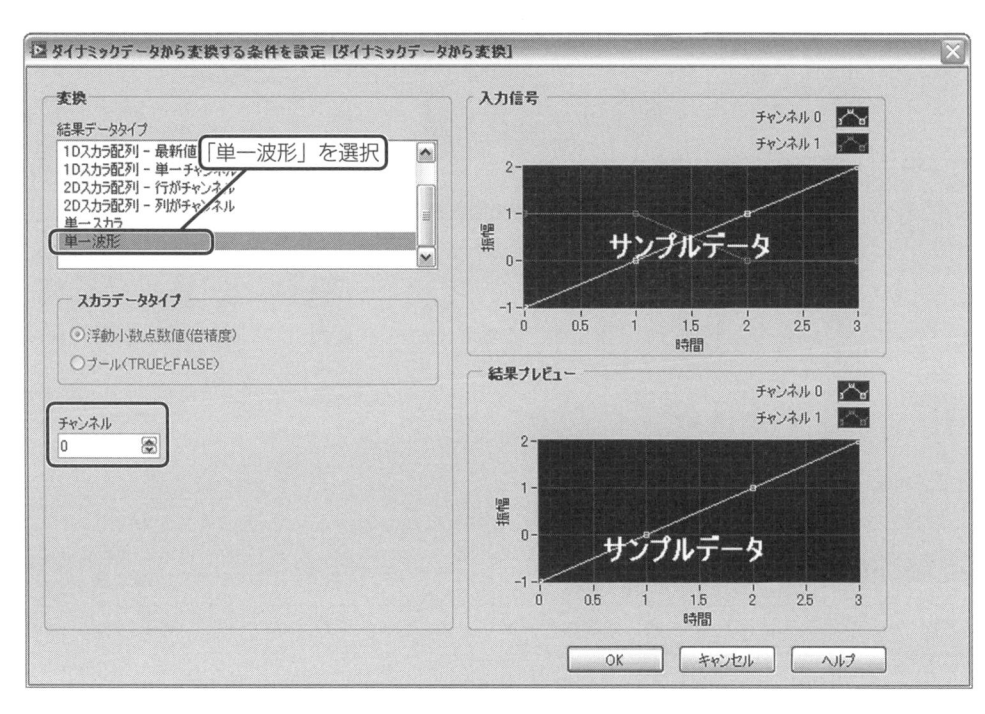

図 5.24 ダイナミックデータから変換する条件を設定

次に，波形データ形式からサンプリングの時間間隔を抽出するために，図 5.25 のように「ダイナミックデータから変換」関数上で右クリックして現れるメニューから「波形パレット」を選択して，「波形要素取得」関数を作成してください．または，ブロックダイアグラムで現れる「関数パレット」→「プログラミングパレット」→「波形パレット」→「波形要素取得」から選択してもかまいません．

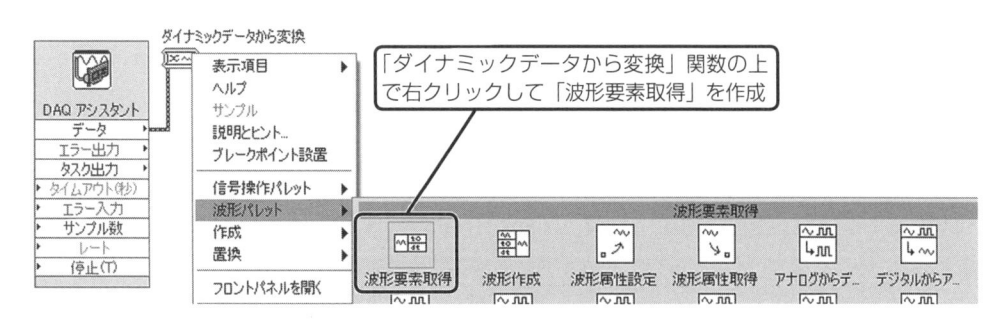

図 5.25 「波形要素取得」関数の場所

ブロックダイアグラム上に「波形要素取得」関数を置いたら，図 5.26 のように「波形要素取得」関数上で右クリックして現れるメニューから「項目を選択」を選んで，サンプ

第5章　アナログ入力プログラミング

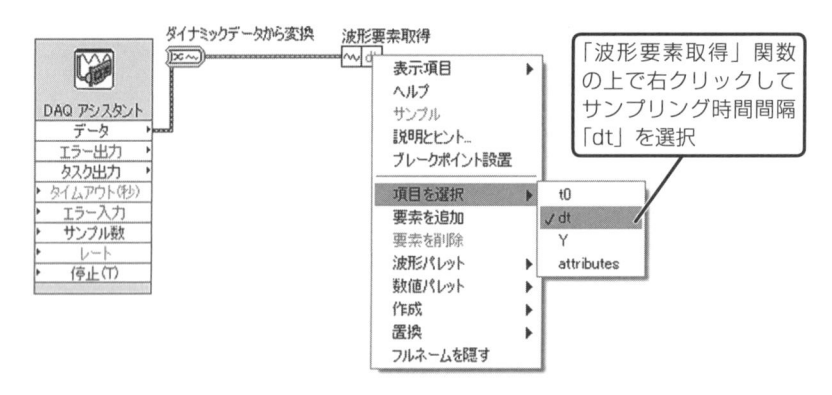

図 5.26　波形要素取得関数の項目選択方法

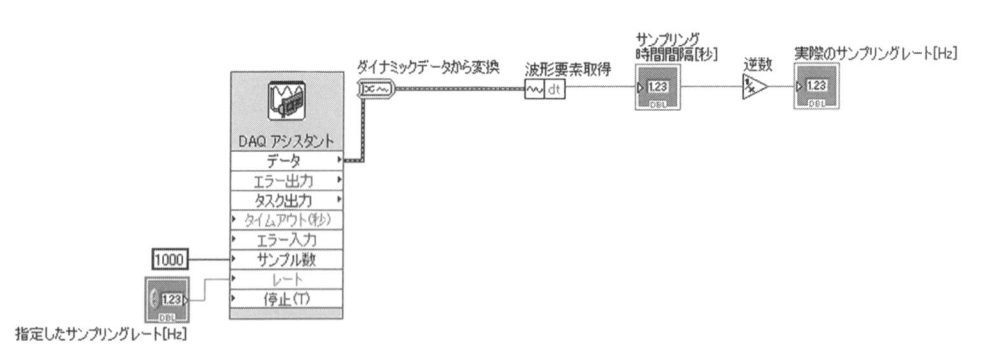

図 5.27　実際のサンプリングを表示する方法

リング時間間隔の「dt」を選びます．

　表示器や「逆数」関数を加えて，図5.27のようにブロックダイアグラムを作成します．「逆数」関数は，ブロックダイアグラムで現れる「関数パレット」→「プログラミングパレット」→「数値パレット」→「逆数」にあります．

　次に，実際の波形データを表示するため，図5.28のようにDAQアシスタントのデータ端子上で右クリックして現れるメニューから，グラフ表示器を作成してください．また，フロントパネルで現れる制御器パレットから波形グラフを呼び出して，つないでもかまいません．

　図5.29のブロックダイアグラムが完成したら，何か測定したい電圧をつないで，サンプリングレートを指定して，プログラムを実行してみましょう．

　図5.30のように100100 Hzなどのように「20 MHz÷整数」で表現できない中途半端なサンプリングレートを指定して実行してみると，実際のサンプリングレートは第3章で述べたタイミング分解能の制限によって100503 Hzで実行されることに注意してください．測定システムを構築するときは，「20 MHz÷整数」で表現できるサンプリングレートを指定するようにしましょう．必要とするサンプリングレートをどうしてもDAQデバイスで実行できない場合は，後述の外部クロックによるアナログ入力モードを利用してください．

　有限アナログ入力モードをWhileループで連続実行している最中に，プログラム的にサ

5.3 有限アナログ入力モード

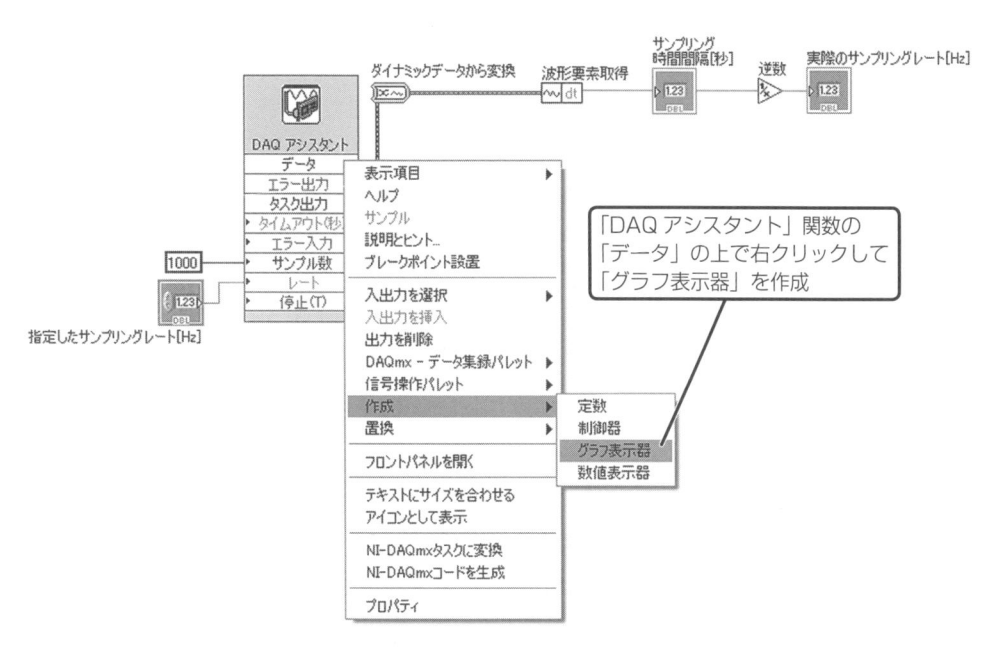

図 5.28 DAQ アシスタントのデータ端子からグラフ表示器を作成する方法

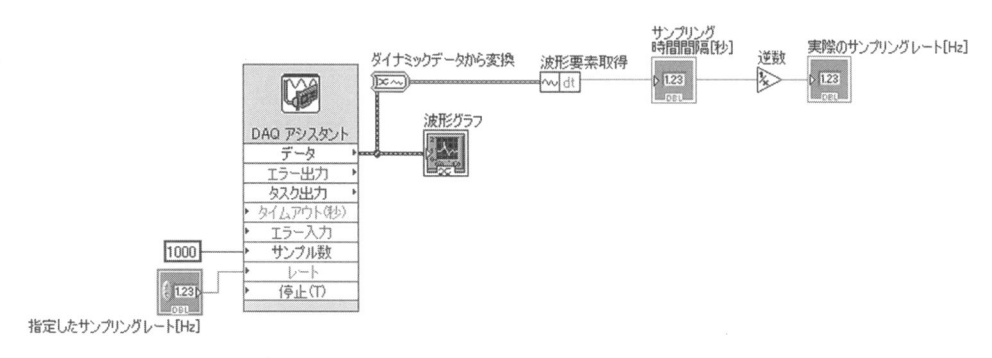

図 5.29 有限アナログ入力モードのブロックダイアグラム

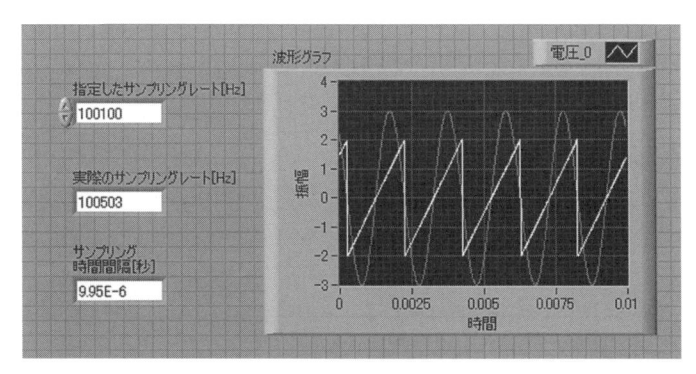

図 5.30 有限アナログ入力モードのプログラムのフロントパネル

第5章　アナログ入力プログラミング

ンプリングレートを変更する場合は，巻末の付録 E を参照してください．

　また，測定結果にノイズや測定誤差がある場合は，第 3 章のハードウェアの特性を見直してみましょう．

### 5.3.2 外部クロックによるアナログ入力モード

　外部からサンプリングするタイミングを与えるには，「外部クロック」の設定を使用します．外部クロックには，TTL レベル（0 V → 5 V または 5 V → 0 V で変化する）電圧を用意する必要があります．

　図 5.31 のように，DAQ アシスタントの設定ウィンドウを開いて，上級タイミングタブをクリックして，サンプルクロックタイプを「外部」に設定してください．図 5.31 では，参照するクロック入力端子を「PFI0」に指定しています．PFI0 の端子位置は，DAQ デバイスの仕様書を参照してください．M シリーズおよび E シリーズで，外部クロック使用時のグランド端子は D GND です．アクティブエッジは「立ち上がり」に設定してあるので，TTL レベルの外部クロックが 0 V → 5 V に変化した瞬間にアナログ / デジタル変換することになります．また，タイムアウト（秒）の設定が「10」秒になっているので，プログラムを実行したあと，外部クロックを 10 秒間加えない状態が続くと，DAQ デバイスは停止して，DAQ アシスタントはエラーを表示します．

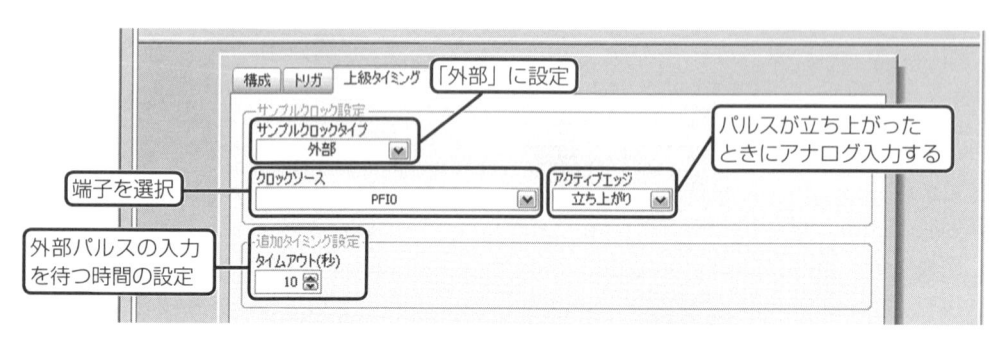

図 5.31　外部クロックを使用したアナログ入力の設定

### 5.3.3 有限アナログ入力モードのファイル保存

　有限アナログ入力モードのプログラムを第 4 章で作成したファイル保存プログラムに組み合わせて，図 5.32 のようなブロックダイアグラムを作成しましょう．

　ヘッダの文字列は「秒, 電圧 0, 電圧 1」に指定し，パターンラベルは「測定データファイル」としました．サンプリングレートは内部タイミングクロックで 100 kHz，サンプル数は 1000 に設定しました．DAQ アシスタントのデータはダイナミックデータなので，計測ファイルへ書き込む関数の信号に直接接続できます．

　「計測ファイルへ書き込む」関数の設定は，図 5.33 のように X 値列を設定すると，測定した時間系列データが保存されるようになります．

　プログラムを実行して，ファイル保存されたデータは，図 5.34 のようになります（もし，

5.3 有限アナログ入力モード

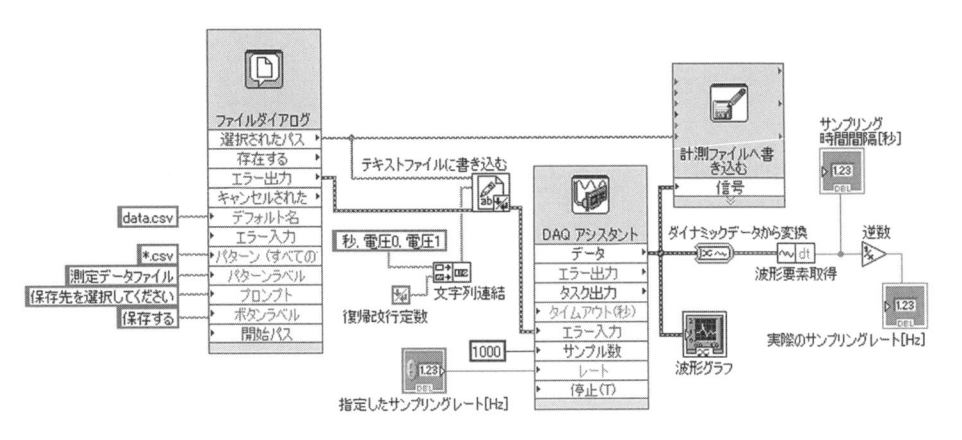

図 5.32 有限アナログ入力モードのファイル保存方法

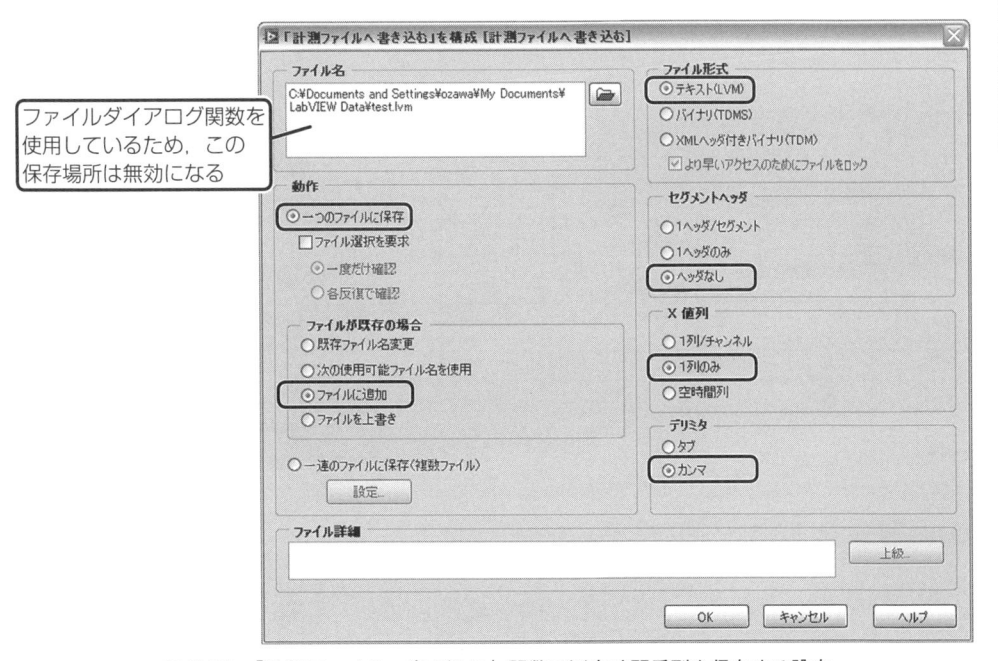

図 5.33 「計測ファイルへ書き込む」関数で測定時間系列を保存する設定

| | A | B | C | D |
|---|---|---|---|---|
| 1 | 秒 | 電圧0 | 電圧1 | |
| 2 | 0 | -0.20733 | -0.89074 | |
| 3 | 1.00E-05 | -0.178 | -0.81821 | |
| 4 | 2.00E-05 | -0.1593 | -0.74536 | |
| 5 | 3.00E-05 | -0.14318 | -0.59868 | |
| 6 | 4.00E-05 | -0.12707 | -0.52422 | |
| 7 | 5.00E-05 | -0.09838 | -0.44975 | |
| 8 | 6.00E-05 | -0.07903 | -0.37593 | |
| 9 | 7.00E-05 | -0.06388 | -0.22539 | |
| 10 | 8.00E-05 | -0.04776 | -0.14995 | |
| 11 | 9.00E-05 | -0.01875 | -0.07517 | |
| 12 | 1.00E-04 | 0.000268 | 0.000268 | |

図 5.34 有限アナログ入力モードのファイル保存結果

第5章　アナログ入力プログラミング

カンマ区切りでファイル保存できない場合は，巻末の付録 C を参照してください）．秒の列は，ゼロを初期値としたサンプリングの時間データが保存されます．

## 5.3.4 有限アナログ入力モードのファイル保存のカスタマイズ

測定したデータは，必要に応じて計算したり，その結果を一緒に保存したりする応用が考えられます．そのためには，ダイナミックデータを数値配列に変換して取り扱うことになります．ここでは，簡単な例として，2 つの電圧を測定し，その和を計算して，一緒にファイル保存する方法を紹介します．また，同時に測定回数と測定時の経過時間も一緒に保存できるようにします．

前述のブロックダイアグラムに変更を加えて，図 5.35 のようなブロックダイアグラムを作成してみましょう．

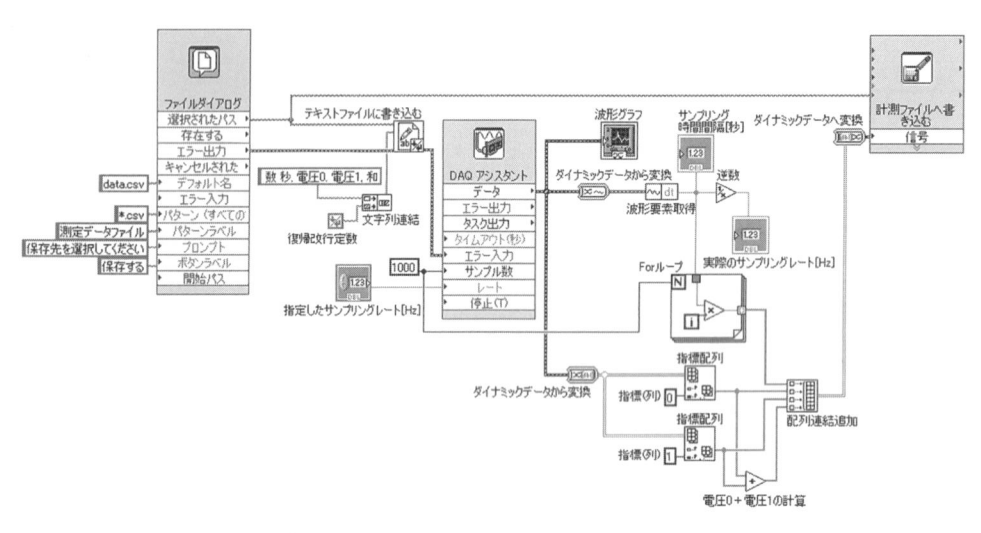

図 5.35　有限アナログ入力モードのファイル保存のカスタマイズ

図 5.35 の下側の「ダイナミックデータから変換」関数は，図 5.36 のように測定データを二次元の数値配列に変換するよう設定してください．

ヘッダの文字列は「数 , 秒 , 電圧 0, 電圧 1, 和」に指定しました．サンプリングレートは内部タイミングクロックで 100 kHz，サンプル数は 1000 に設定しました．

- For ループは，ブロックダイアグラムで現れる「関数パレット」→「プログラミングパレット」→「ストラクチャパレット」→「For ループ」にあります．
- 指標配列関数と配列連結追加関数は，ブロックダイアグラムで現れる「関数パレット」→「プログラミングパレット」→「配列パレット」内にあります．
- 四則演算の関数は，ブロックダイアグラムで現れる「関数パレット」→「プログラミングパレット」→「数値パレット」内にあります．
- 「ダイナミックデータへ変換」関数は，「配列連結追加」関数の出力を「計測ファイルへ書き込む」の信号に接続すると，自動的に現れます．

5.3 有限アナログ入力モード

完成したブロックダイアグラムを実行したファイル保存結果は，図5.37のようになります．

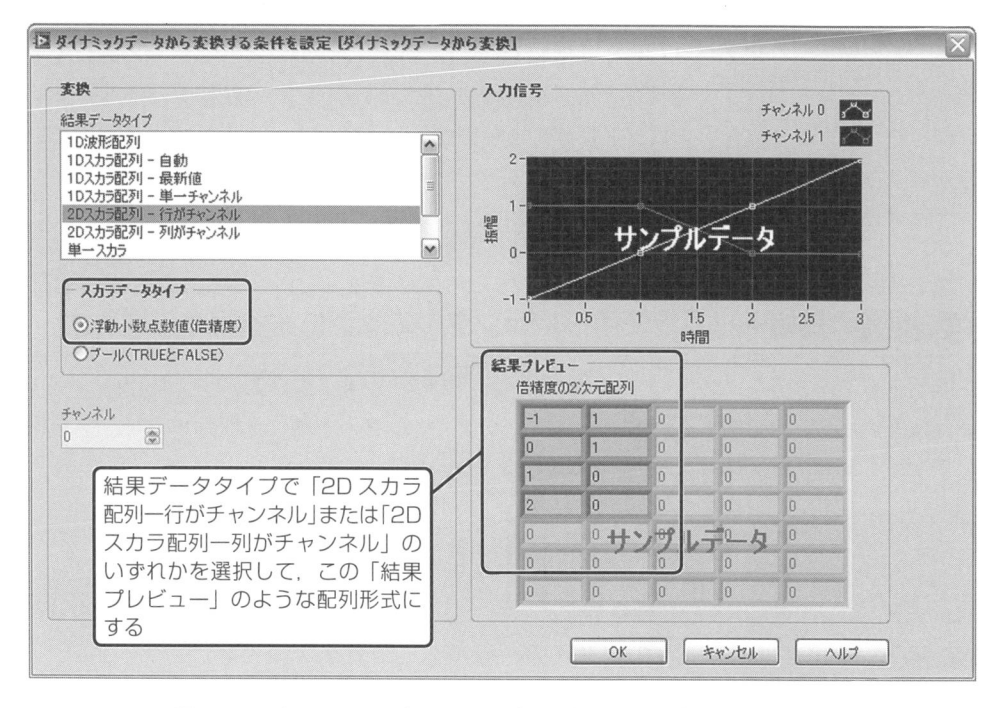

図5.36 ダイナミックデータから二次元数値配列に変換する条件を設定

| | A | B | C | D | E | F |
|---|---|---|---|---|---|---|
| 1 | 数 | 秒 | 電圧0 | 電圧1 | 和 | |
| 2 | 0 | 0 | 1.936377 | 0.226567 | 2.162944 | |
| 3 | 1 | 1.00E-05 | 1.952173 | 0.151134 | 2.103307 | |
| 4 | 2 | 2.00E-05 | 1.985376 | 0.075379 | 2.060755 | |
| 5 | 3 | 3.00E-05 | -1.99838 | -0.05582 | -2.0542 | |
| 6 | 4 | 4.00E-05 | -1.9842 | -0.1506 | -2.1348 | |
| 7 | 5 | 5.00E-05 | -1.96776 | -0.22539 | -2.19314 | |
| 8 | 6 | 6.00E-05 | -1.93552 | -0.30017 | -2.23569 | |
| 9 | 7 | 7.00E-05 | -1.9194 | -0.4317 | -2.3511 | |
| 10 | 8 | 8.00E-05 | -1.90296 | -0.52454 | -2.4275 | |
| 11 | 9 | 9.00E-05 | -1.88749 | -0.59804 | -2.48553 | |
| 12 | 10 | 1.00E-04 | -1.85557 | -0.67154 | -2.52711 | |
| 13 | 11 | 0.00011 | -1.83946 | -0.80016 | -2.63961 | |
| 14 | 12 | 0.00012 | -1.82366 | -0.89074 | -2.7144 | |
| 15 | 13 | 0.00013 | -1.80722 | -0.96263 | -2.76985 | |

図5.37 ワンポイントアナログ入力モードをカスタマイズしたファイル保存結果

A列の数情報は，「計測ファイルへ書き込む」関数の設定ウィンドウでX値列を1列のみに設定したために書き込まれるものです．B列は，Forループが，読み取ったサンプル数とサンプリング時間間隔情報から，測定データの時間系列データを算出したものです．C列とD列は，アナログ入力チャンネルai0とai1から測定された電圧0と電圧1のデータです．E列には，電圧0と電圧1の和を計算した結果が保存されています．

このような方法を利用すると，測定したデータに加えて，計算結果も保存できます．

第5章　アナログ入力プログラミング

## 5.4 デジタルトリガによるアナログ入力

指定した電圧値を超えた，もしくは指定した電圧値より下がったときに何かの動作を開始（ここではアナログ入力を開始）することをトリガといいます．DAQデバイスのトリガは，デジタルトリガとアナログトリガの2種類がありますが，どのトリガが備わっているかは，DAQデバイスの仕様書を参照してください．

ここではデジタルトリガの使い方を説明します．

### 5.4.1 開始トリガを使用したデジタルエッジによるアナログ入力

開始トリガを使用したデジタルエッジとは，図5.38のようにTTLレベル（0V→5Vまたは5V→0Vで変化する）電圧を検出するとアナログ入力動作を開始するモードを指します．

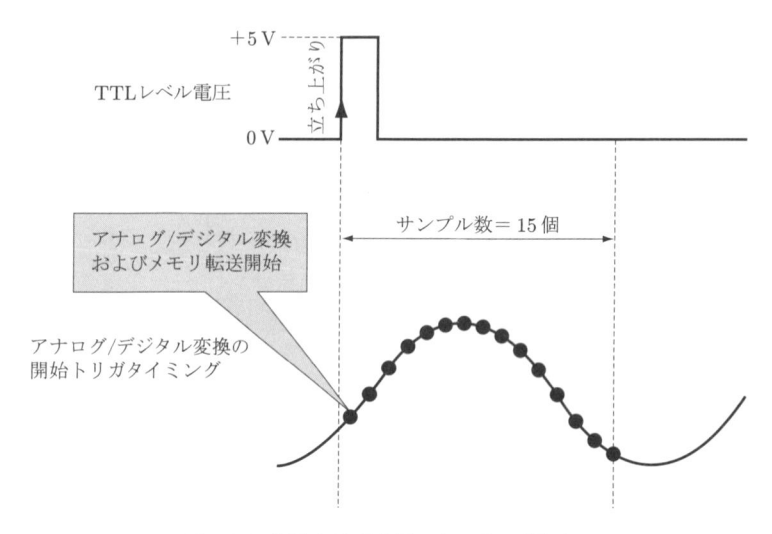

図5.38　開始トリガを用いたアナログ入力

ここで，先の5.3節で作成した有限アナログ入力モードのプログラムを応用します．DAQアシスタント上でマウスクリックして，再びDAQアシスタントを呼び出します．「トリガ」タブを選択して，図5.39のように設定してください．

各設定の詳細は，次のようになります．

- 開始トリガのトリガタイプ：「デジタルエッジ」を選択
    TTLレベル（0V→5Vまたは5V→0Vで変化する）電圧を検出します．
- 開始トリガのトリガソース：PFI0
    DAQデバイスのPFI0端子にTTLレベルの電圧を接続します．PFI0の端子位置は，DAQデバイスの仕様書を参照してください．グランドは，MシリーズならびにEシリーズならばD GND端子です．

- ●開始トリガのエッジ：立ち上がり

    TTLレベルで0V→5Vに変化する電圧でアナログ入力を開始するときは，「立ち上がり」に設定します．5V→0Vに変化する電圧でアナログ入力を開始するときは，「立ち下がり」に設定します．

- ●基準トリガのトリガタイプ：なし

    デジタルトリガでアナログ入力を開始する直前のデータを必要とするときに使用するもので，ここでは使用しません．

図5.39　開始トリガを使用したデジタルエッジによるアナログ入力の設定

　以上の設定でLabVIEWプログラムを実行して，TTLレベル信号をPFI0に加えるとアナログ入力が開始されます．LabVIEWプログラム実行後，PFI0に何も変化がなかった場合は，10秒後に「タイムアウト」エラーが表示されて，プログラムは自動的に停止します．タイムアウトまでの時間を変更するには，「上級タイミング」タブで，タイムアウトを入力してください．

　DAQデバイスは，トリガが入ってくるまでアナログ入力を開始せず，トリガを待っている状態になりますが，**タイムアウトになるまでの間は，プログラムを停止させたり，DAQデバイスを止めたりすることはできません**．タイムアウトを長く設定するときは，この特性に注意してください．

　TTLレベルの変化が多チャンネルの情報で，特定の条件がそろったときにアナログ入力を開始するような測定システムを構築するときは，論理回路の74シリーズIC[18]を組み合わせてPFI0にTTLレベルの電圧を加えるようにするとよいでしょう．ほとんどのDAQデバイスは，「＋5V」の表記で論理回路を駆動させるために利用できる電源端子が設けてあります．ほとんどのPCIバス型DAQデバイスの「＋5V」端子の許容電流値は1Aですが，実際に使用できる電力量はパソコンのマザーボードの出力値に制限される場合もあるので，許容電流値一杯まで使用することは避けたほうが無難です．

---

18) TTLレベルとよばれる約0Vまたは約5V（厳密な電圧値は設計仕様により変化します）の電圧変化でデジタル情報を伝送するICは74シリーズとよばれ，すべて製品番号が74から始まります．74シリーズは非常に多くの種類が販売されていますが，ここで必要になる機能は，論理回路の基本となる論理積（AND），論理和（OR），否定（NOT）などです．これらをDAQデバイスに外付けすることで，トリガが有効になる条件を自由に設定できます．

## 5.4.2 基準トリガを使用したデジタルエッジによるアナログ入力

開始トリガを使用したデジタルエッジによるアナログ入力は，デジタルトリガエッジが入ってきたらアナログ入力を開始する機能でしたが，トリガが入ってくる直前のサンプルデータも集録したいという要求を満たすには，基準トリガが使用できます．基準トリガは，図 5.40 のように DAQ アシスタントの「トリガ」タブにあります．

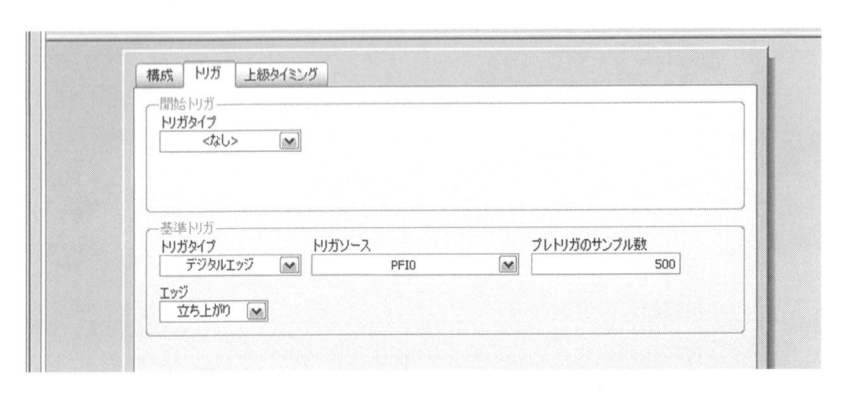

図 5.40 基準トリガを使用したデジタルエッジによるアナログ入力の設定

各設定の詳細は，次のようになります．

- 開始トリガのトリガタイプ：なし
- 基準トリガのトリガタイプ：「デジタルエッジ」を選択
  TTL レベル（0 V → 5 V または 5 V → 0 V で変化する）電圧を検出します．
- 基準トリガのトリガソース：PFI0
  DAQ デバイスの PFI0 端子に TTL レベルの電圧を接続します．PFI0 の端子位置は，DAQ デバイスの仕様書を参照してください．グランドは，M シリーズならびに E シリーズならば D GND 端子です．
- 基準トリガのプレトリガのサンプル数：500
  デジタルトリガエッジ直前のサンプルデータ数を指定します．
- 基準トリガのエッジ：立ち上がり
  TTL レベルで 0 V → 5 V に変化する電圧でアナログ入力を開始するときは，「立ち上がり」に設定します．5 V → 0 V に変化する電圧でアナログ入力を開始するときは，「立ち下がり」に設定します．

図 5.41 のようにデジタルトリガエッジ直前のサンプルデータを「プレトリガのサンプル」とよび，デジタルトリガエッジ直後のサンプルデータを「ポストトリガのサンプル」とよんでいます．プレトリガのサンプル数とポストトリガのサンプル数の合計はサンプル数に等しくなります．

前述の開始トリガを使用したデジタルトリガエッジによるアナログ入力の開始は，デジタルトリガエッジが入ってくるまでの間は DAQ デバイスのアナログ/デジタル変換が行

5.4 デジタルトリガによるアナログ入力

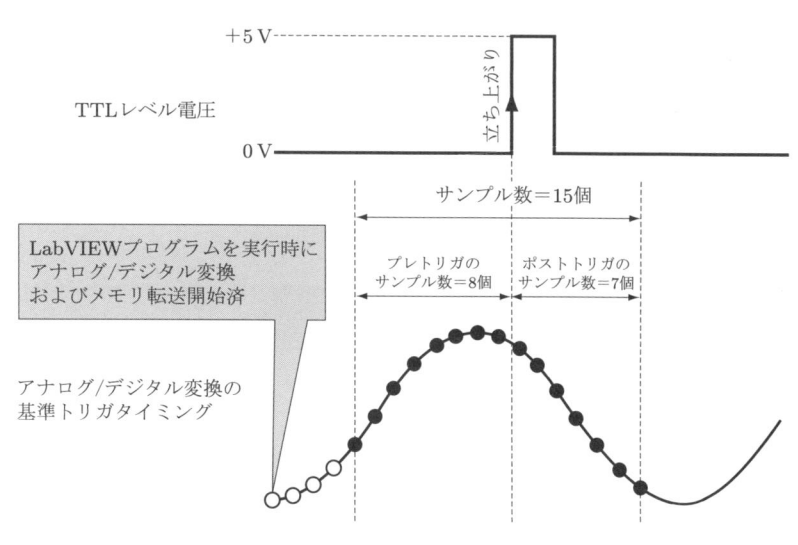

図5.41 基準トリガを用いたアナログ入力

われず，デジタルトリガエッジが入ってきた時点でアナログ/デジタル変換が開始されるという動作で実現しています．

しかし，基準トリガを使用したデジタルエッジによるアナログ入力の開始では，LabVIEWプログラムを実行した時点でDAQデバイスのアナログ/デジタル変換が開始され，パソコンのバッファメモリ上にサンプルデータを流す動作が始まっています．アナログ/デジタル変換が行われている一方で，DAQデバイスはデジタルトリガエッジの変化を監視している状態になります．デジタルトリガエッジに変化があると，その変化直前のサンプルデータは「プレトリガのサンプル」として扱われ，変化直後は「ポストトリガのサンプル」として区別されます．そして，ポストトリガのサンプルを指定した数だけ集録し終えたら，DAQデバイスの動作が完了します．したがって，デジタルトリガエッジが入ってくる直前のサンプルデータは，すでにパソコンのバッファメモリに格納されており，パソコンのバッファメモリ上のサンプルデータを参照することによって，デジタルトリガエッジ直前のサンプルデータも読み出すことができます．

この方法では，トリガが入ってこない状態が続くと，アナログ/デジタル変換されたサンプルデータがパソコンのバッファメモリ内にあふれてしまうのではないかと思うかもしれません．しかし，プログラミング上で最初にサンプル数を定義しているので，NI-DAQmx命令がサンプル数分だけのバッファメモリ容量を確保したあとは，同じメモリ内で一番古いデータから上書きが行われるという循環バッファメモリ作用が働くため，バッファメモリを浪費するという現象は生じません．

DAQデバイスの仕様上，**プレトリガのサンプル数とポストトリガのサンプル数は，各々2個以上**にしなければならないという制限があります．たとえば，集録するサンプル数を全部で1000個と決めた場合，プレトリガのサンプル数を500個，ポストトリガのサンプル数を500個という設定は可能ですが，プレトリガのサンプル数を999個，ポストトリガのサンプル数を1個という設定や，プレトリガのサンプル数を1個，ポストトリガのサン

プル数を 999 個という設定はエラーとなって実行できませんので注意してください.

### 5.4.3 開始トリガと基準トリガのデジタルエッジによるアナログ入力

図 5.42 のように，DAQ アシスタントは，開始トリガと基準トリガの両方を使うことができます．これは，図 5.43 のようなタイミングで動作します．

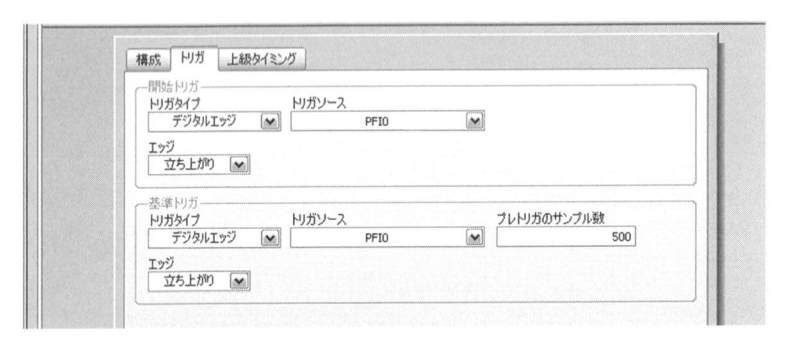

図 5.42 開始トリガと基準トリガを使用したデジタルエッジによるアナログ入力の設定

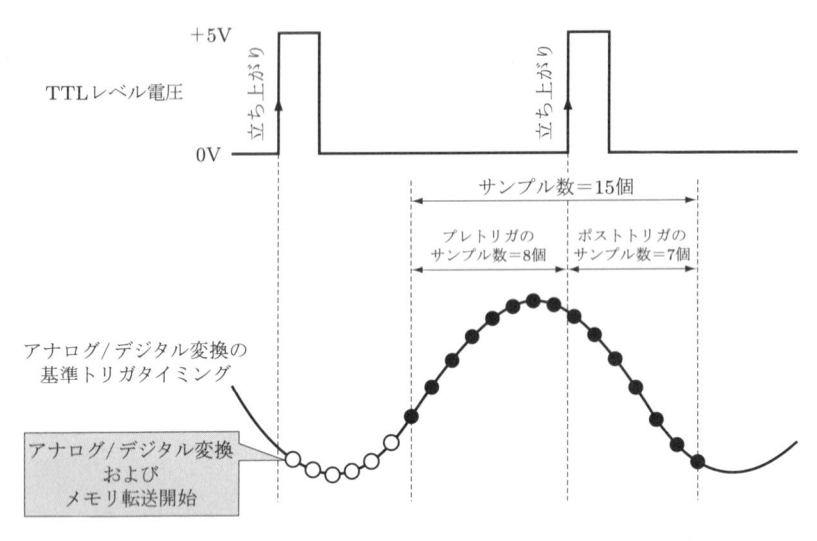

図 5.43 開始トリガと基準トリガを使用したアナログ入力の開始

　開始トリガと基準トリガを使用したアナログ入力は，プログラムを実行後に開始トリガの入力を待機する状態になります．開始トリガにデジタルトリガエッジが入力された時点で，アナログ/デジタル変換を開始し，バッファメモリへデータ転送を開始します．
　次に，基準トリガにデジタルエッジトリガが入力されると，その時点を基準として，バッファメモリ内のデータがプレトリガのサンプルとポストトリガのサンプルに分けられ，指定したサンプル数のデータが DAQ アシスタントのデータとして取り出せます．

## 5.5 アナログトリガによるアナログ入力

デジタルトリガのアナログ入力の開始タイミングはTTLレベル電圧の変化のみに制限される特徴がありますが，任意の指定した電圧で何かの動作を開始（ここではアナログ入力を開始）できる機能をアナログトリガとよびます．アナログトリガには，「アナログエッジ」と「アナログウィンドウ」の2種類があります．

アナログエッジは，電圧値が指定した値より大きくなった場合の「立ち上がり」時にアナログ入力を開始する，または電圧値が指定した値より小さくなった場合の「立ち下がり」時にアナログ入力を開始する機能です．

アナログウィンドウは，内部でアナログエッジを二つ組み合わせて動作しており，電圧値が指定した電圧範囲外になった場合，または電圧値が指定した電圧範囲内に入った場合にアナログ入力を開始する動作です．

ここでは　よく使われるアナログエッジについて説明します．アナログウィンドウの動作は，アナログエッジに似ているため，説明を省略します．

### 5.5.1 開始トリガを使用したアナログエッジによるアナログ入力

先の5.3節で作成した有限アナログ入力モードのプログラムを応用します．DAQアシスタント上でマウスクリックして，再びDAQアシスタントを呼び出します．「トリガ」タブを選択して，図5.44のように設定してください．

図5.44　開始トリガを使用したアナログエッジによるアナログ入力の設定

各設定の詳細は，次のようになります．

- 開始トリガのトリガタイプ：「アナログエッジ」を選択
  電圧値の変化を検出します．
- 開始トリガのトリガソース：電圧_0
  DAQデバイスの「電圧_0」をアナログ入力開始のトリガに設定します．「電圧_0」とは，「ai0」のことです．複数のチャンネルでアナログ入力する場合は，最初のチャ

第5章　アナログ入力プログラミング

ネルをアナログトリガのトリガソースとして割り当てることができます．Mシリーズ DAQ デバイスの場合は，APFI0 端子を使用することもできます．
- 開始トリガのスロープ：立ち上がり
  電圧値が指定した値より大きくなったときにアナログ入力を開始するときは，「立ち上がり」に設定します．電圧値が指定した値より小さくなったときにアナログ入力を開始するときは，「立ち下がり」に設定します．
- 開始トリガのレベル：0
  アナログ入力を開始する電圧の大きさを 0 V と設定します．
- 基準トリガのトリガタイプ：なし

この例の場合は，レベルが 0 V で立ち上がり設定なので，アナログ入力チャンネル ai0 の電圧値がマイナスからプラスに変化したときにアナログ入力を開始するという動作をします．サンプリング動作の基本は，5.4.1 項の図 5.38 と同じです．

レベルがちょうど 0 V を超えたときにアナログ入力を開始しているのか，レベル変化の検出で用いている分解能は何 mV あるのかという誤差を調べるときは，仕様書のアナログトリガの分解能を参照してください．一般的に測定で用いる**アナログ入力の分解能とアナログトリガの分解能（1LSB）は異なります**．たとえば，PCI-6251 の場合，アナログ入力の分解能は 16 ビットですが，アナログトリガの分解能は 10 ビットと記載されています．第 3 章のアナログ入力における分解能の場合と同じように，10 ビットの分解能は $2^{10} - 1 = 1023$ 分の 1 ですから，アナログ入力チャンネル ai0 の電圧入力範囲を± 10 V に設定しているならば，$20 \text{ V} \div 1023 = 0.0196 \text{ V}$ になります．したがって，アナログエッジでアナログ入力を開始するときのトリガレベルの誤差は 19.6 mV になることがわかります．

### 5.5.2　基準トリガを使用したアナログエッジによるアナログ入力

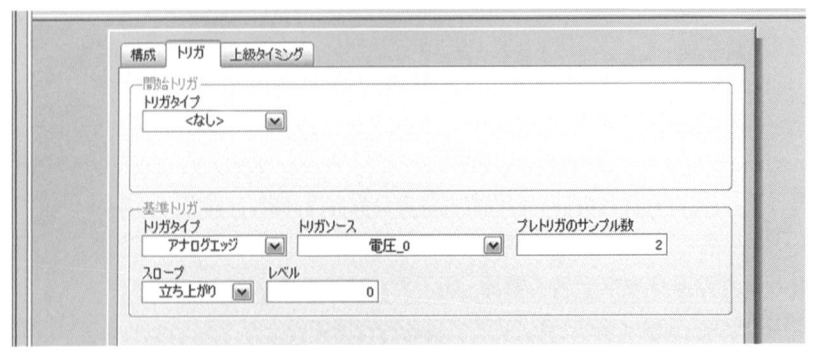

開始トリガを使用したアナログエッジによるアナログ入力は，電圧値の変化によるトリガでアナログ入力を開始する動作でしたが，トリガ直前のサンプルデータを集録するには，図 5.45 のように基準トリガを使用したアナログエッジによるアナログ入力を使用します．

基本動作は，基準トリガを使用したデジタルエッジによるアナログ入力を任意の電圧変

図 5.45　開始トリガを使用したアナログエッジによるアナログ入力の設定

化で動作するようにしたものです．サンプリング動作の基本は，5.4.2項の図5.41と同じです．5.4.2項の「基準トリガを使用したデジタルエッジによるアナログ入力」の場合と同様に，プレトリガとポストトリガの概念があり，プレトリガとポストトリガのサンプル数は，各々2以上でなければならない制限があります．トリガレベルの誤差は，5.5.1項の「開始トリガを使用したアナログエッジによるアナログ入力」の場合と同じです．

### 5.5.3 アナログトリガが装備されていないDAQデバイスの場合

DAQデバイスによっては，デジタルエッジトリガしか装備されていないものがありますが，自作でコンパレータを取り付けることでアナログトリガ機能をもたせることが可能です．

アナログトリガの動作は，デジタルエッジトリガの回路に対して，電圧値が大きくなったか小さくなったかどうかを比較して，結果をデジタルパルスとして出力するコンパレータ（比較器）を追加したものです．

図5.46のように，アナログ機能ICであるコンパレータと論理回路の74シリーズIC（AND，OR，NOT）を組み合わせて，デジタルエッジトリガのPFI0にTTLレベルの電圧を加えるようにするとよいでしょう．

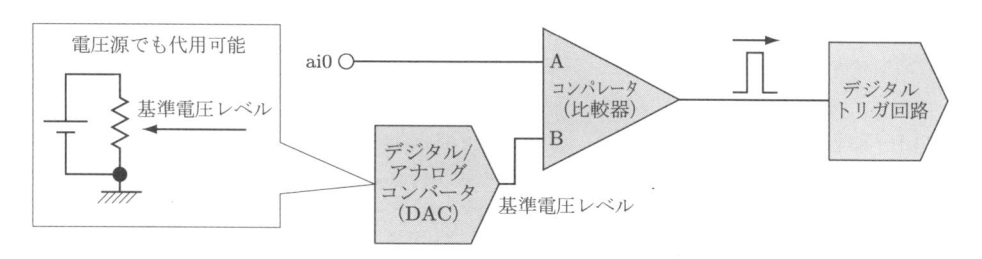

（a）デジタルエッジトリガにアナログエッジトリガを追加

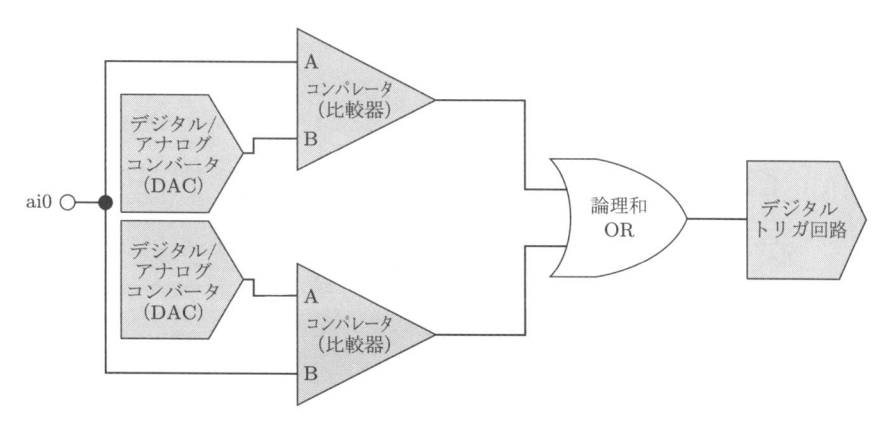

（b）デジタルエッジトリガにアナログウィンドウトリガを追加

図5.46 アナログトリガの構成

## 5.6 連続アナログ入力モード

測定データを取りこぼすことなく，絶え間なく測定することを連続アナログ入力モードとよびます．

オシロスコープの場合は，電圧波形を測定してから次の電圧波形を測定するまでの待ち時間があり，データの取りこぼしが生じますが，**DAQ デバイスは取りこぼすことなく連続アナログ入力が可能**です．しかも，すべてのデータを取りこぼすことなく，保存することが可能です．

ここでは，DAQ デバイスの大きな特徴ともいえる連続アナログ入力モードの実行方法とファイル保存方法について述べていきます．

### 5.6.1 連続アナログ入力モードプログラミング

LabVIEW6.1 以前の連続アナログ入力モードのプログラミングは，多くの関数を複雑に組み合わせる必要がありましたが，LabVIEW7 以後は DAQ アシスタント関数が採用され，極めて簡単に連続アナログ入力モードをプログラミングできるようになりました．

5.1.1 項に従って，新規 VI（ブランク VI）を開いて，DAQ アシスタントを置き，ai0 と ai1 の 2 チャンネル分の電圧測定を設定して，DAQ アシスタントの詳細設定ウィンドウを開いてください．連続アナログ入力モードは，図 5.47 のように DAQ アシスタントの集録モードを「連続サンプル」に設定します．この例では，読み取るサンプル数 100，レートを 1 kHz に設定しています．

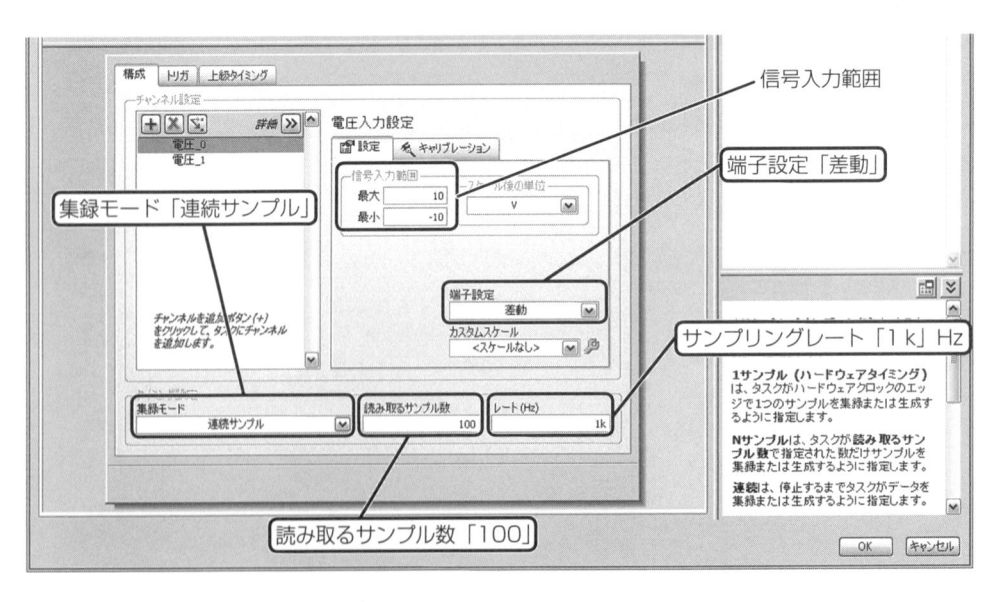

図 5.47　DAQ アシスタントの連続サンプル設定

DAQ アシスタントのレート [Hz] の設定は，有限アナログ入力モードの場合と同じよ

## 5.6 連続アナログ入力モード

うに，各チャンネルあたりのサンプリングレートのことで，DAQ デバイスの仕様の最大サンプリングレート以下で設定できます．このサンプリングレートの有効な値は，第 3 章で述べたように DAQ デバイスのタイミング分解能（50 ns）によって決定します（実際の測定動作時のサンプリングレートが指定した値のとおりに動作しているかは，のちほど説明しますが，5.3.1 項と同じ方法で確認できます）．

DAQ アシスタントの詳細設定ウィンドウの「OK」をクリックして，DAQ アシスタントの設定を終了すると，図 5.48 のような警告が現れます．

図 5.48　自動ループ作成を確認

先の図 5.5 のように，連続アナログ入力モードは，連続的にアナログ入力しながら読み取るサンプル数で指定されたデータを読み取り続けるという繰り返し動作が必要になるので，While ループが必要になるという警告ですから，「はい」を選択してください．すると，図 5.49 のように DAQ アシスタントが While ループに囲まれます．

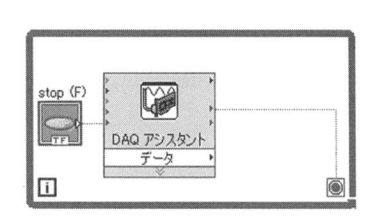

図 5.49　作成された DAQ アシスタント関数と While ループ

次に，図 5.50 のような連続アナログ入力モードのブロックダイアグラムを作成してみましょう．各関数の作成方法は，5.3.1 項と同じなので，説明を省略します．

ブロックダイアグラムが完成したら，実行して，フロントパネルの実行回数の表示器を見てみましょう．

DAQ アシスタントの読み取るサンプル数は，連続アナログ入力しながら各チャンネルあたりの測定データ数をいくつずつ読み出すかという設定値です．図 5.50 のブロックダイアグラムのように，サンプリングレートを 1 kHz = 1000 Hz と指定して，サンプル数を 100 に設定すると，1000 Hz ÷ 100 サンプル = 10 と計算することにより，1 秒間に 10 回のデータ読み取り動作を行うことになります．この測定データを波形グラフで表示するならば，表示データが 1 秒間に 10 回更新されることになります．

サンプリングレートを 1 kHz に設定したまま，読み取るサンプル数を 10 に減らすと，1 秒間に 100 回のデータ読み取り動作を実行することになりますが，その分だけデータ読み取り命令を高速で繰り返し実行することになるため，パソコンに負荷を与えてしまうことになります．場合によっては，エラーが発生してプログラムが停止するので注意してください．また，1 秒間に 100 回のデータ読み取り動作で得たデータを波形グラフで表示させ

第5章　アナログ入力プログラミング

ると，画面更新は1秒間に100回必要になるので，パソコンのビデオボードの追従速度（リフレッシュレート）を超えてしまいます．また，人の目が追従できる更新レートは，1秒間に30回程度なので，1秒間に100回のデータ読み取りを実行し，画面表示する設定は，実用性がありません．

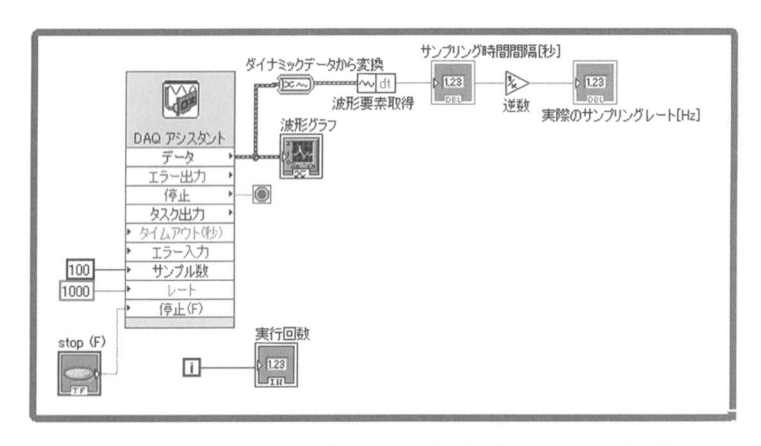

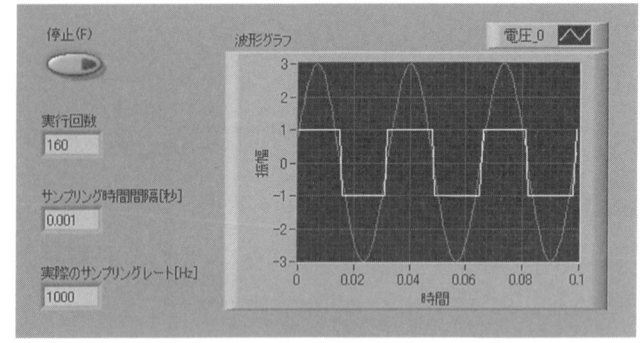

図 5.50　連続アナログ入力モードのブロックダイアグラムとフロントパネル

普通は，サンプリングレートと読み取るサンプル数を同じ値にして，1秒ごとにデータを読み取って画面が更新されるようにします．**データ読み取り動作は，多くても1秒間に10回程度の頻度**になるように抑えましょう．

連続アナログ入力モードを While ループで連続実行している最中に，プログラム的にサンプリングレートを変更する場合は，巻末の付録 E を参照してください．

なお，この連続アナログ入力モードのプログラムは，第6章のアナログ出力の動作確認で使用するので，保存しておいてください．

次に，連続アナログ入力モードのファイル保存方法を説明します．

### 5.6.2　連続アナログ入力モードの単一ファイル保存

連続アナログ入力モードで得られるデータは，大容量のファイルになる場合が多く，取り扱いに工夫が必要です．まず最初に，単一のファイルに追加しながら保存する方法を説明します．

## 5.6 連続アナログ入力モード

第4章で作成したファイル保存プログラムと連続アナログ入力モードのプログラムを組み合わせて，図5.51のようなブロックダイアグラムを作成しましょう．

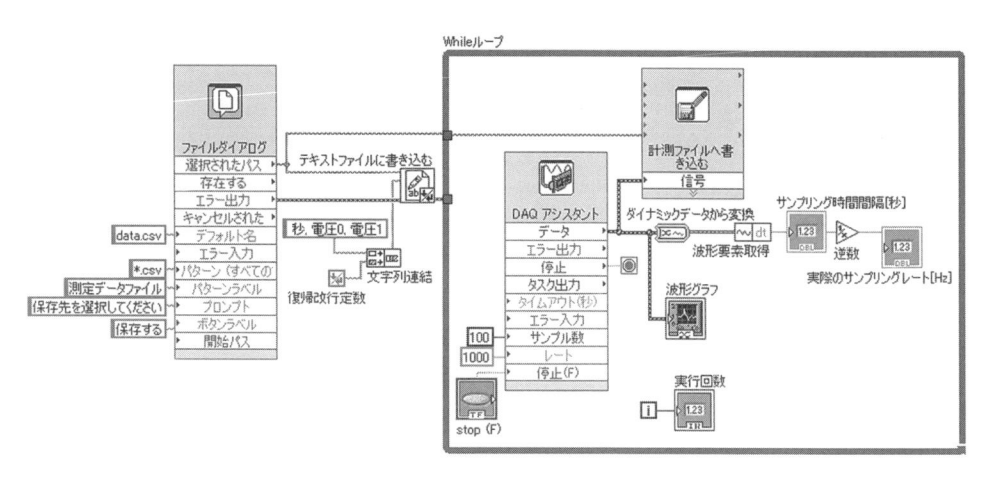

図5.51　連続アナログ入力モードの単一ファイル保存方法

「計測ファイルへ書き込む」の設定は，図5.52のように設定してください．

図5.52　単一ファイルに追加する場合の「計測ファイルへ書き込む」の設定

作成したブロックダイアグラムを実行すると，図5.53のようなファイル内容になります（もし，カンマ区切りでファイル保存できない場合は，巻末の付録Cを参照してください）．

第5章　アナログ入力プログラミング

| | A | B | C | D |
|---|---|---|---|---|
| 1 | 秒 | 電圧0 | 電圧1 | |
| 2 | 0 | 1.000236 | 2.108519 | |
| 3 | 0.001 | 0.999914 | 1.639803 | |
| 4 | 0.002 | 1.000881 | 1.174634 | |
| 5 | 0.003 | 0.999591 | 0.59954 | |
| 6 | 0.004 | 1.001203 | 0.076023 | |
| 7 | 0.005 | -0.99938 | -0.52454 | |
| 8 | 0.006 | -0.99938 | -1.03355 | |
| 9 | 0.007 | -0.9997 | -1.57544 | |
| 10 | 0.008 | -0.9997 | -1.99741 | |
| 11 | 0.009 | -0.9997 | -2.40424 | |
| 12 | 0.01 | -0.9997 | -2.68147 | |

| | | | |
|---|---|---|---|
| 8366 | 8.364 | 1.000881 | 2.981156 |
| 8367 | 8.365 | 1.000881 | 2.876066 |
| 8368 | 8.366 | 0.999914 | 2.647832 |
| 8369 | 8.367 | 0.999591 | 2.359962 |
| 8370 | 8.368 | 1.000881 | 1.941857 |
| 8371 | 8.369 | 1.000236 | 1.510858 |
| 8372 | 8.37 | 1.001203 | 0.963487 |
| 8373 | 8.371 | 1.001203 | 0.450931 |
| 8374 | 8.372 | -0.99938 | -0.15092 |
| 8375 | 8.373 | -1.00002 | -0.67218 |

図5.53　連続アナログ入力モードで単一ファイル保存した結果

## 5.6.3　連続アナログ入力モードの複数ファイル保存

　長時間，連続アナログ入力モードで実行した結果を単一のファイルに追加保存すると，ファイルサイズが大きくなり，取り扱いにくくなります．その場合は，何らかの条件によって，新しいファイル名を生成しながら保存する方法を利用します．

　ここでは，ファイル保存するたびに，昇順の番号を付与したファイル名で保存する方法を紹介します．

　5.6.2項のブロックダイアグラムを利用して，図5.54のようなブロックダイアグラムを作成してください．

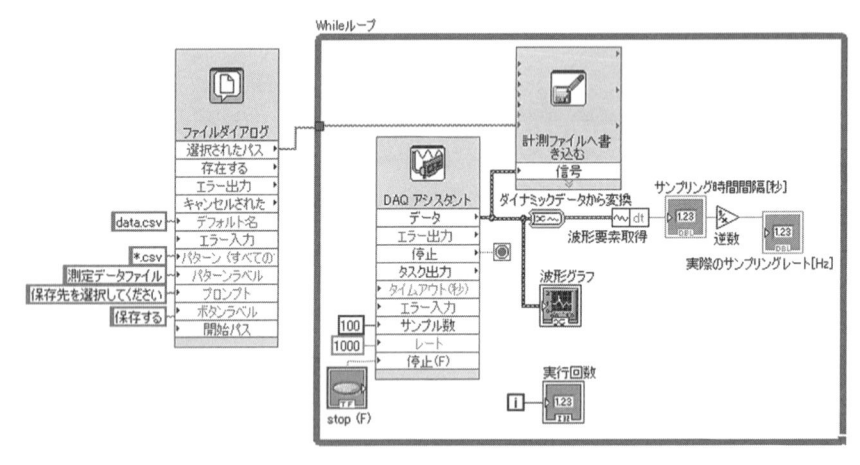

図5.54　連続アナログ入力モードの連続ファイル保存方法

　「計測ファイルへ書き込む」の設定は，図5.55のように「連続のファイルに保存（複数ファイル）」を選択して，設定をクリックして図5.56のような複数ファイル設定の構成ウィンドウを開いてください．

5.6 連続アナログ入力モード

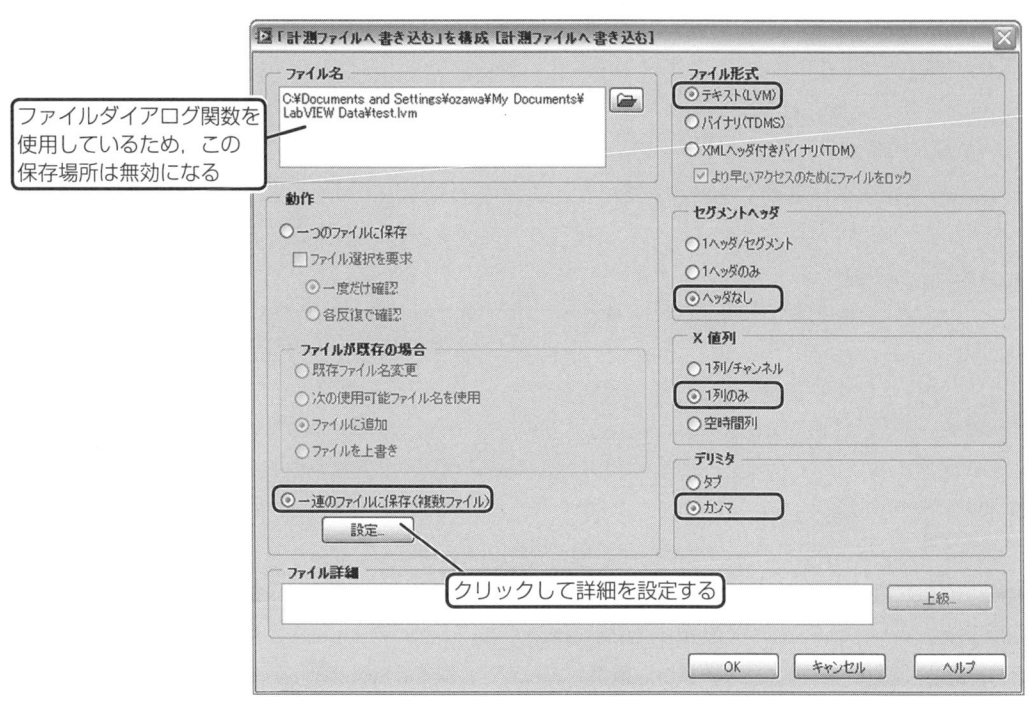

図5.55 連続ファイルで保存する場合の「計測ファイルへ書き込む」の設定

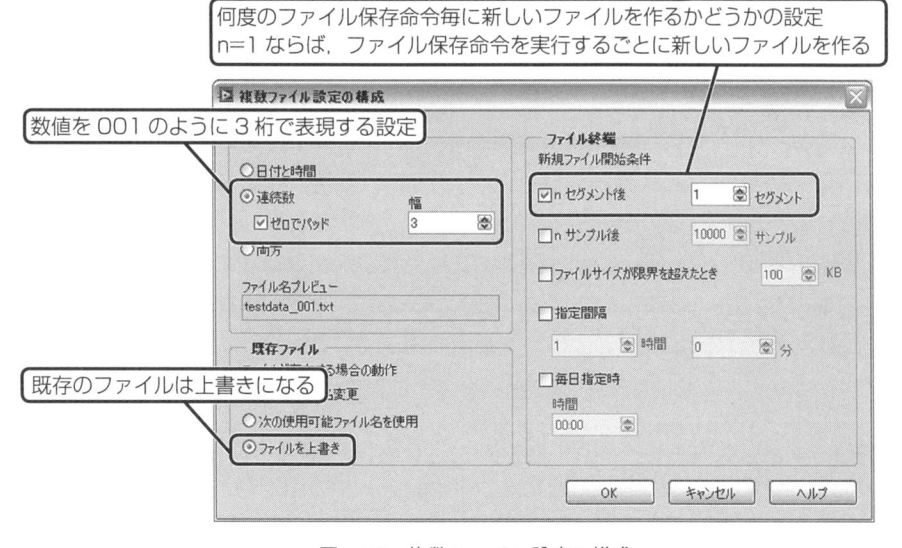

図5.56 複数ファイル設定の構成

図5.56の複数ファイル設定の主な機能は，次のとおりです．

- **連続数**

  ファイル名に1から始まる番号が付与されます．

- **ゼロでパッド**

  0の文字を使用して，数字を3桁表示にします．たとえば数字の5を3桁のゼロ

でパッドすると，005 と表記されます．

● n セグメント後

ファイル保存は While ループ内で繰り返し実行されます．図 5.53 の設定では，DAQ アシスタントでデータを読み取って，ファイル保存するたびに新しい番号のファイル名が作られて保存されますが，データの読み取り回数 5 回分ごとに新しいファイルに保存されるようにするには，n セグメント後の設定数を 5 にします．

● n サンプル後

ファイル内のサンプル数が，n サンプル後で指定したサンプル数に到達した時点で，新しい番号のファイル名が作られて保存される設定になります．

● ファイルサイズが限界を超えたとき

ファイルの大きさが，指定したサイズを超えると，新しい番号のファイル名が作られて保存される設定になります．

図 5.56 の複数ファイル設定で実行したときの結果は，図 5.57 のようになります．（もし，カンマ区切りでファイル保存できない場合は，巻末の付録 C を参照してください）．

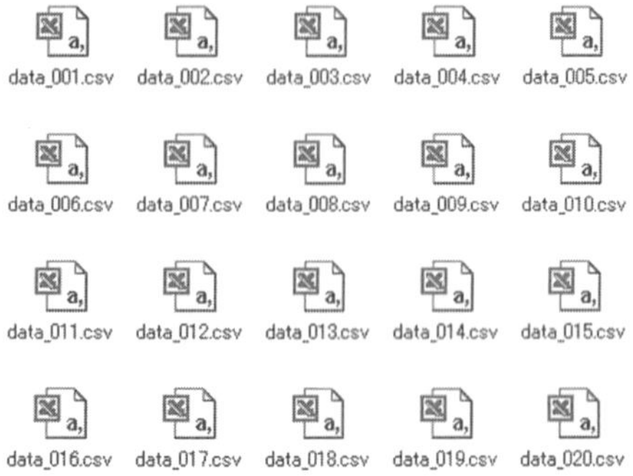


| | A | B | C | D |
|---|---|---|---|---|
| 1 | 0 | −0.99906 | −2.68147 | |
| 2 | 0.001 | −0.99938 | −2.89584 | |
| 3 | 0.002 | −0.9997 | −2.98772 | |
| 4 | 0.003 | −0.99938 | −2.9803 | |
| 5 | 0.004 | −1.00002 | −2.87521 | |
| 6 | 0.005 | −0.9997 | −2.64666 | |
| 7 | 0.006 | −0.99906 | −2.35878 | |
| 8 | 0.007 | −1.00035 | −1.94036 | |
| 9 | 0.008 | −0.9997 | −1.51032 | |
| 10 | 0.009 | −1.00002 | −0.96198 | |

図 5.57　連続アナログ入力モードで連続ファイル保存した結果

## 5.6.4 連続アナログ入力モードを応用したワンポイントアナログ入力

5.2 節で説明したワンポイントアナログ入力モードは，電圧測定を 1 回だけ行う動作なので，商用周波数などの交流ノイズに弱いという特徴があります．この場合は，連続アナログ入力モードを実行して，定めた時間内の**平均値を一つの測定値としてファイルに保存したほうがノイズに強く実用的**です．

図 5.58 は，5.2.3 項で作成したブロックダイアグラムと 5.6.2 項で作成したブロックダイアグラムを応用して作成したブロックダイアグラムです．

ここで，ノイズの原因は商用周波数だけであると仮定して考えます．コンセントの商用周波数は，東日本で 50 Hz，西日本で 60 Hz が使用されています．東日本の 50 Hz を例として考えると，1 周期は周波数 50 Hz の逆数から 0.02 秒と求められます．ノイズが混入する場合，その周期は 0.02 秒で発生するはずですから，0.02 秒間に複数のデータを高速サンプリングして，それらの平均値を求めれば，ノイズの影響は消えます．もしくは 0.02

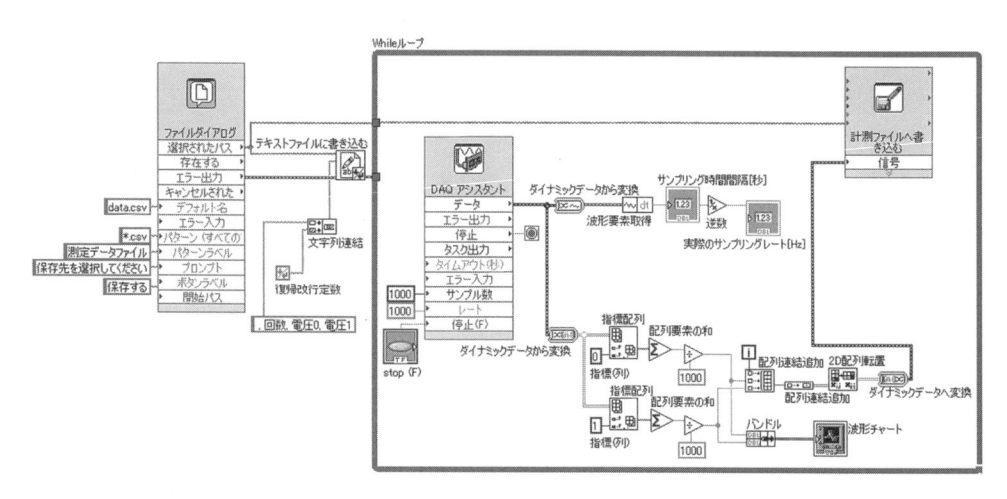

図 5.58 連続アナログ入力モードを応用したワンポイントアナログ入力

秒の定数倍の時間ごとに高速サンプリングで得た複数個のデータの平均値を求めれば，ノイズの影響は消えます．さらに西日本の 60 Hz の商用周波数にも使用できるようにするためには，50 Hz の周期と 60 Hz の周期の最小公倍数である 0.1 秒ごとに複数個のデータを平均化すればよいのです．

一方，第 3 章のアナログ入力のサンプリングレートで説明したように，正弦波をきれいに集録するには，周波数の 20 倍以上のサンプリングレートが必要です．ここで 50 Hz の商用周波数を集録して平均化するのであれば，50 Hz × 20 倍 = 1 kHz のサンプリングレートが必要だということがわかります．

このプログラムでは，各チャンネルあたりサンプリングレート 1 kHz で実行し，1 秒分のデータ，つまり 1000 個分のサンプルごとに平均値を求め，電圧データとして表示する方法を示しています．

配列要素の和などの四則演算関数は，ブロックダイアグラムで現れる「関数パレット」→「プログラミングパレット」→「数値パレット」内にあります．

「計測ファイルへ書き込む」の設定は，5.2.3 項で作成したものと同じになります．

図 5.59 のファイル保存結果は，実際に ± 5 V で振幅する 50 Hz の正弦波を M シリーズ PCI-6251 のアナログ入力チャンネル ai0 と ai1 に差動入力で接続し，サンプリングレート 1 kHz，読み取るサンプル数 1000 で実行し，1 秒ごとの平均値を保存したものです．平均化されることによって，ほとんどゼロ V になっている様子が確認できます．

|    | A | B | C | D | E |
|----|---|---|---|---|---|
| 1  |   | 回数 | 電圧0 | 電圧1 |   |
| 2  |   | 0 | 0.0005 | 0.000311 |   |
| 3  |   | 1 | 0.000492 | 0.000328 |   |
| 4  |   | 2 | 0.000498 | 0.000313 |   |
| 5  |   | 3 | 0.000498 | 0.000312 |   |
| 6  |   | 4 | 0.000479 | 0.000291 |   |
| 7  |   | 5 | 0.000493 | 0.000317 |   |
| 8  |   | 6 | 0.000481 | 0.000306 |   |
| 9  |   | 7 | 0.000484 | 0.000307 |   |
| 10 |   | 8 | 0.000483 | 0.000324 |   |
| 11 |   | 9 | 0.000478 | 0.000302 |   |

図 5.59 ファイル保存した結果

# 第6章 アナログ出力プログラミング

この章では，外部デバイスを電圧制御するために必要なアナログ出力方法について説明します．

アナログ出力はアナログ入力の逆の動作ですが，アナログ出力のトリガ機能は開始トリガだけであり，一般的にファイル操作も不要なので，アナログ入力よりもプログラミング動作は簡単です．アナログ出力を使う場合は，すでにアナログ入力を使用している場合が多いと思いますので，アナログ入力と共通する部分は多少簡略化しながら，アナログ出力特有の特性を中心に説明していきます．

第5章のアナログ入力プログラミングの場合と同様に，オンデマンドアナログ出力モード，有限アナログ出力モード，連続アナログ出力モードの順番でアナログ出力のプログラミング方法を説明していきます．

## 6.1 DAQアシスタント関数によるアナログ出力の基礎事項

LabVIEW7以降は，DAQアシスタントが採用されたため，アナログ出力プログラミングが極めて簡単になりました．ここではDAQアシスタントを使ったアナログ出力方法の共通事項について説明します．

### 6.1.1 DAQアシスタント関数の起動

DAQアシスタント関数を使用してアナログ出力を設定してみましょう．

アナログ入力とアナログ出力のDAQアシスタント関数は同じです．

DAQアシスタント関数は，図6.1のようにブロックダイアグラムで現れる「関数パレット」→「測定 I/O」→「DAQmx パレット」→「DAQ アシスタント」にあります．

新しいブランク VI（新規 VI）を開いて，関数パレットから「DAQ アシスタント」関数を選択してブロックダイアグラムに置いてください．

DAQ アシスタント関数の初期化が終わると，選択の画面が出てくるので，図6.2のように「信号を生成」→「アナログ出力」→「電圧」を選択します．次に，認識されているDAQ デバイスの一覧から必要な DAQ デバイスを選択し，使用するチャンネルを選びま

6.1 DAQアシスタント関数によるアナログ出力の基礎事項

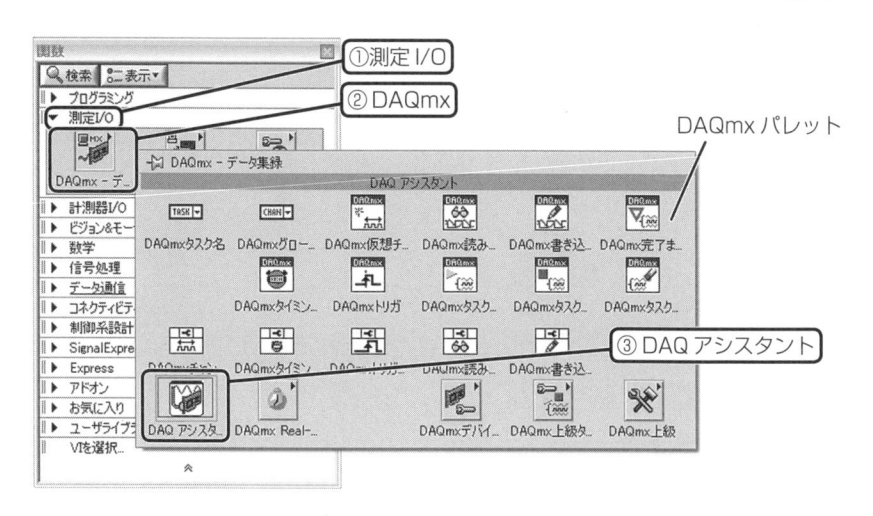

図6.1 DAQアシスタント関数の場所

す．複数のチャンネルを選択するときは，キーボードの「Ctrlキー」を押しながらマウスクリックしてください．図6.2はDev2として識別されているMシリーズPCI-6251のアナログ出力0チャンネル（ao0）とアナログ出力1チャンネル（ao1）を選択しています．アナログ出力のチャンネルを選択したら，「終了」をクリックしてください．

図6.2 測定タイプとアナログ出力チャンネルの選択

図6.3のようなアナログ出力の詳細設定のウィンドウが開きます．「生成モード」は電圧出力を単発動作にするのか連続動作にするのかを指定します．図6.3は「Nサンプル」の生成モードを選択しています．

また，DAQアシスタントの詳細設定ウィンドウ内の上級タイミングをクリックすると，

149

第6章　アナログ出力プログラミング

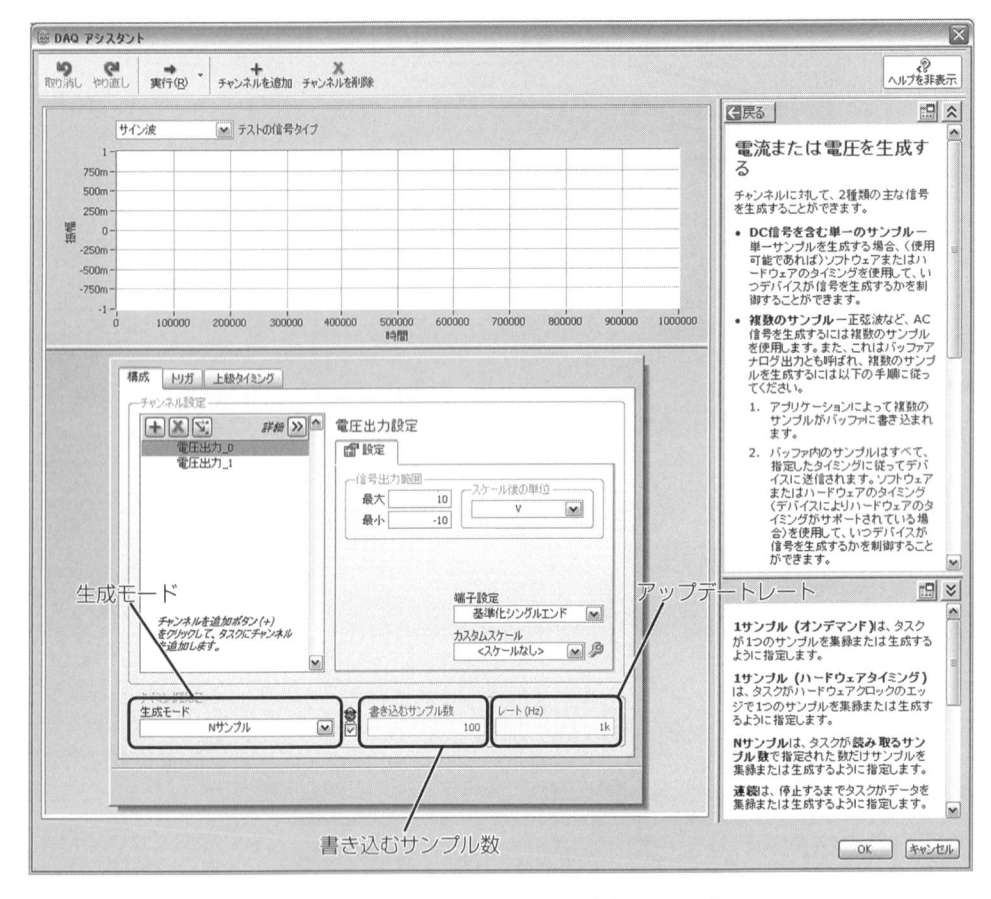

図6.3　DAQアシスタントの詳細設定ウィンドウ

図6.4のような「再生成モード」の選択があります（LabVIEWのバージョンによっては再生成モードの選択肢がありません．この場合は自動的に再生成を許可する設定に固定されていますが，プログラミングで変更することが可能です．詳細は巻末の付録Fを参照してください）．再生成とは，アナログ出力する一連の電圧値を再び繰り返して出力することをいいますが，詳細は必要に応じて述べていきます．

図6.4　再生成モードの選択

## 6.1.2 アナログ出力の信号接続

アナログ出力した結果をアナログ入力で確認するには，オシロスコープを使用するなどの方法が考えられますが，ここでは第5章の連続アナログ入力モードを使用して，アナログ出力 ao0 と ao1 の結果をアナログ入力 ai0 と ai1 で観察してみましょう．アナログ出力 ao0 と ao1 をそれぞれアナログ入力 ai0 と ai1 に接続してください．

E シリーズ PCI-MIO-16E-1 や M シリーズ PCI-6251 のような 68 ピン型の DAQ デバイスを差動で使う場合は，以下のようになります．図 6.5 は，M シリーズ PCI-6251 を端子台 CB-68LP で接続した様子を示しています．

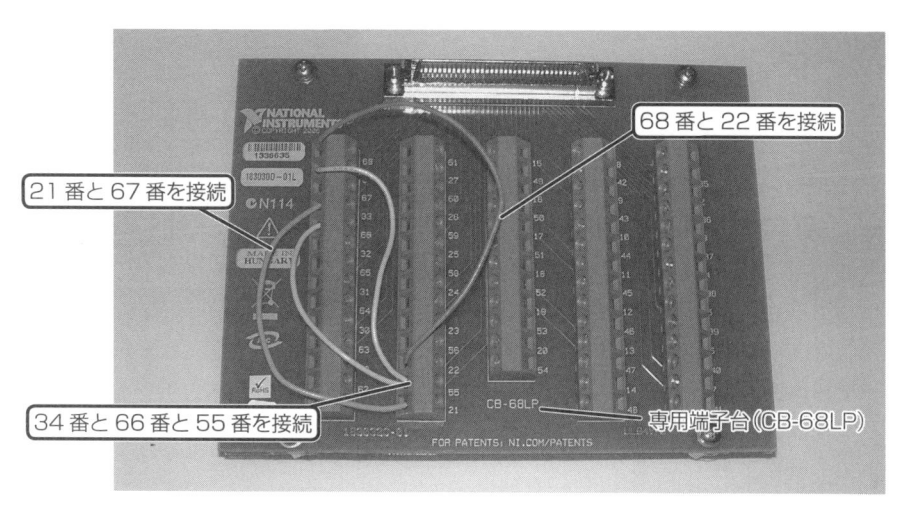

図 6.5　端子台 CB − 68LP で ao0 と ao1 をそれぞれ ai0 と ai1 へ接続（差動）

図 6.5 の接続の詳細は次のようになります．

- 22 番ピン(アナログ出力 ao0)　　　→ 68 番ピン(アナログ入力 ai0 のプラス入力)に
- 55 番ピン(アナログ出力のグランド) → 34 番ピン(アナログ入力 ai0 のマイナス入力)に
- 21 番ピン(アナログ出力 ao1)　　　→ 33 番ピン(アナログ入力 ai1 のプラス入力)に
- 55 番ピン(アナログ出力のグランド) → 66 番ピン(アナログ入力 ai1 のマイナス入力)に

※同じ DAQ デバイス上の電圧を測定するため，バイアス抵抗は不要です．

アナログ出力の接続方法は，基準化シングルエンドだけなので接続方法が簡単で，**DAQ アシスタントの接続ダイアグラムは省略されています**．他の DAQ デバイスの場合は，2.2.4 項を参照するか，使用する DAQ デバイスの仕様もしくは 2.2.2 項のデバイスピン配列で確認してください．

### 6.1.3 DAQアシスタントの生成モード

DAQアシスタントの詳細設定の「生成モード」は，サンプル数の取り扱い方から大別して以下の3種類があります．

- **1サンプル**

  1サンプル（オンデマンド）は，一度の出力命令で直流電圧を単純に1点だけ出力する動作を指します．プログラミング上ではワンポイントアナログ出力モードとよびます．

  1サンプル（オンデマンド）をプログラム上で繰り返し実行できる回数は，1秒間に100回程度が安定して動作する限度です．1サンプル（オンデマンド）の出力の時間間隔は，「次のミリ秒倍数まで待機」関数などのタイマー関数を利用したソフトウェア的な制御を利用するので，パソコンの負荷状況によっては誤差が発生します．

  そこで，DAQデバイスに搭載されている内部タイミングクロック信号を利用した時間間隔で，パソコンからDAQデバイス側へ1点だけの出力電圧データを送り込ませる方法が1サンプル（HWタイミング）です．出力する時間間隔は，DAQデバイスの内部タイミングクロックで制御されます．しかし，1サンプル（HWタイミング）の方法は，アナログ出力命令の実行頻度が増えると，出力値をDAQデバイスへ送り込む時間が確保できなくなり，エラーになります．限度の目安は，**1秒間に100回程度**です．

- **Nサンプル**

  Nサンプルは，配列でまとめられたような一連の電圧値を，一定時間間隔で順次出力する動作を指します．DAQデバイスの仕様に従ったアップデートレートでアナログ出力できます．

  再生成モードの選択で「再生成を許可」すると，DAQアシスタントの詳細設定ウィンドウで指定した「書き込むサンプル数」に到達するまで，同じ出力を繰り返すという特徴があります．

- **連続サンプル**

  連続サンプルは，継続的に長時間にわたってアナログ出力を続ける動作を指します．あらかじめ出力する一連の電圧値を1000個の要素からなる数値配列と定義したならば，絶え間なくアップデートレートに従って1000個の要素ずつアナログ出力できます．1点だけの出力電圧を変化させる命令を実行する場合は，1サンプル（HWタイミング）を使用してください．

生成モードの違いについては，図6.6に示しました．

生成モードの選択指針としては，1秒間に数回程度の電圧値の更新頻度ならば，「1サンプル（オンデマンド）」を用いてください．ただし，正確な時間間隔を必要とする場合は，「1サンプル（HWタイミング）」を使用します．

6.1 DAQアシスタント関数によるアナログ出力の基礎事項

1秒間に100回以上の電圧値の更新が必要で，その出力時間が数秒程度ならば，「Nサンプル」を用いてください．同じ電圧出力パターンを繰り返す場合は，「連続サンプル」で「再生成を許可」を使います．出力する電圧パターンを変更しながら連続的にアナログ出力する場合は，「連続サンプル」で「再生成を許可しない」設定を使用してください．

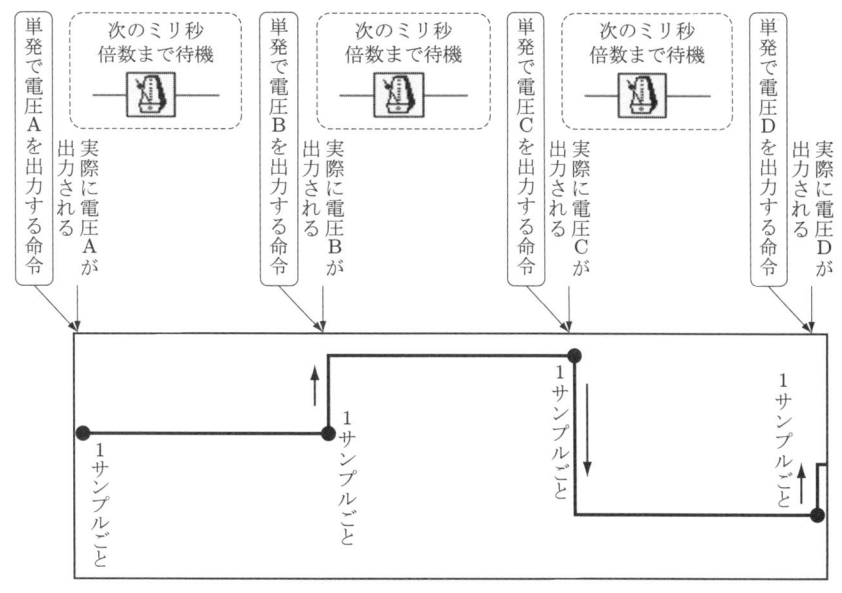

※電圧値を更新する時間間隔は，ソフトウェアタイミングになる．

（a）1サンプル（オンデマンド）

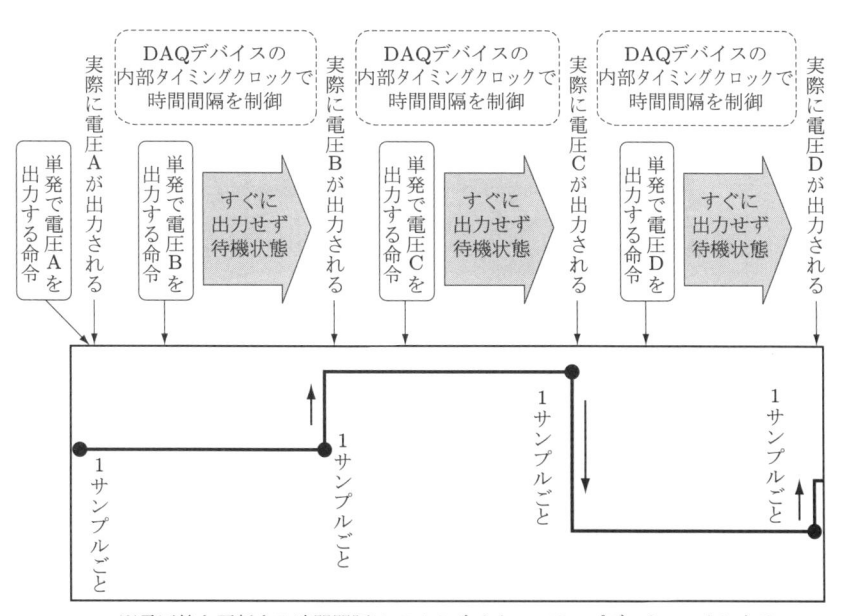

※電圧値を更新する時間間隔は，DAQデバイスのアップデートレートになる．

（b）1サンプル（HWタイミング）

図6.6　生成モードの比較

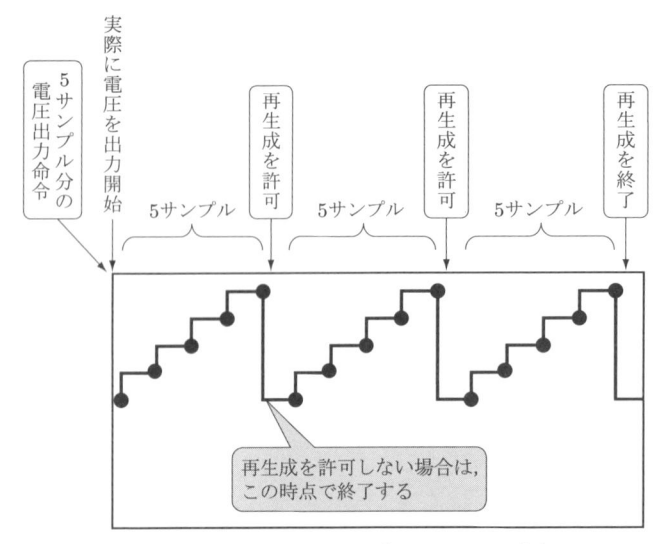

第6章　アナログ出力プログラミング

※電圧値を更新する時間間隔は，DAQデバイスのアップデートレートになる．

（c）Nサンプル（再生成を許可）

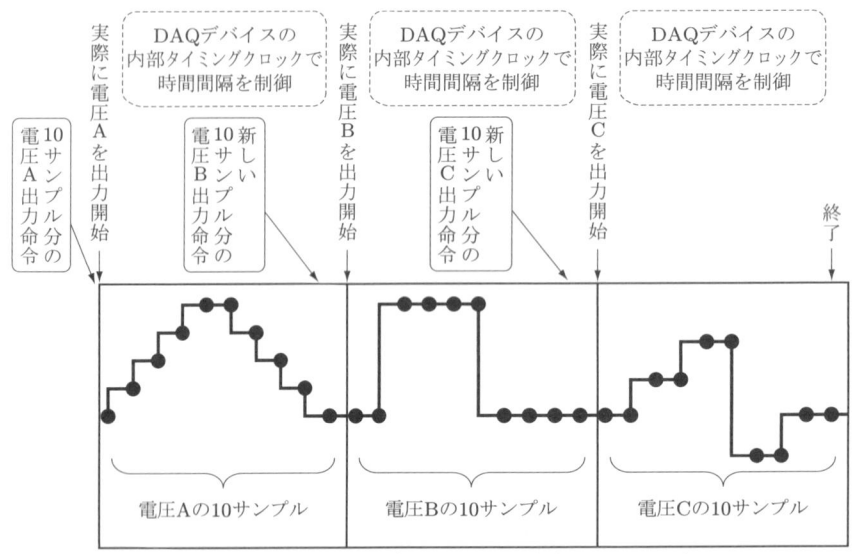

※電圧値を更新する時間は，DAQデバイスのアップデートレートになる．
※再生成を許可すると，最初の電圧Aの10サンプルを繰り返し使用する動作になるため，しばらくの間，最初の電圧Aの10サンプルを出力し続けてしまう動作になる．

（d）連続サンプル（再生成を許可しない）

図6.6　生成モードの比較（つづき）

　DAQアシスタントの詳細設定ウィンドウで「OK」をクリックすると，DAQアシスタント関数が完成します．アシスタントの詳細設定のウィンドウは，DAQアシスタント関数上でクリックすれば，再び呼び出すことができます．
　以上の内容は，DAQアシスタントを用いたアナログ出力プログラミングの共通事項です．次は，各種アナログ出力のプログラミング方法を紹介していきます．

## 6.2 ワンポイントアナログ出力モード

　LabVIEWからの1度のプログラミング命令で，1回だけ電圧値を更新する方法をワンポイントアナログ出力モードとよびます．ワンポイントアナログ出力モードは，定電圧源と同じ機能です．

　ワンポイントアナログ出力モードには，1サンプル（オンデマンド）と1サンプル（HWサンプリング）の2種類がありますが，DAQアシスタントの詳細設定ウィンドウの指定が異なるだけで，出力に必要なプログラミング方法は同じです．ここでは一般的に用いられる「1サンプル（オンデマンド）」に設定した方法を説明します．

### 6.2.1 ワンポイントアナログ出力モードによる直流電圧の出力方法

　新規VI（ブランクVI）を開いてください．6.1.1項に従って，DAQアシスタントを置き，ao0とao1の2チャンネル分の電圧測定を設定して，DAQアシスタントの詳細設定ウィンドウを開いてください．ワンポイントアナログ出力モードの場合，図6.7のようにDAQアシスタントの生成モードを「1サンプル（オンデマンド）」に設定します．

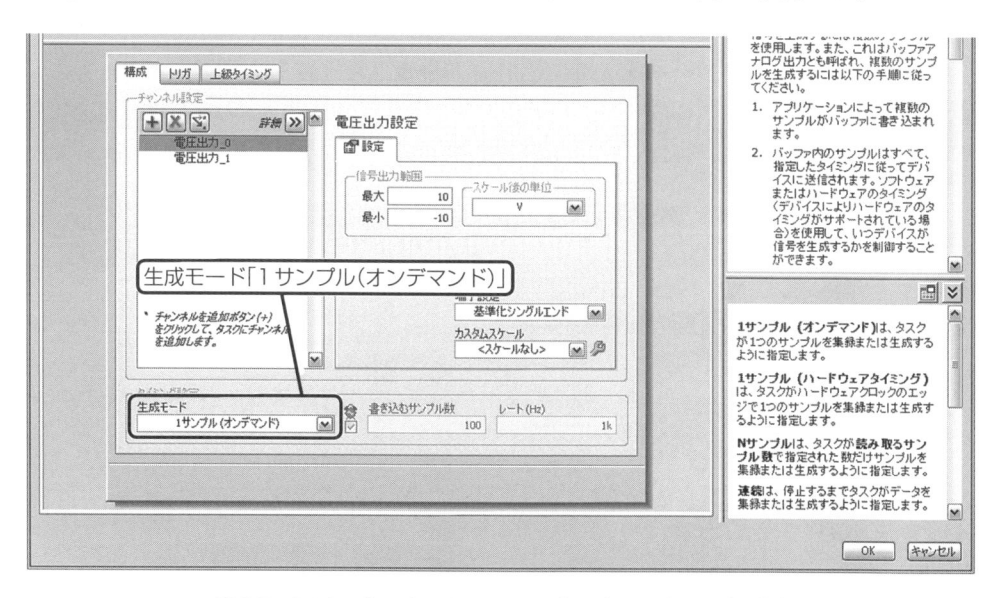

図6.7　DAQアシスタントの1サンプル（オンデマンド）設定

　「OK」をクリックすると，DAQアシスタント関数が完成します．
　次に図6.8のようなワンポイントアナログ出力モードのブロックダイアグラムを作成してみましょう．このブロックダイアグラムは，アナログ出力ao0に2Vを出力し，ao1に3Vを出力します．
　数値定数は，ブロックダイアグラムで現れる「関数パレット」→「プログラミングパレット」→「数値パレット」→「数値定数」にあります．

第6章　アナログ出力プログラミング

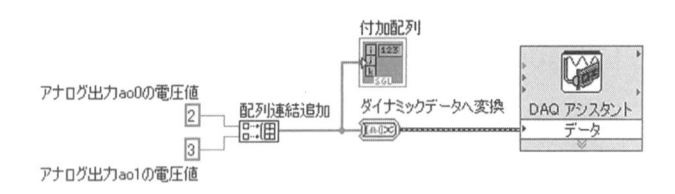

図6.8　ワンポイントアナログ出力モードのブロックダイアグラム

配列連結追加関数は，ブロックダイアグラムで現れる「関数パレット」→「プログラミングパレット」→「配列パレット」→「配列連結追加」にあります．

付加配列の数値表示器は，「配列連結追加」の上で右クリックして作成します．

「ダイナミックデータへ変換」関数は，配列連結追加の出力と DAQ アシスタントのデータを接続すると現れます．もしくはブロックダイアグラムで現れる「関数パレット」→「Express パレット」→「信号操作パレット」→「ダイナミックデータから変換」を選択して作成できます【LabVIEW7 の場合は，ブロックダイアグラムで現れる「関数パレット」→「信号操作パレット」→「ダイナミックデータから変換」を選択して作成できます】．

ダイナミックデータへの変換関数は，関数の上でクリックしてダイナミックデータへ変換する条件の設定ウィンドウを開いて，図6.9のように「1Dスカラ配列－複数チャンネル」を選択し，アナログ出力2チャンネル分の電圧値であることを指定します．

ブロックダイアグラムが完成したら，5.6.1項で作成した連続アナログ入力モードのプログラムを実行してから，作成したワンポイントアナログ出力モードのプログラムを実行してください．図6.10のように指定した電圧値がアナログ出力される様子が確認できます．

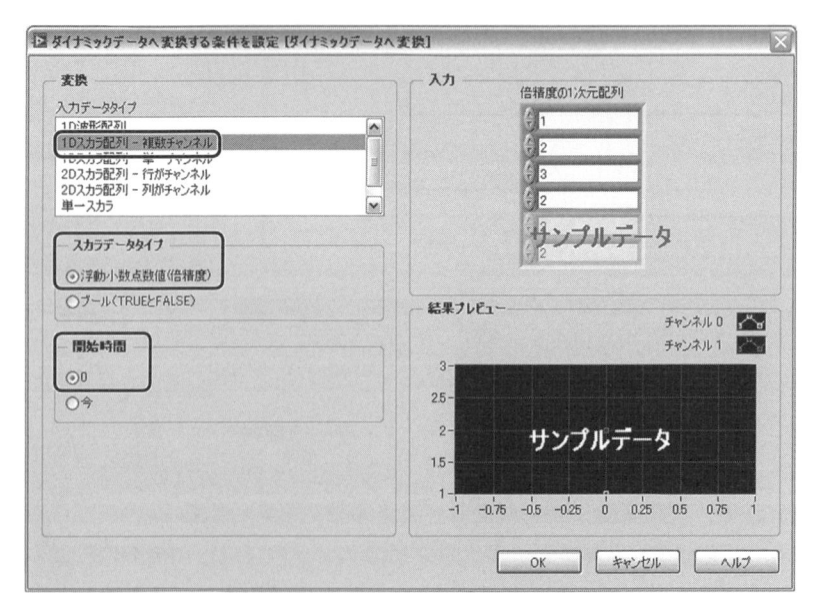

図6.9　ダイナミックデータへ変換する条件

6.2 ワンポイントアナログ出力モード

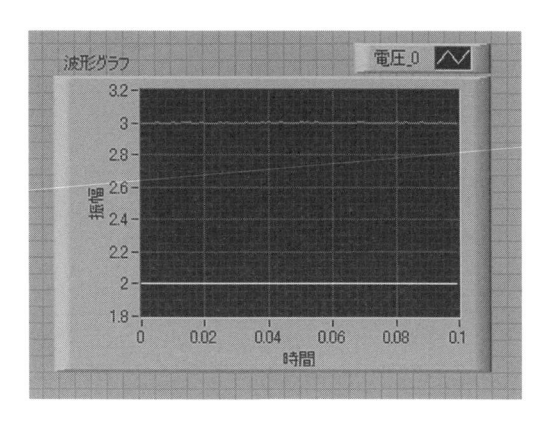

図 6.10 アナログ出力を確認した結果

### 6.2.2 ワンポイントアナログ出力モードによる電圧値の更新方法

次に，1秒ごとに1V増加で出力電圧値を更新させる方法を説明します．前述のブロックダイアグラムを変更して，図 6.11 のようなワンポイントアナログ出力モードのブロックダイアグラムを作成してみましょう．

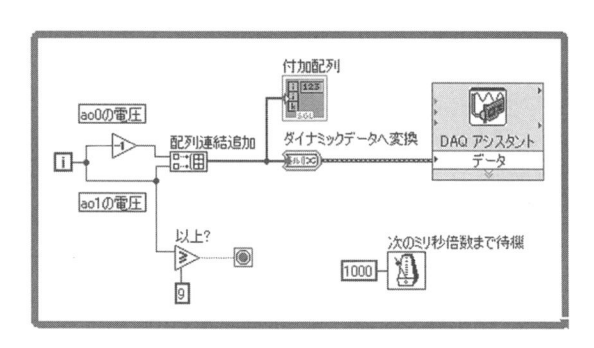

図 6.11 ワンポイントアナログ出力モードのブロックダイアグラム（電圧値更新）

「以上？」関数は，ブロックダイアグラムで現れる「関数パレット」→「プログラミングパレット」→「比較パレット」→「以上？」にあります．

ダイナミックデータへ変換する条件は，前述のブロックダイアグラムと同じです．

ほとんどの DAQ デバイスの最大アナログ出力電圧値は 10 V です．このブロックダイアグラムでは，10 V 以上のアナログ出力命令が実行されないように，繰り返し回数が 9 回目になった時点で While ループを停止させるように，比較の関数「以上？」で制御しています．

ブロックダイアグラムが完成したら，5.6.1 項で作成した連続アナログ入力モードのプログラムを実行してから，作成したワンポイントアナログ出力モードのプログラムを実行してください．図 6.12 のようにアナログ出力 ao0 は − 1 V から ＋ 8 V まで，アナログ出力 ao1 は 0 V から ＋ 9 V まで 1 秒ごとに 1 V 増加で電圧値が更新される様子が確認できます．

以上は，アナログ出力 2 チャンネル分の例でしたが，1 チャンネルだけで使用するときは，図 6.13 のように配列連結追加を 1 チャンネル分に変更し，必ず DAQ アシスタント上

第6章 アナログ出力プログラミング

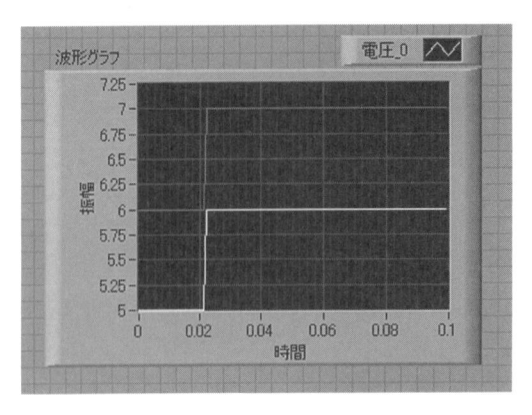

図 6.12 アナログ出力の電圧値更新を捉えた結果

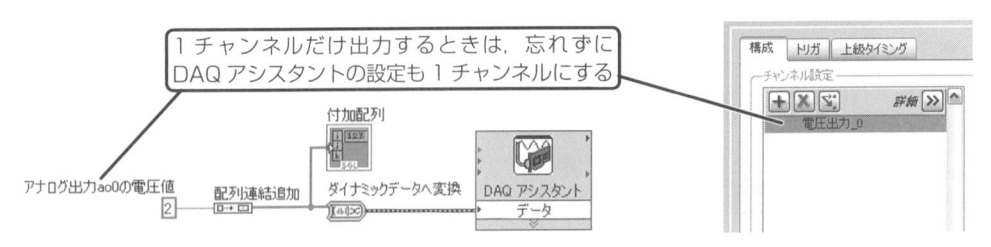

図 6.13 ワンポイントアナログ出力モードのブロックダイアグラム（1チャンネル）と
DAQアシスタントの詳細設定ウィンドウのチャンネル設定

でアナログ出力を ao0 か ao1 のどちらか1チャンネルだけを使うように設定すれば対応できます．ダイナミックデータへ変換する条件は，前述のブロックダイアグラムと同じです．

### 6.2.3 1サンプル（HWタイミング）で使用時の考慮事項

1サンプル（オンデマンド）で作成したワンポイントアナログ出力モードのプログラムを1サンプル（HWタイミング）に変更するときは，図6.14のようにDAQアシスタントの詳細設定ウィンドウで生成モードを「1サンプル（HWタイミング）」に指定して，レート［Hz］を指定してください．そして，図6.15のように「次のミリ秒倍数まで待機」を取り去れば，対応可能です．

アナログ入力の場合と同じように，1サンプル（HWタイミング）で使用するときは，レート［Hz］がアナログ出力の命令を実行する頻度であるため，あまりにも高速でアナログ出力値を更新しようとすると，DAQアシスタント関数内のアナログ出力命令の実行時間が不足してエラーになります．**安定して動作する頻度は1秒間に100回程度**，つまり100Hz程度なので，これを限度の目安にしてください．

アナログ入力で測定した結果に対して，アナログ出力の電圧値を**高速でフィードバック制御するような場合は，LabVIEW Real-Timeシステムを導入するべき**でしょう．たとえば，逆さまにした振子を倒れないように高速制御するという倒立振子の制御ならば，振子の角度をアナログ入力で測定して，振子が倒れないように振子の位置をアナログ出力で制御します．このようなシステムではアナログ入力の測定結果からアナログ出力の電圧値を更新

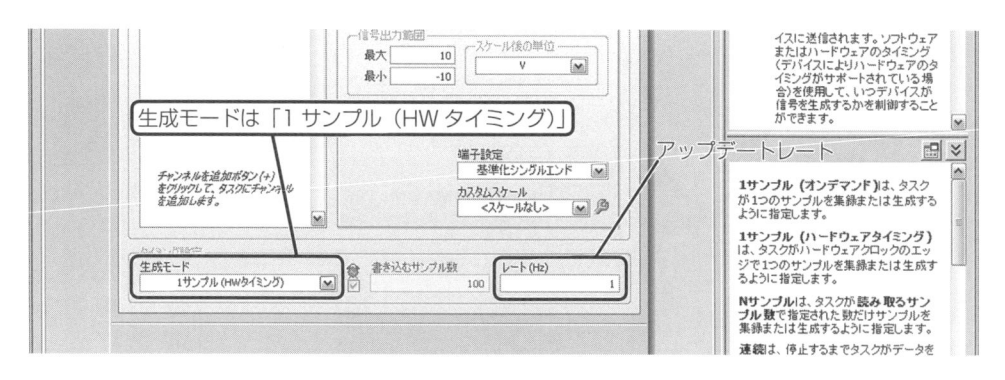

図 6.14　DAQ アシスタントの詳細設定ウィンドウで「1 サンプル（HW タイミング）」を指定

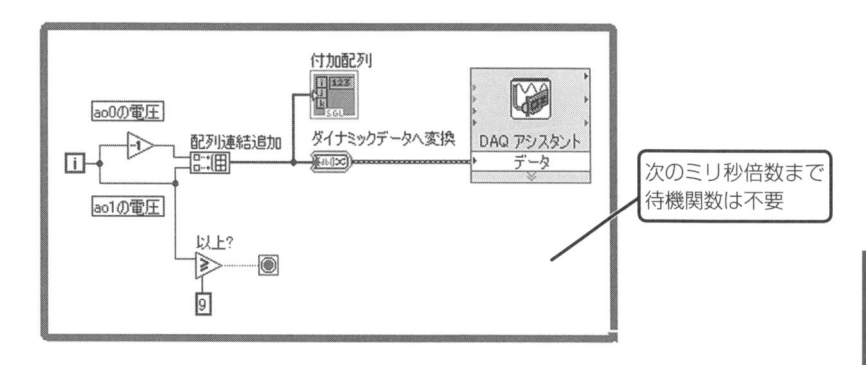

図 6.15　ワンポイントアナログ出力モードのブロックダイアグラム（HW タイミング）

する頻度は，安定して 1 秒間に 1000 回以上必要なので，LabVIEW Real-Time システムの導入が適切です．

## 6.3 有限アナログ出力モード

　配列でまとめられたような一連の電圧値を一定時間間隔で順次出力する動作を有限アナログ出力モードとよびます．DAQ デバイスの仕様に従ったアップデートレートで配列内の数値データを順次アナログ出力します．

　ここでは，有限アナログ出力モードのプログラミング方法について説明します．

### 6.3.1 アナログ出力用の数値配列の準備

　アップデートレートに従ってアナログ出力するためには，アナログ出力用の数値配列を用意しなければなりません．ここでは，図 6.16 のような正弦波，矩形波，ノコギリ波，三角波の電圧波形の数値配列を作成することを考えてみましょう．

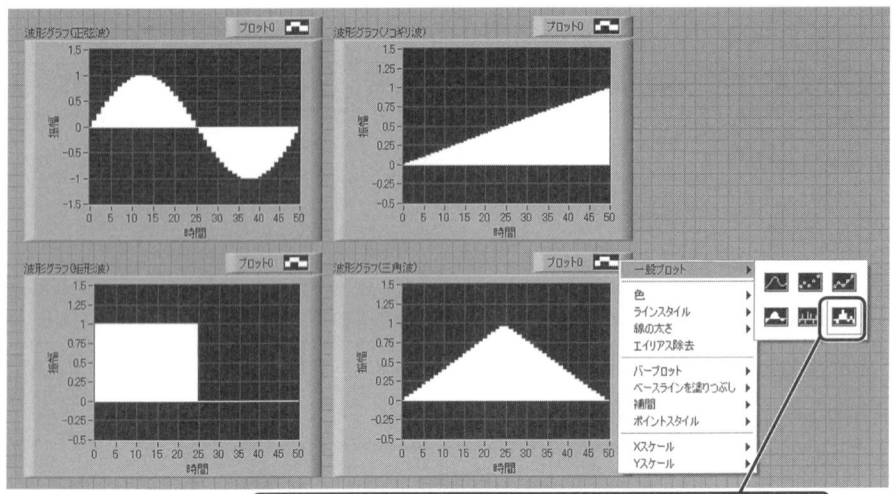

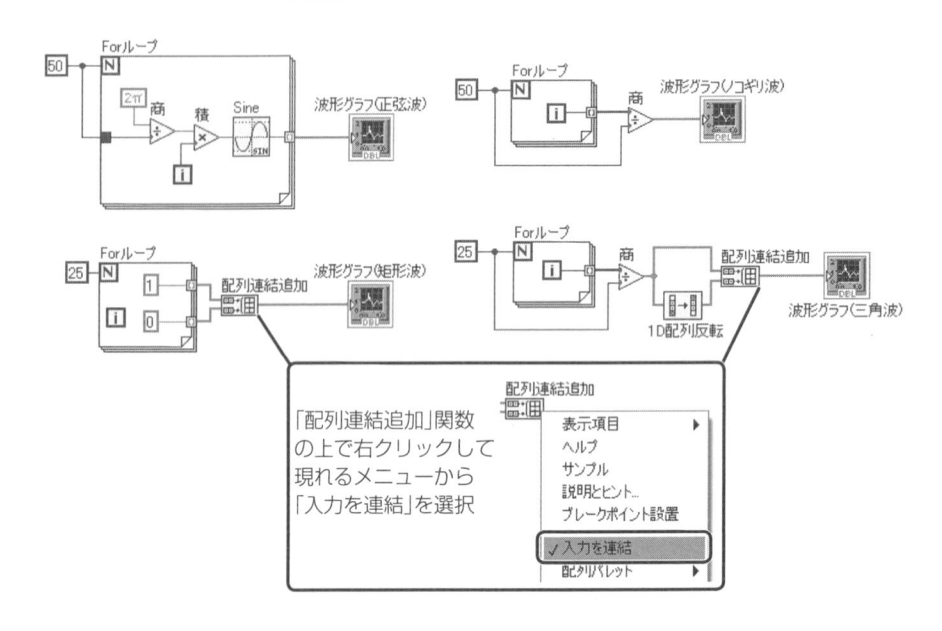

第6章　アナログ出力プログラミング

> アナログ出力は階段状に変化するものなので，凡例プロット0の上で右クリックして階段状の波形表示を選択したほうがよい

> 「配列連結追加」関数の上で右クリックして現れるメニューから「入力を連結」を選択

図6.16　正弦波，矩形波，ノコギリ波，三角波の数値配列の作成

- Forループは，ブロックダイアグラムで現れる「関数パレット」→「プログラミングパレット」→「ストラクチャパレット」→「Forループ」にあります．
- Sine関数は，ブロックダイアグラムで現れる「関数パレット」→「数学パレット」→「基本＆特殊関数パレット」→「三角関数パレット」→「Sine」にあります【LabVIEW7の場合は，ブロックダイアグラムで現れる「関数パレット」→「数値パレット」→「三角関数パレット」→「Sine」にあります】．
- 1D配列反転関数と配列連結追加関数は，ブロックダイアグラムで現れる「関数パレット」→「プログラミングパレット」→「配列パレット」内にあります．

6.3 有限アナログ出力モード

> ● 四則演算の関数は，ブロックダイアグラムで現れる「関数パレット」→「プログラミングパレット」→「数値パレット」内にあります．

　実際の電圧波形のように階段状にグラフを表示するには，グラフの凡例の上で右クリックして現れるメニューから「一般プロット」を選択して，変更できます．
　これらの波形は，1周期が50サンプルの数値要素からなる数値配列になっています．3.2.5項で述べたように，**デジタル／アナログ変換器で得られる実際の電圧波形は，図6.16のように階段状になる**ことに注意してください．階段状の段差を少なくするには，サンプル数を増やしてください．

### 6.3.2　再生成を許可しない場合の有限アナログ出力モード

　前述で作成した波形の数値配列を用いて，1周期だけアナログ出力する有限アナログ出力モードのプログラムを作成してみましょう．作成するブロックダイアグラムは，図6.17になります．

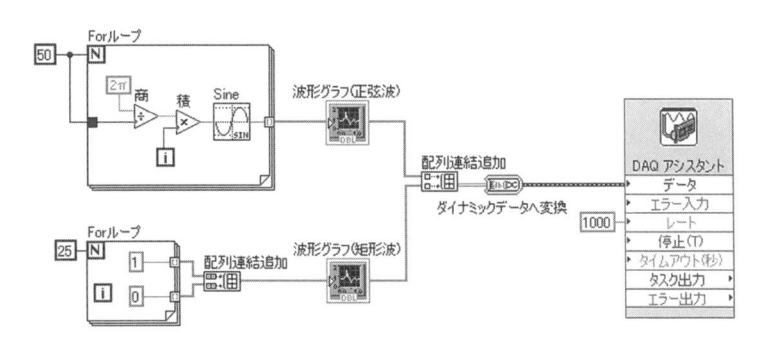

図6.17　有限アナログ出力モードのブロックダイアグラム

　図6.17のDAQアシスタントは，6.1.1項に従って，ao0とao1の2チャンネル分の電圧測定を設定してください．DAQアシスタントの詳細設定は，図6.18のように，DAQアシスタントの生成モードを「Nサンプル」に設定します．DAQアシスタント関数が数値配列データを受け取れるように，目覚まし時計マークの「波形のタイミングを使用」のチェックを外してください【LabVIEWのバージョンによっては「波形データの時間情報を使用」と表記してあります】．出力する電圧波形は50サンプルの数値配列なので書き込むサンプル数を「50」にしてください．ここでレート[Hz]を「1k」Hzに設定してください．このときアナログ出力される波形の周波数は，1周期分の50サンプルを1kHzのレートで出力するので，1kHz÷50サンプル=20Hzとなります．
　次にDAQアシスタントの詳細設定ウィンドウで「上級タイミング」のタブをクリックして，次の図6.19のようなウィンドウに切り替えてください．そして，再生成モードを「再生成を許可しない」に設定してください【再生成モードを選べないLabVIEWのバージョ

第6章　アナログ出力プログラミング

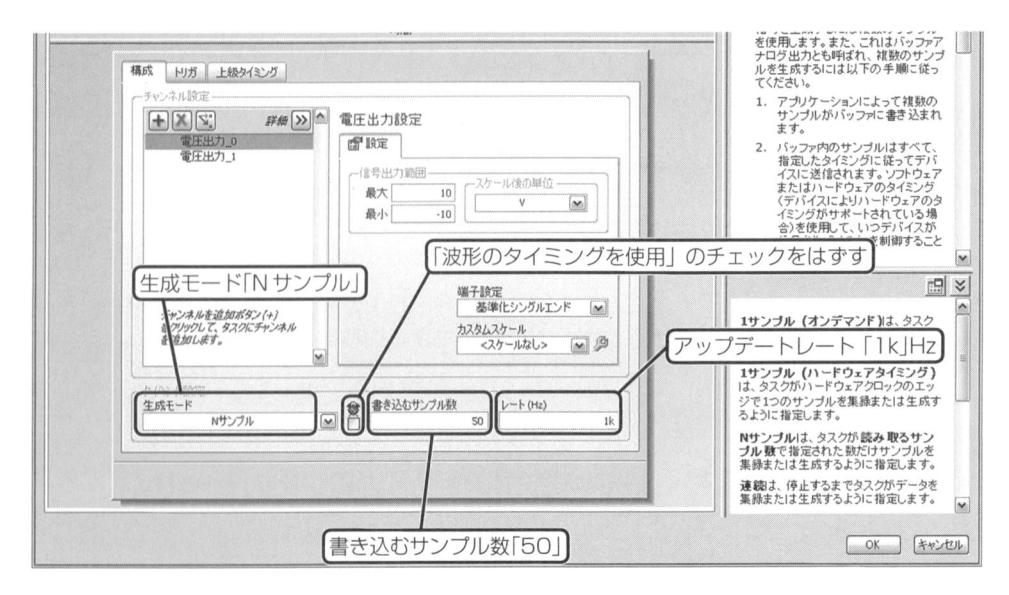

図6.18　DAQアシスタントの詳細設定ウィンドウでNサンプルを指定

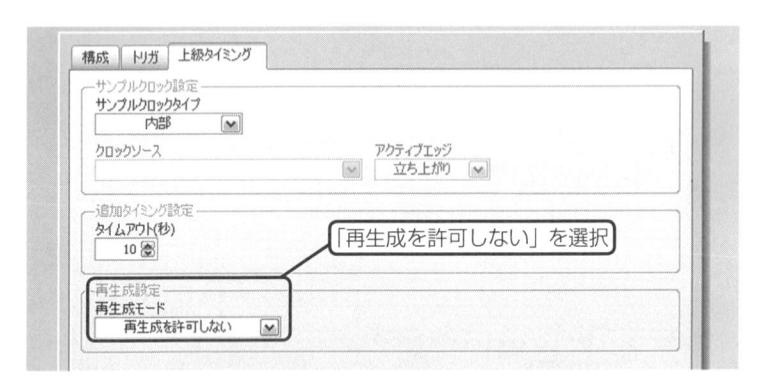

図6.19　DAQアシスタントの詳細設定ウィンドウで「再生成を許可しない」に設定

ンの場合は，自動的に「再生成を許可」が設定されています．再生成を許可しないようにするためには，巻末の付録Fを参照してください．巻末の付録Fの内容が難しく感じられるときは，「再生成を許可しない」方法は参考として読み進めていただいてもかまいません］．

「OK」をクリックしてDAQアシスタントの詳細設定ウィンドウを閉じれば，DAQアシスタント関数が完成します．

配列連結追加関数の出力とDAQアシスタントのデータ入力を接続すると，「ダイナミックデータへ変換」関数が生成されます．ダイナミックデータへ変換する関数の条件は，図6.20のように設定して，「OK」をクリックします．

ブロックダイアグラムが完成したら，5.6.1項で作成した連続アナログ入力モードのプログラム（サンプル数300，サンプリングレート1000 Hz設定がよい）を実行してから，作成した有限アナログ出力モードのプログラムを実行してください．

有限アナログ出力モードのao0とao1を連続アナログ入力モードのプログラムで観察し

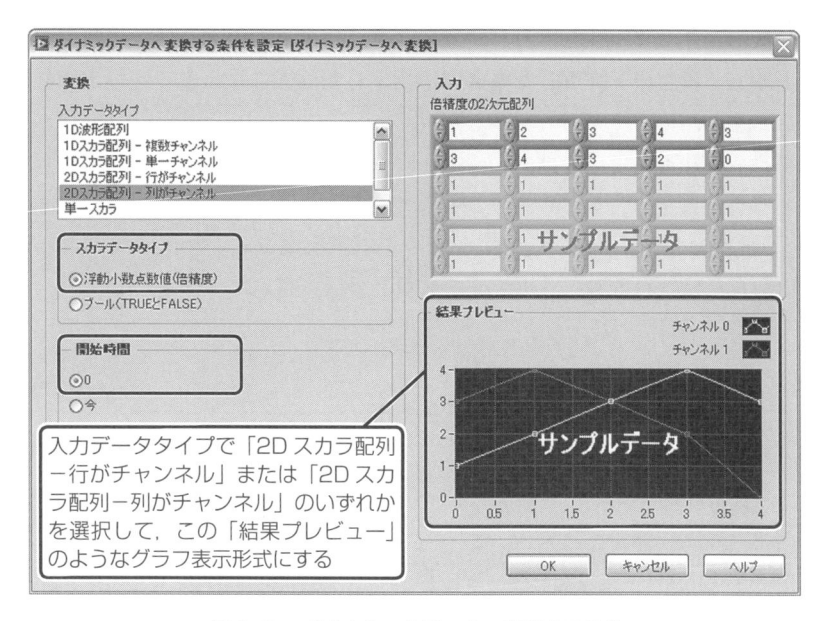

図 6.20 ダイナミックデータへ変換する条件

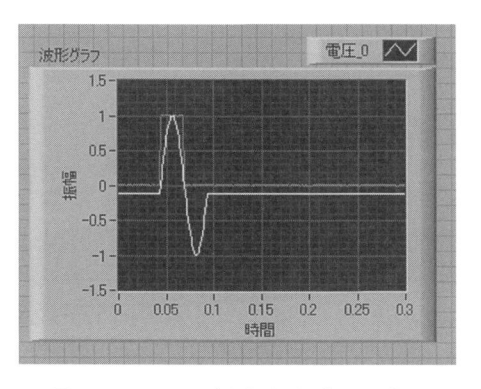

図 6.21 アナログ出力波形を捉えた結果

た結果を図 6.21 に示します．1 周期分だけ出力されている様子が確認できます．これは，アナログ出力波形を構成しているサンプル数が 50 であり，DAQ アシスタントの詳細設定ウィンドウの書き込むサンプル数も同じく 50 に設定し，再生成モードを許可しない設定にしたために，50 サンプルのデータをアナログ出力して動作終了になるためです．つまり，再生成モードを許可しない場合は，アナログ出力波形を構成しているサンプル数と DAQ アシスタントの詳細設定ウィンドウの書き込むサンプル数は等しくなければならないということになります．再生成を許可する場合については，次項に述べます．

なお，**有限アナログ出力モードを While ループで連続実行している最中に，プログラム的にアップデートレートを変更する場合は，巻末の付録 E を参照してください．**

### 6.3.3 再生成を許可する場合の有限アナログ出力モード

前述のように，再生成を許可しない場合は，DAQ アシスタントに与えたアナログ出力

## 第6章　アナログ出力プログラミング

波形の数値配列のサンプル数を出力しきると，アナログ出力の電圧値は更新を終えてしまいます．しかし，**再生成を許可した場合は，指定した回数になるまで同じ出力を繰り返す**ようになります．

実際に再生成を許可した場合は，どうなるかを確かめてみましょう．図 6.17 の DAQ アシスタントの詳細設定ウィンドウを呼び出して，図 6.22 のように「書き込むサンプル数」を「200」，「再生成を許可」に設定してください【再生成モードを選べない LabVIEW のバージョンの場合は，自動的に「再生成を許可」が設定されています】．

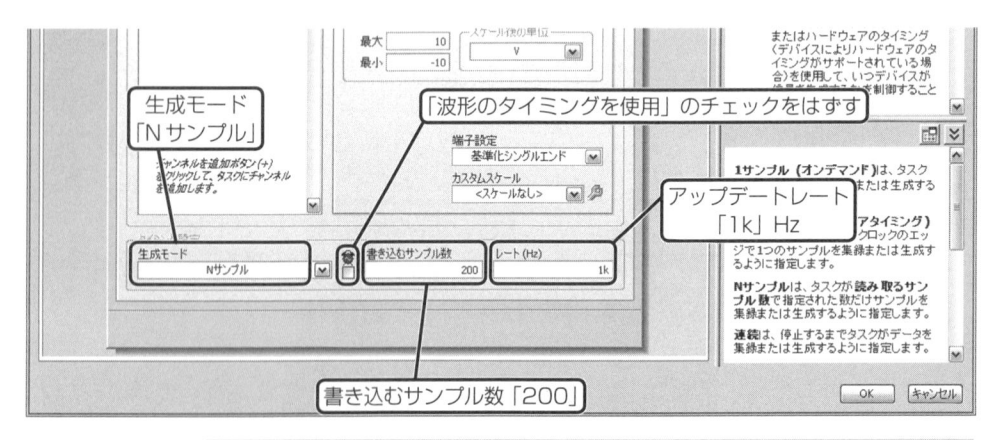

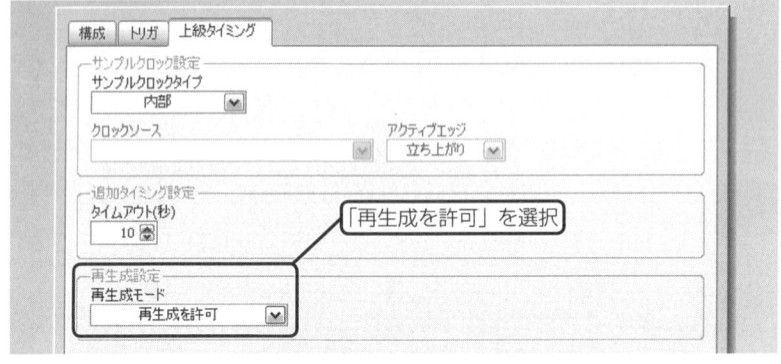

図 6.22　書き込むサンプル数を「200」，再生成を「許可」に設定

DAQ アシスタントの詳細設定ウィンドウの設定が完了したら，5.6.1 項で作成した連続アナログ入力モードのプログラム（サンプル数 1000，サンプリングレート 1000 Hz 設定がよい）を実行してから，作成した有限アナログ出力モードのプログラムを実行してください．

有限アナログ出力モードの ao0 と ao1 を連続アナログ入力モードのプログラムで観察した結果を図 6.23 に示します．4 周期分だけ出力されています．これは，アナログ出力波形を構成しているサンプル数が 50 であり，DAQ アシスタントの詳細設定ウィンドウの書き込むサンプル数を「200」に設定し，再生成モードを許可しているため，50 サンプルを 200 サンプルに到達するまで繰り返しアナログ出力するという動作になるためです．したがって，アナログ出力波形の周期は，200 サンプル ÷ 50 サンプル = 4 周期になります．

6.4 連続アナログ出力モード

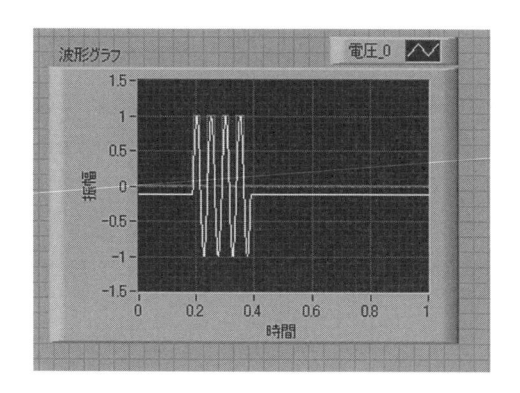

図6.23 4周期のアナログ出力波形を捉えた結果

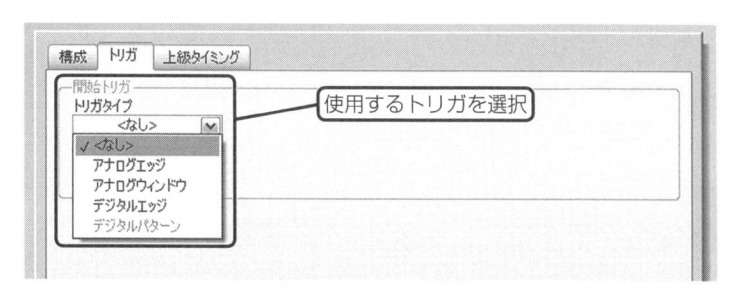

図6.24 DAQアシスタントの詳細設定ウィンドウ上の開始トリガ設定

なお,有限アナログ出力モードには,図6.24のようにDAQアシスタントの詳細設定ウィンドウのトリガ項目内に開始トリガによるアナログ出力開始機能があります.使用方法は,アナログ入力時の開始トリガ(デジタルエッジは5.4.1項,アナログは5.5.1項)とまったく同じなので,ここでは説明を省きます.

## 6.4 連続アナログ出力モード

連続アナログ出力モードは,絶え間なく電圧値を更新しながらアナログ出力し続けるモードを指します.たとえば,電圧出力装置のファンクションジェネレータは連続アナログ出力モードで動いている代表例です.DAQデバイスの連続アナログ出力モードを利用すれば,一定周波数の正弦波や矩形波を出力し続けることができるので,さまざまな計測システム構築に利用できます.

ここでは,DAQデバイスの連続アナログ出力モードの実行方法について説明します.

### 6.4.1 一定波形型の連続アナログ出力モード

有限アナログ出力モードで作成したブロックダイアグラムのDAQアシスタントを連続サンプルに変更して,図6.25のような連続アナログ出力モードのプログラムを作成してみましょう.このプログラムは,アナログ出力ao0に正弦波,アナログ出力ao1に矩形波

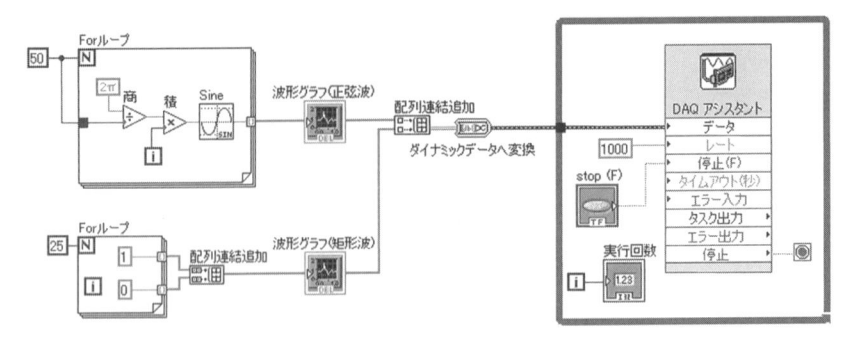

第6章　アナログ出力プログラミング

図 6.25　連続アナログ出力モードのブロックダイアグラム

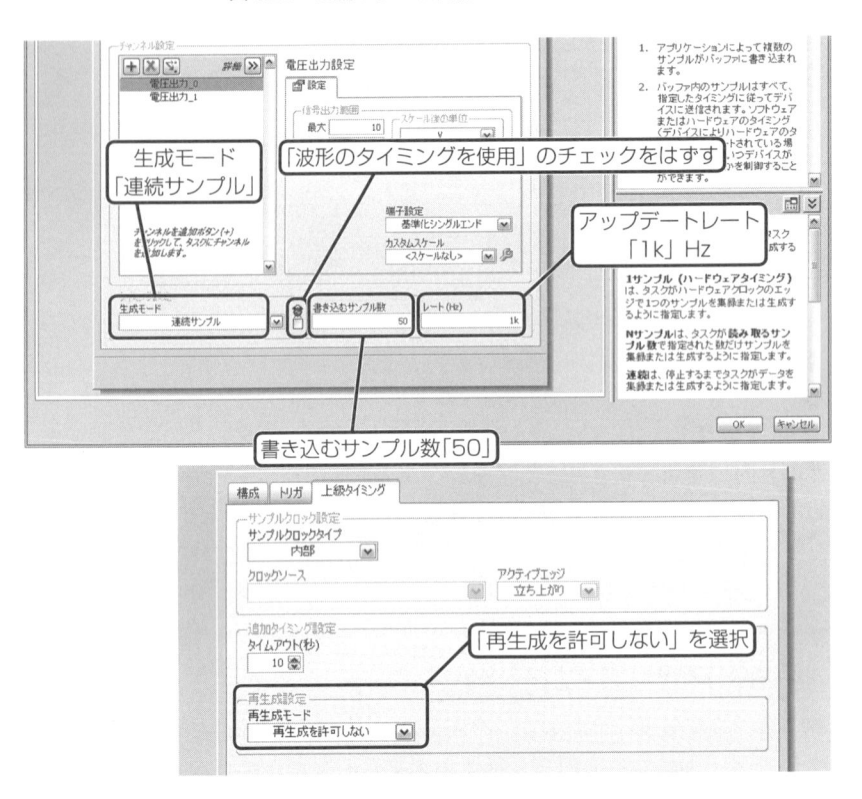

図 6.26　連続サンプルに設定，書き込むサンプル数を 50，再生成を許可しない設定

を連続的に出力し続ける動作を実行します．

　有限アナログ出力モードで作成したブロックダイアグラムにある DAQ アシスタントをクリックして，DAQ アシスタントの詳細設定ウィンドウを開いたら，図 6.26 のように生成モードを「連続サンプル」に変更し，書き込むサンプル数は「50」に設定します．上級タイミングをクリックして現れる再生成モードをとりあえず「再生成を許可しない」に設定してください【再生成モードを選べない LabVIEW のバージョンの場合は，自動的に「再生成を許可」が設定されています．再生成を許可しないようにするためには，巻末の付録 F を参照してください．巻末の付録 F の内容が難しく感じられるときは，「再生成を許可しない」方法は参考として読み進めていただいてもかまいません】．

6.4 連続アナログ出力モード

　ここで DAQ アシスタントの詳細設定を確定し,「OK」をクリックして閉じると，図 6.27 のような警告が出ます．連続アナログ出力するときは，アナログ出力したい数値配列を常に DAQ デバイス側へ送り込む必要があるため，DAQ アシスタント関数を While ループで繰り返し実行しなければならないという警告なので,「はい」をクリックして While ループを作成してください．

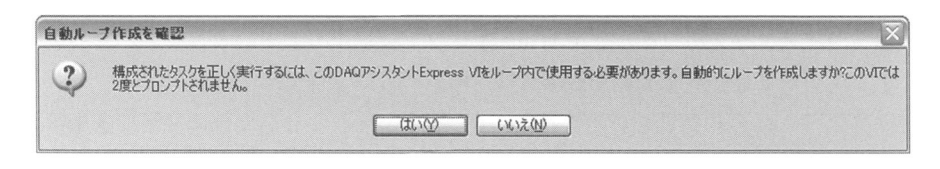

図 6.27　自動ループ作成を確認

　突然，While ループが割り込まれて作成されるため，ブロックダイアグラム上に故障箇所が発生しますが，丁寧に修正して図 6.25 のとおりのブロックダイアグラムを完成させてください．

　ブロックダイアグラムが完成したら，5.6.1 項で作成した連続アナログ入力モードのプログラム（サンプル数 300，サンプリングレート 1000 Hz 設定がよい）を実行してから，作成した連続アナログ出力モードのプログラムを実行してください．図 6.28 のように連

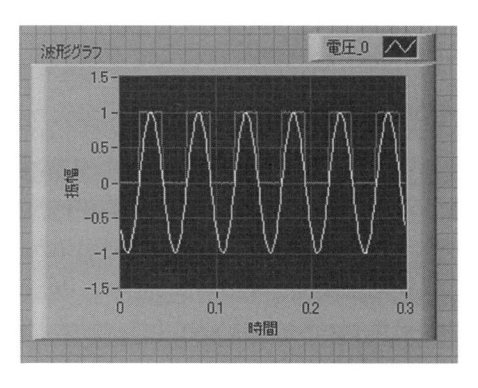

図 6.28　アナログ出力波形を捉えた結果

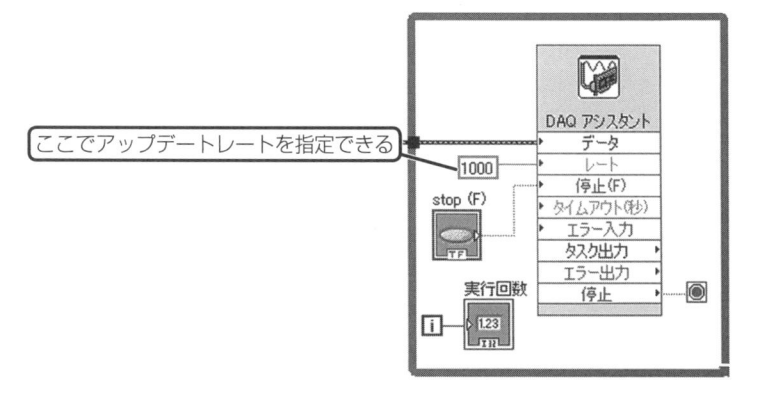

図 6.29　DAQ アシスタントのアップデートレートの変更方法

第6章　アナログ出力プログラミング

続アナログ出力が実行している様子を確認できます．

　ここでアナログ出力のアップデートレートを上げて，アナログ出力波形の周波数を上げてみましょう．アップデートレートを変更するには，図 6.29 のようにブロックダイアグラム中の DAQ アシスタントのレートを 1000 Hz → 3000 Hz → 10000 Hz → 30000 Hz → 100000 Hz 以上に変更してみます（もちろん，DAQ デバイスが，このアップデートレートに対応している仕様でなければなりません）．

　なお，連続アナログ出力モードを While ループで連続実行している最中に，プログラム的にアップデートレートを変更する場合は，巻末の付録 E を参照してください．

　アップデートレートを増やすとアナログ出力波形の周波数を高周波に変更できます．しかし，アップデートレートを 100 kHz 程度まで増やすと，やがて図 6.30 のようなエラーで停止します．

図 6.30　アップデートレートを増やしたときに発生するエラー

　この原因は，DAQ アシスタントの命令を実行する時間が確保できなくなってしまったためです．DAQ アシスタント関数のアナログ出力命令は，While ループを 1 回実行するたびに 50 サンプルのアナログ出力の数値配列を送っています．よって，アップデートレートを 100 kHz 程度までに増やすと，100 kHz ÷ 50 サンプル = 2000 なので，While ループを 1 秒間に 2000 回も実行しなければならなくなります．つまり，DAQ アシスタント関数は毎回 0.5 ms 間隔で実行し続けなければなりません．実際には DAQ アシスタントの命令を実行するために必要な時間を数 ms 程度確保しなければならないため，毎回 0.5 ms の時間間隔では DAQ アシスタントによってアナログ出力用の数値配列を DAQ デバイス側に送り込む時間が不足します．アナログ出力する数値配列が DAQ デバイス側に送り込めなくなれば，アナログ出力できなくなるのでエラーとなります．

　さて，このエラーが生じる状態で，DAQ アシスタントの詳細設定ウィンドウを開いて，再生成モードを「再生成を許可」に設定してみましょう．そして，同様に実行してみてください．「再生成を許可」に設定すると，かなり速いアップデートレートであっても，連続アナログ出力が実行できることを確認できると思います．この理由は，「再生成を許可」に設定すると，DAQ アシスタント関数がアナログ出力用の数値配列を DAQ デバイス側に送り込む時間に間に合わなかった場合，DAQ デバイスが直前にアナログ出力した数値

## 6.4 連続アナログ出力モード

配列を再び出力するためです．したがって，同じアナログ出力波形を繰り返し出力する場合は，「再生成を許可」に設定するべきという結果が得られます．

しかし，「再生成を許可」という方法があっても，While ループで DAQ アシスタント関数を高速度に繰り返し実行することは，パソコンに負荷を与える結果になるので，DAQ アシスタント関数の実行回数は 1 秒間に 10 回から 100 回程度に収まるように使用するべきです．たとえば，アップデートレートを 100 kHz で使うときに DAQ アシスタント関数の実行回数を 1 秒間に 10 回に抑えるためには，アナログ出力用の数値配列のサンプル数が，100 kHz ÷ 10 = 10000 サンプルになるようにします．図 6.31 は，1 周期を 50 サンプルで構成している波形を，第 4 章で使用したシフトレジスタによる方法を用いて 200 周期分を連結し，10000 サンプルとして DAQ アシスタント関数を実行する方法です．アップデートレートは 100 kHz に設定しているので，DAQ アシスタント関数の実行回数は 1 秒間に 10 回に抑えられます．横長のグラフは，それぞれ 200 周期を 10000 サンプルで表現した正弦波と矩形波です．

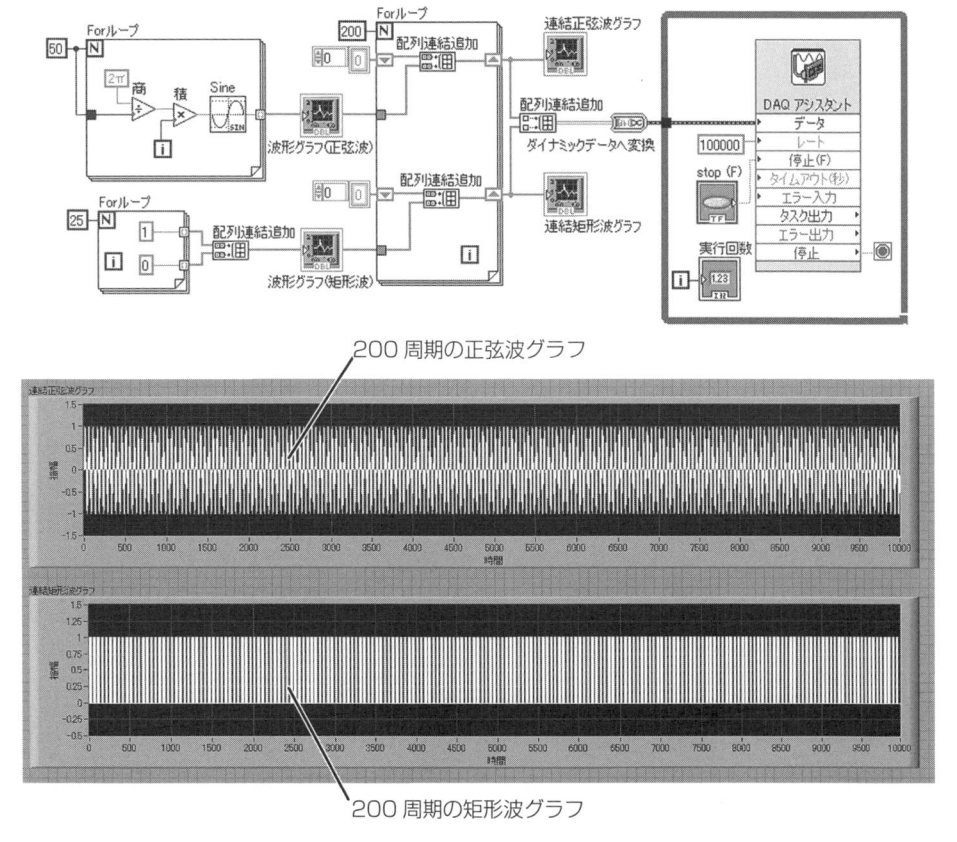

図 6.31 200 周期分を連結して 10000 サンプルとして連続アナログ出力する方法

第6章　アナログ出力プログラミング

　同じアナログ出力波形を繰り返してDAQデバイスから出力する場合は，「再生成を許可」に設定しながらも，**DAQアシスタントを実行する回数を1秒間あたり10回から100回程度に抑えて使いましょう**．

### 6.4.2 任意波形型の連続アナログ出力モード

　前述の一定波形型の連続アナログ出力モードは，一定のアナログ出力波形を続ける動作でしたが，構築するシステムによっては，プログラムを実行している途中でアナログ出力波形を変更したい場合があります．その場合は，新しいアナログ出力の数値配列をWhileループ内のDAQアシスタントに渡す方法を使います．

　前回の連続アナログ入力モードのブロックダイアグラムにノコギリ波と三角波の数値配列を組み合わせて，図6.32のようなブロックダイアグラムを作成してみましょう．図6.32は，「切り替え」ボタンのオンオフによって，Whileループ内のDAQアシスタントに渡されるアナログ出力波形の数値配列が変化（アナログ出力ao0は正弦波またはノコギリ波，ao1は矩形波または三角波）するものです．

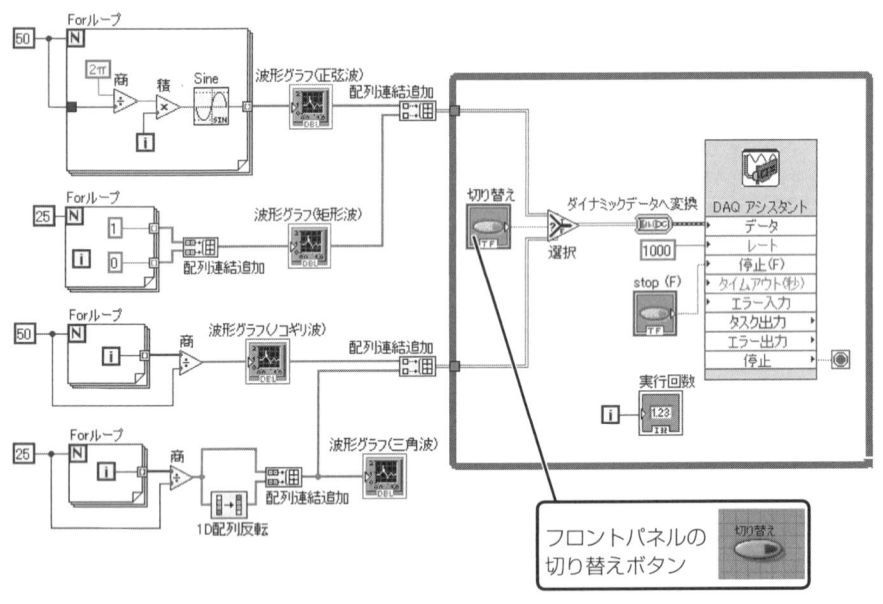

図6.32　任意波形型の連続アナログ出力モードのブロックダイアグラム

　選択関数は，ブロックダイアグラムで現れる「関数パレット」→「プログラミングパレット」→「比較パレット」→「選択」にあります．
　切り替えボタンは，選択関数の上で右クリックして現れるメニューから「制御器を作成」を選択して，作成してください．
　DAQアシスタントの再生成モードは，「再生成を許可しない」を選択してください（再生成モードを選べないLabVIEWのバージョンの場合は，自動的に「再生成を許可」が設定されています．再生成を許可しないようにするためには，巻末の付録Fを参照して

ください).

完成したブロックダイアグラムは，アップデートレートが 1000 Hz に設定してあることを確認して，5.6.1 項で作成した連続アナログ入力モードのプログラム（サンプル数 1000，サンプリングレート 1000 Hz 設定がよい）を実行してから，作成した連続アナログ出力モードのプログラムを実行してください．図 6.33 のように，切り替えボタンを押すたびに，**すぐに出力波形が切り替わる**ことが確認できます．

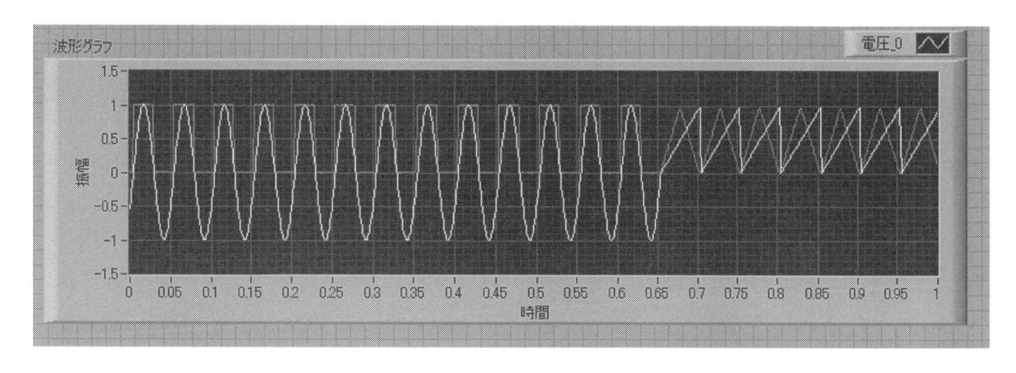

図 6.33　アナログ出力が変化する瞬間を捉えた結果

次は，再生成モードを「再生成を許可」に変更して，同じように連続アナログ入力モードのプログラムを実行して，アナログ出力が変化する様子を見てください．切り替えボタンを押すと，**再生成を許可しているために，遅れて出力波形が切り替わる**ことが確認できます．

したがって，アナログ出力波形をプログラム的に規則正しく変更するような場合は，「再生成を許可しない」を使わなければなりません．しかし，「再生成を許可しない」に設定する場合は，実行中にアナログ出力用の数値配列を DAQ デバイス側に送り込む時間が不足する場合があるので，DAQ アシスタントのエラーが生じやすくなります．

再生成モードの設定は，目的に応じて，そしてパソコンとの命令処理時間との兼ね合いを確かめながら，「**再生成を許可**」にするか「**再生成を許可しない**」にするのかを使い分けなければなりません．

# 第7章 アナログ入出力プログラミング応用例

　この章では，今まで学んできたアナログ入力とアナログ出力の応用例について紹介します．読者の皆さんが構築しようとしているシステムは多種多様ですが，基本的な動作は，アナログ入力だけを利用したもの，さらにアナログ出力も組み合わせたものに分類できます．これらの基本的な動作を踏まえて，この章では以下の三つの応用例を紹介します．

- アナログ入力を利用したサーミスタ温度測定
- 直流のアナログ入出力を利用したダイオード特性の測定
- 交流のアナログ入出力を利用したネットワークアナライザ

　詳しいプログラミング方法は省略しますが，ブロックダイアグラムは各章で学んできた内容を応用したものばかりです．ぜひ，プログラミングに挑戦してみてください．

## 7.1 アナログ入力を利用したサーミスタ温度測定

　測定システムの中には，**電圧測定だけを繰り返す動作**のものがあります．ここでは，電圧測定だけを繰り返す測定システムの例として，サーミスタによる温度測定プログラムを紹介します．

### 7.1.1 サーミスタ

　サーミスタは，温度によって抵抗値が変化するセンサ素子のことです．サーミスタの抵抗変化を測定すれば，サーミスタ周囲の温度を測定することが可能です．

### 7.1.2 測定項目

　サーミスタと外付抵抗の直列回路にDAQデバイスの+5V出力端子で電圧を加えます．アナログ入力ai0はサーミスタと外付抵抗の直列回路にかかる電圧を測定し，アナログ入力ai1は外付抵抗の電圧降下を測定します．これら二つの電圧値からサーミスタの抵抗値

7.1 アナログ入力を利用したサーミスタ温度測定

を算出して，温度が得られます．

### 7.1.3 測定回路

図7.1は，68ピン型DAQデバイス（EシリーズPCI-MIO-16E-1やMシリーズPCI-6251など）を端子台（CB-68LPなど）で組み合わせたときの接続図です．この接続図は，差動入力の結線になっています．違うDAQデバイスを使用しているときは，アナログ入力ai0で+5V端子の電圧を測定し，アナログ入力ai1で外付抵抗の電圧降下を測定するように接続してください．なお，本書で使用したサーミスタは25℃時の抵抗値10 kΩ，B定数3435 Kの仕様です．サーミスタに直列接続した外付抵抗は10 kΩを使用しました．

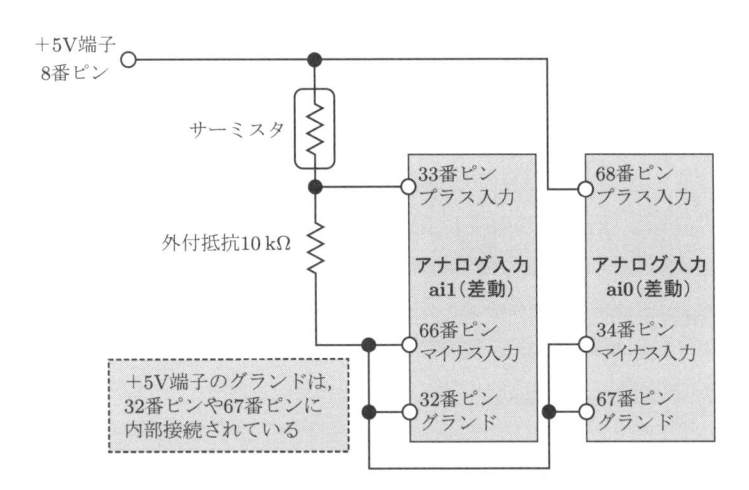

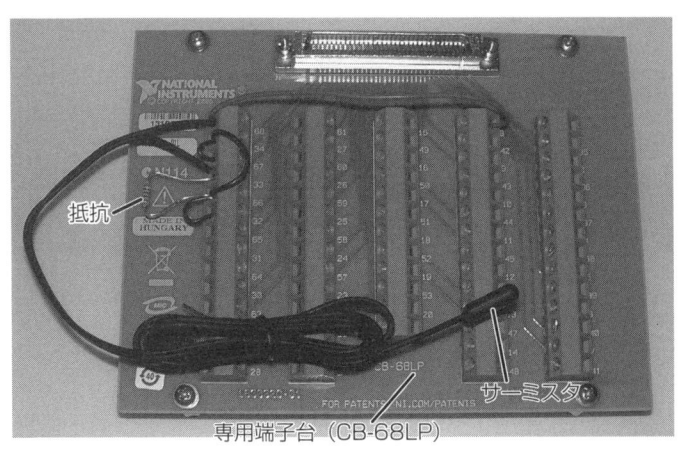

図7.1 DAQデバイスとサーミスタの接続（68ピン型DAQデバイス使用時）

## 7.1.4 計算方法

外付抵抗の値が，常に $10\,\mathrm{k\Omega}$ で一定であるとすると，外付抵抗の両端に現れる電圧降下の値をアナログ入力 ai1 で測定すれば，オームの法則（電流＝電圧÷抵抗）から外付抵抗に流れる電流が得られます．この電流は，サーミスタに流れる電流と同じです．一方，サーミスタの両端に現れる電圧降下の値は，ai0 − ai1 で求められます．したがって，オームの法則を用いると，サーミスタの抵抗値は，（ai0 − ai1）÷（サーミスタの電流値）で求まります．温度は，サーミスタの温度特性の近似式（ブロックダイアグラム内に記載）にサーミスタの抵抗値を代入することで求まります．

なお，サーミスタの実際の特性は，完全な線形ではないので，25℃から離れた温度測定結果ほど誤差が増えてきます．

## 7.1.5 プログラミング

ブロックダイアグラムは図7.2のようになります．このブロックダイアグラムは，サンプリングレート1 kHzで連続アナログ入力を実行し，1000サンプルごとに平均値を求めることによって，1秒間隔の測定を実現すると同時に，測定した電圧値に含まれるノイズを少なくしています．そして，得られた電圧値からサーミスタの抵抗値を算出して，温度に換算しています．

$$r = R \exp\left[B\left(\frac{1}{t} - \frac{1}{T}\right)\right]$$

$$t = \frac{1}{\frac{1}{T} + \frac{1}{B}\log_e\left(\frac{r}{R}\right)}$$

R: 25℃における抵抗値 [Ω]
T: 25℃ (298.15K)
r: サーミスタの抵抗値 [Ω]
t: サーミスタの温度 [K]
B: B定数 (3435K)

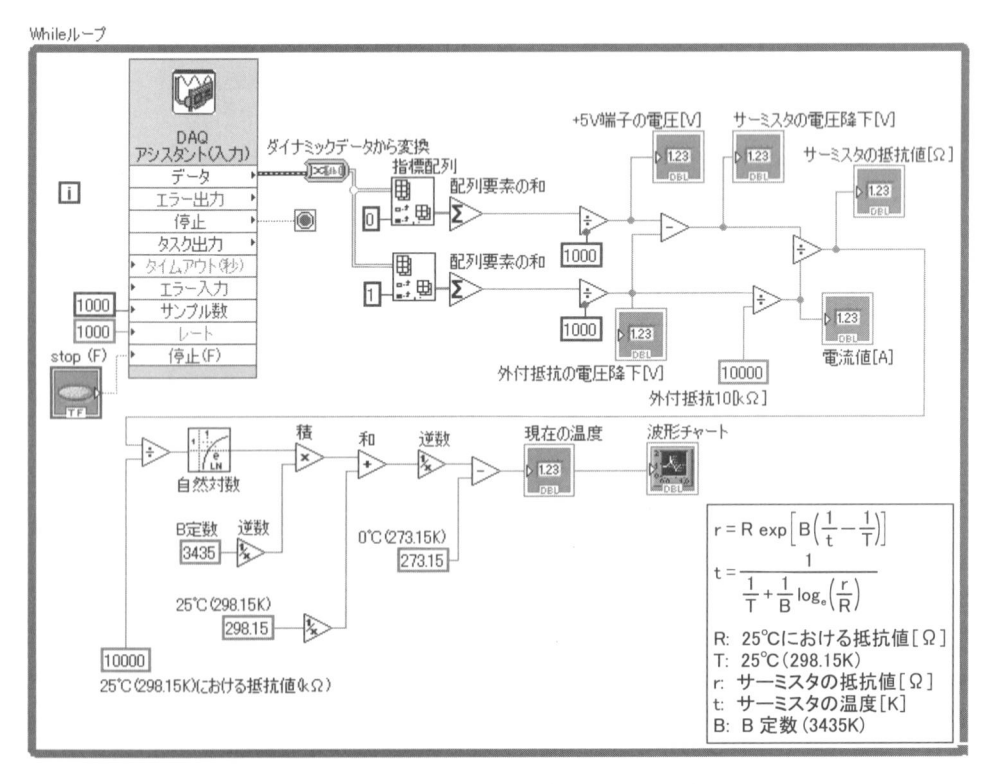

図 7.2 サーミスタ温度測定のブロックダイアグラム

7.1 アナログ入力を利用したサーミスタ温度測定

図 7.2 に示すブロックダイアグラム内のほとんどの関数は，これまでの学習で既出なので機能の説明は省略し，以下に場所のみを示します．

- 指標配列関数は，ブロックダイアグラムで現れる「関数パレット」→「プログラミングパレット」→「配列パレット」→「指標配列」にあります．
- 自然対数関数は，ブロックダイアグラムで現れる「関数パレット」→「数学パレット」→「基本＆特殊関数パレット」→「指数関数パレット」→「自然対数」にあります【LabVIEW7 の場合は，ブロックダイアグラムで現れる「関数パレット」→「数値パレット」→「対数関数パレット」→「自然対数」にあります】．
- 配列要素の和や逆数，四則演算関数は，ブロックダイアグラムで現れる「関数パレット」→「プログラミングパレット」→「数値パレット」内にあります．

図 7.2 の DAQ アシスタント（入力）関数の詳細設定ウィンドウを図 7.3 に示します．DAQ アシスタント関数は，アナログ入力 ai0 と ai1 を使用しました（わからないときは 5.6.1 項を参照しましょう）．図 7.3 のように，端子設定は「差動」，集録モードは「連続サンプル」，読み取るサンプル数は「1 k」，サンプリングレートは「1 k」にしました．

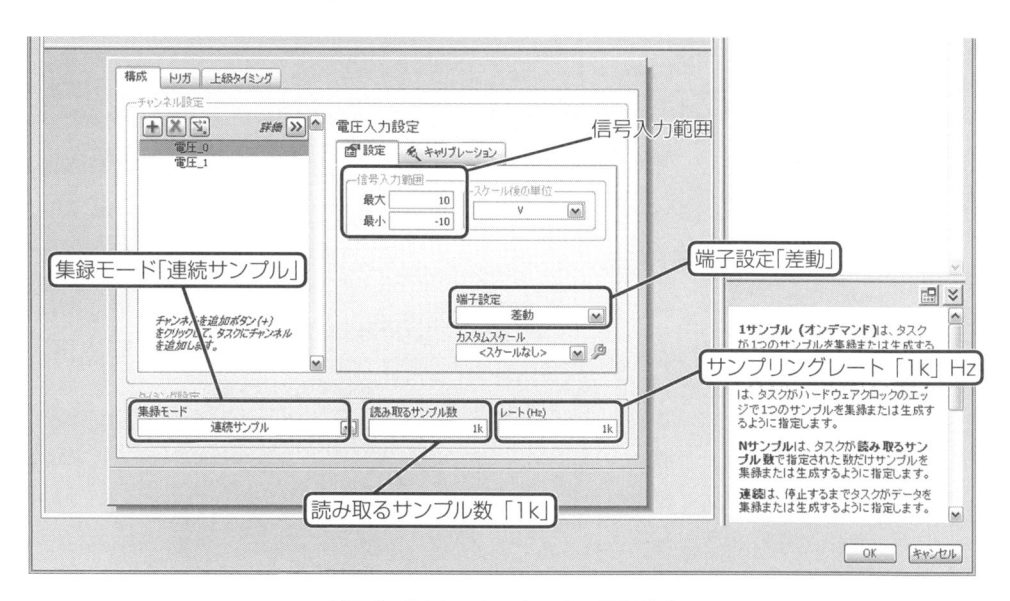

図 7.3　DAQ アシスタントの詳細設定

図 7.2 のブロックダイアグラム内の「ダイナミックデータから変換」関数の設定は，図 7.4 と同じにすることで DAQ アシスタント（入力）関数からの測定電圧値を数値の二次元配列に変換します．

ブロックダイアグラムが完成したら，図 7.5 のようにフロントパネルを整えて，実行してみましょう．図 7.5 は，室温にさらしたサーミスタに瞬間的に熱を加えて，放熱していく様子を測定した結果です．

第7章　アナログ入出力プログラミング応用例

　物理現象をセンサ素子で電圧情報に変換し，そのデータを集録するアプリケーションの基本動作は，ここで紹介したサーミスタによる温度測定方法と同じです．

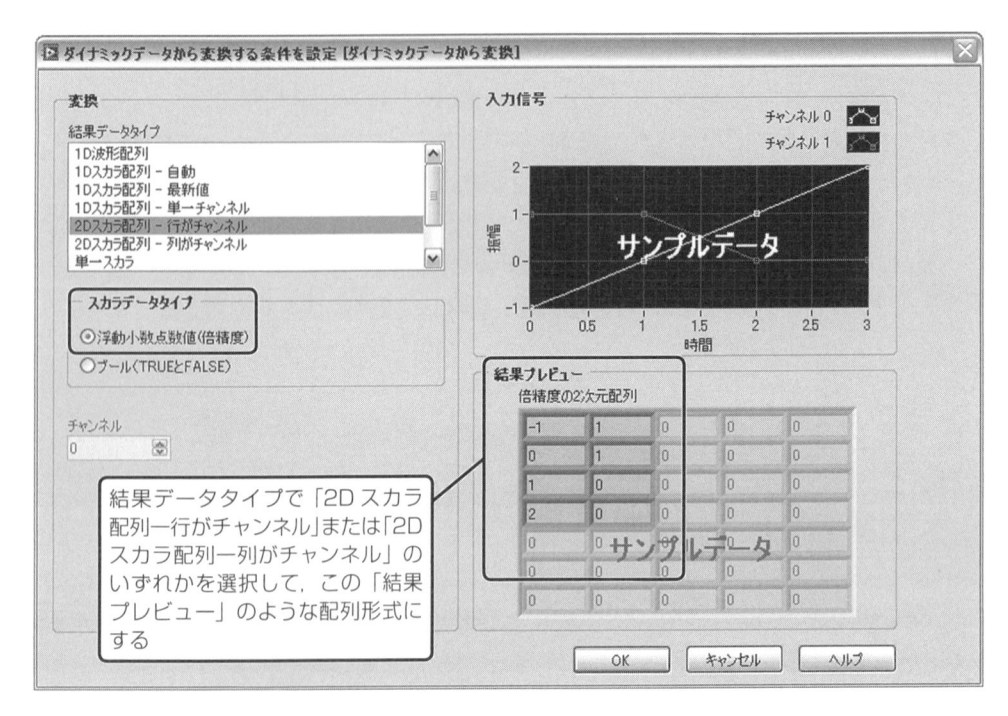

図7.4　ブロックダイアグラム内のダイナミックデータから変換の設定

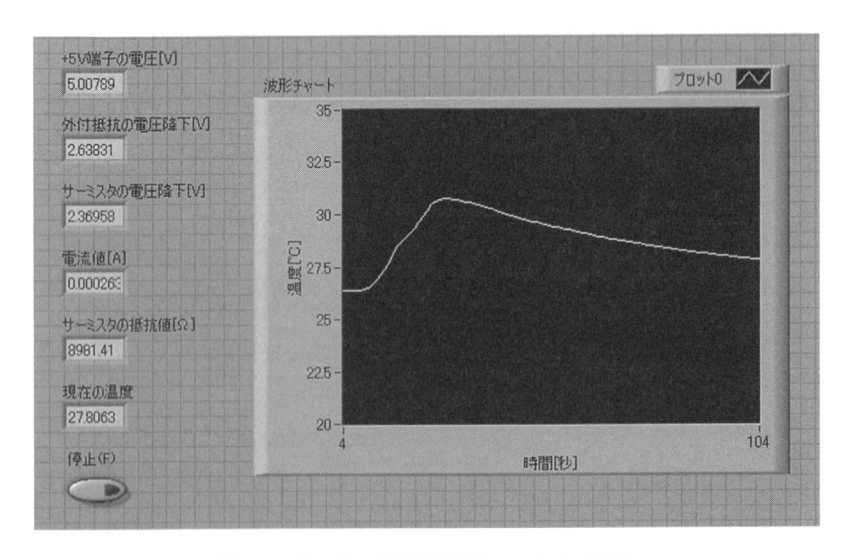

図7.5　サーミスタ温度測定のフロントパネル

## 7.2 直流のアナログ入出力を利用したダイオード特性の測定

測定したいものに何らかの物理的作用を加えて，その反応を測定することは，測定システムの基本的な動作といえます．その測定システムを支えているのは，**アナログ出力の電圧を加えて，アナログ入力で電圧を測定する動作**です．

ここでは，DAQデバイスのアナログ出力とアナログ入力を利用したダイオードの電圧‐電流特性の測定方法を紹介します．

### 7.2.1 ダイオード

ダイオードは，一方向だけに電流を流す特性をもつ素子です．電流が流れる方向を順方向といいます．電流が流れない方向は逆方向とよびます．

ダイオードのうち，ある程度の逆方向の電圧をかけると急に電流が流れ出す特性をもたせたものが，ツェナーダイオードです．なお，この特性を降伏とよびます．

### 7.2.2 測定項目

ダイオードと外付抵抗の直列回路に DAQ デバイスのアナログ出力 ao0 で電圧を加え，少しずつ電圧を増やしていきます．同時に，そのつど，アナログ入力 ai0 はダイオードと外付抵抗の直列回路にかかる電圧を測定し，アナログ入力 ai1 は外付抵抗の電圧降下を測定します．これら2つの電圧値からダイオードで生じる電圧降下とダイオードに流れる電流を算出して，ダイオードの特性が得られます．

### 7.2.3 測定回路

図7.6は，68ピン型DAQデバイス（EシリーズPCI‐MIO‐16E‐1やMシリーズPCI‐6251など）を端子台（CB‐68LPなど）で組み合わせたときの接続図です．この接続図は，差動入力の結線になっています．別のDAQデバイスを使用しているときは，アナログ入力 ai0 でアナログ出力 ao0 の電圧を測定し，アナログ入力 ai1 で外付抵抗の電圧降下を測定するように接続してください．

ここで取り付ける外付抵抗は，過電流防止用です．ほとんどのDAQデバイスのアナログ出力最大値は，電圧10V，電流5mAなので，オームの法則（電流＝電圧÷抵抗）から，10V÷5mA＝2kΩの外付抵抗値にしています．測定に用いるダイオードは，電子回路用ならば何でも大丈夫です．

第7章　アナログ入出力プログラミング応用例

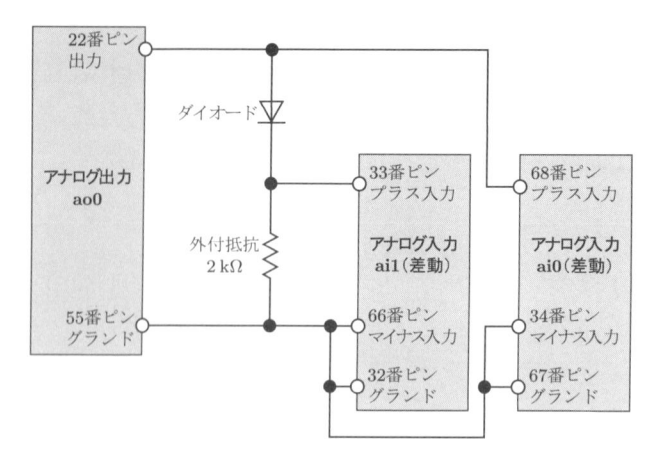

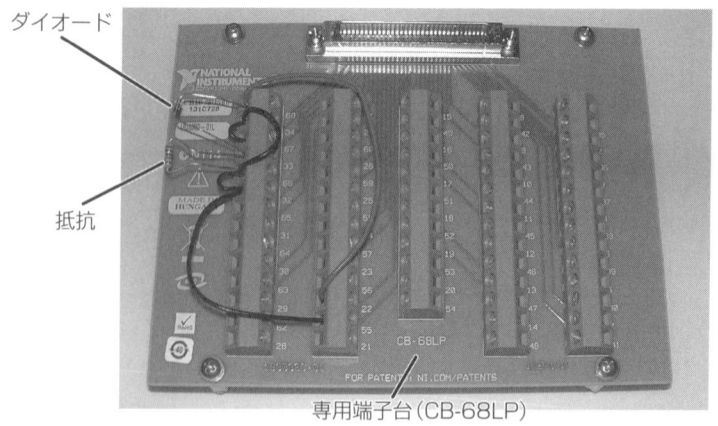

図7.6　DAQデバイスとダイオードの接続（68ピン型DAQデバイス使用時）

### 7.2.4 計算方法

　外付抵抗の値は，常に2kΩで一定であるとすると，外付抵抗の両端に現れる電圧降下の値をアナログ入力ai1で測定すれば，オームの法則から外付抵抗に流れる電流が得られます．この電流は，ダイオードに流れる電流と同じです．一方，ダイオードの両端にかかっている電圧の値は，ai0 − ai1 で求められます．これより，ダイオードの電圧 - 電流特性が求められます．

### 7.2.5 プログラミング

　ブロックダイアグラムは図7.7のようになります．このブロックダイアグラムは，「1サンプル（オンデマンド）」設定でアナログ出力ao0から0.05V刻みで−9.5Vから+9.5Vまで電圧を加えます．その都度，アナログ入力用のDAQアシスタント関数は，サンプリングレート1kHzでアナログ入力ai0とai1で電圧測定を繰り返し，100サンプルごとに平均値を求めています．そして，得られた電圧値からダイオードに流れている電流値を算出して，横軸が電圧値，縦軸が電流値のXYグラフを表示します．

7.2 直流のアナログ入出力を利用したダイオード特性の測定

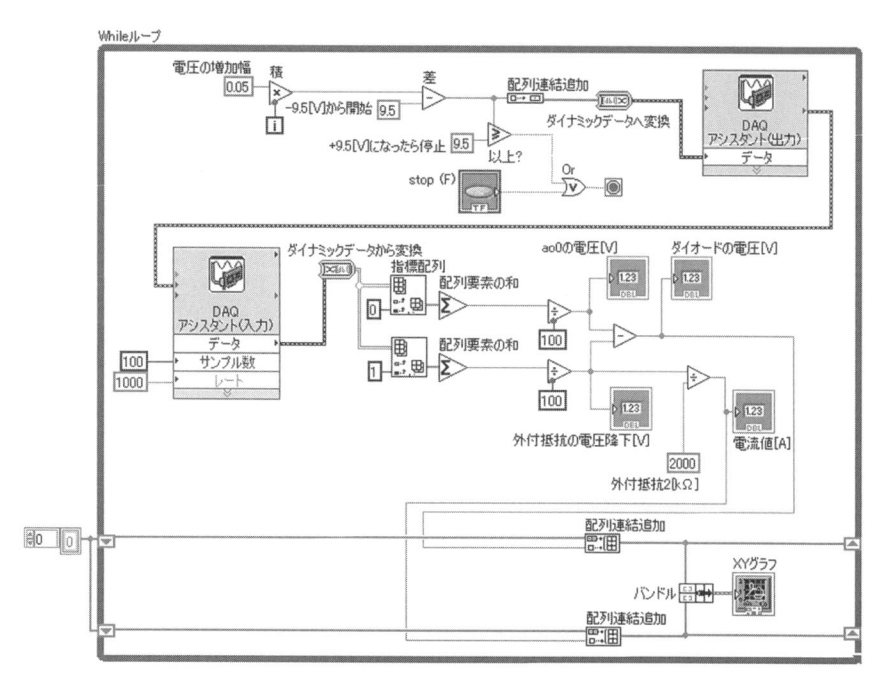

図7.7 ダイオード特性測定のブロックダイアグラム

図7.7に示すブロックダイアグラム内のほとんどの関数は，これまでの学習で既出なので機能の説明は省略し，以下に場所のみを示します．

- 指標配列関数は，ブロックダイアグラムで現れる「関数パレット」→「プログラミングパレット」→「配列パレット」→「指標配列」にあります．
- 配列要素の和や四則演算関数は，ブロックダイアグラムで現れる「関数パレット」→「プログラミングパレット」→「数値パレット」内にあります．
- 配列連結追加関数は，ブロックダイアグラムで現れる「関数パレット」→「プログラミングパレット」→「配列パレット」→「配列連結追加」にあります．
- Or関数は，ブロックダイアグラムで現れる「関数パレット」→「プログラミングパレット」→「ブールパレット」→「Or」にあります．
- バンドルは，ブロックダイアグラムで現れる「関数パレット」→「プログラミングパレット」→「クラスタパレット」→「バンドル」にあります．
- XYグラフは，フロントパネルで現れる「制御器パレット」→「モダンパレット」→「グラフパレット」→「XYグラフ」にあります．
- 以上？関数は，ブロックダイアグラムで現れる「関数パレット」→「プログラミングパレット」→「比較パレット」→「以上？」にあります．

図7.7のアナログ出力のDAQアシスタント（出力）関数の詳細設定ウィンドウを図7.8に示します．生成モードは「1サンプル（オンデマンド）」に設定してください（わからないときは6.2.1項を参照しましょう）．

## 第7章　アナログ入出力プログラミング応用例

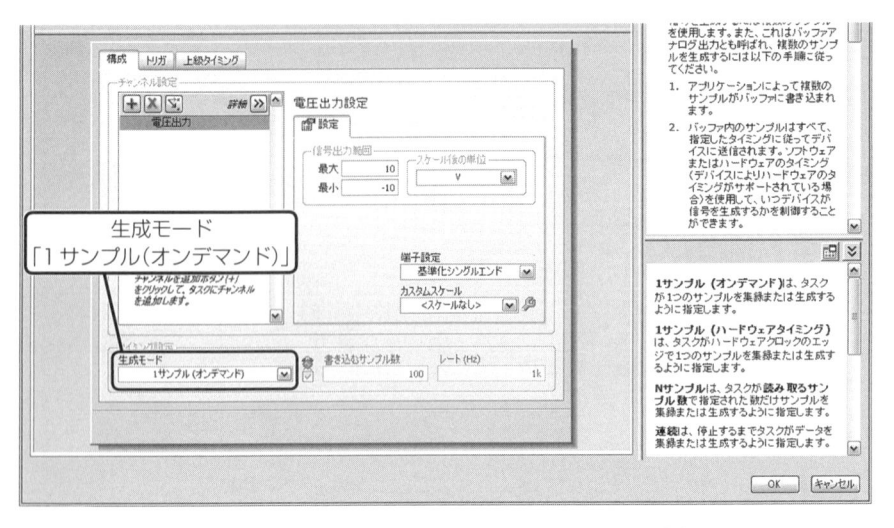

図7.8　アナログ出力のDAQアシスタントの詳細設定

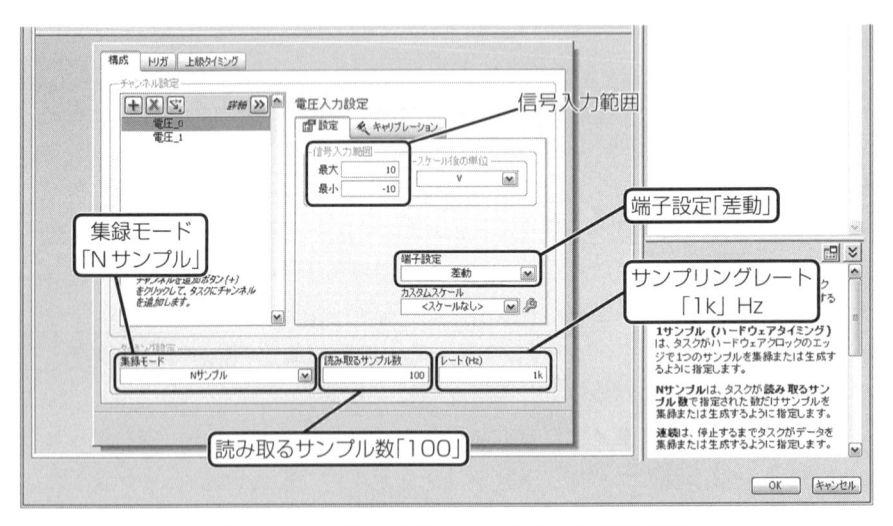

図7.7のDAQアシスタント（入力）関数の詳細設定ウィンドウを図7.9に示します．DAQアシスタント関数は，アナログ入力ai0とai1を使用しました（わからないときは5.6.1項を参照しましょう）．図7.9のように，信号入力範囲は最大「10」Vと最小「−10」V，端子設定は「差動」，集録モードは「Nサンプル」，読み取るサンプル数は「100」，サンプリングレートは「1k」にしました．

図7.9　アナログ入力のDAQアシスタントの詳細設定

図7.7のブロックダイアグラム内の「ダイナミックデータへ変換」関数の設定は，図7.10と同じ設定にすることでDAQアシスタント（出力）関数に出力したい1サンプルの電圧値を渡せるようになります．

図7.7のブロックダイアグラム内の「ダイナミックデータから変換」関数の設定は，図7.11と同じ設定にすることでDAQアシスタント（入力）関数からの測定電圧値を数値の二次元配列に変換します．

7.2 直流のアナログ入出力を利用したダイオード特性の測定

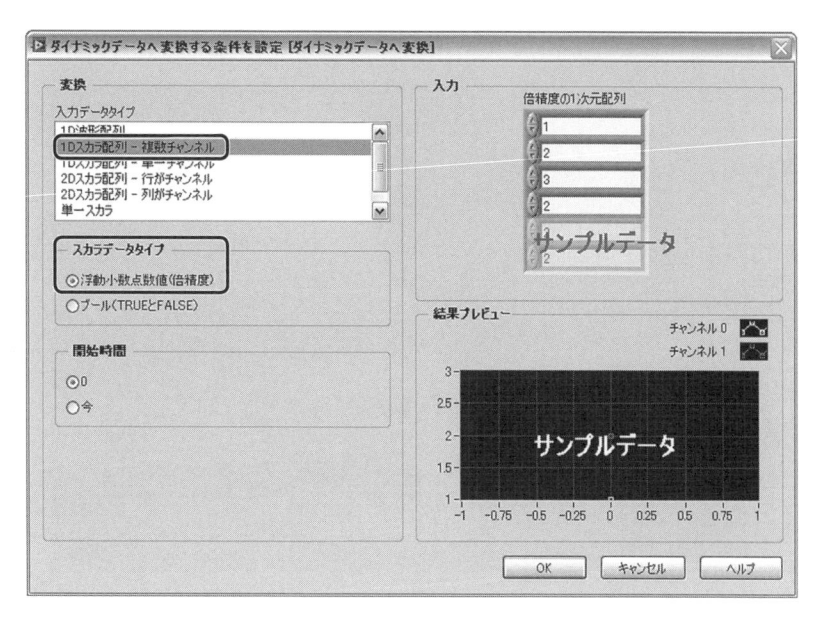

図 7.10 ブロックダイアグラム内のダイナミックデータへ変換の設定

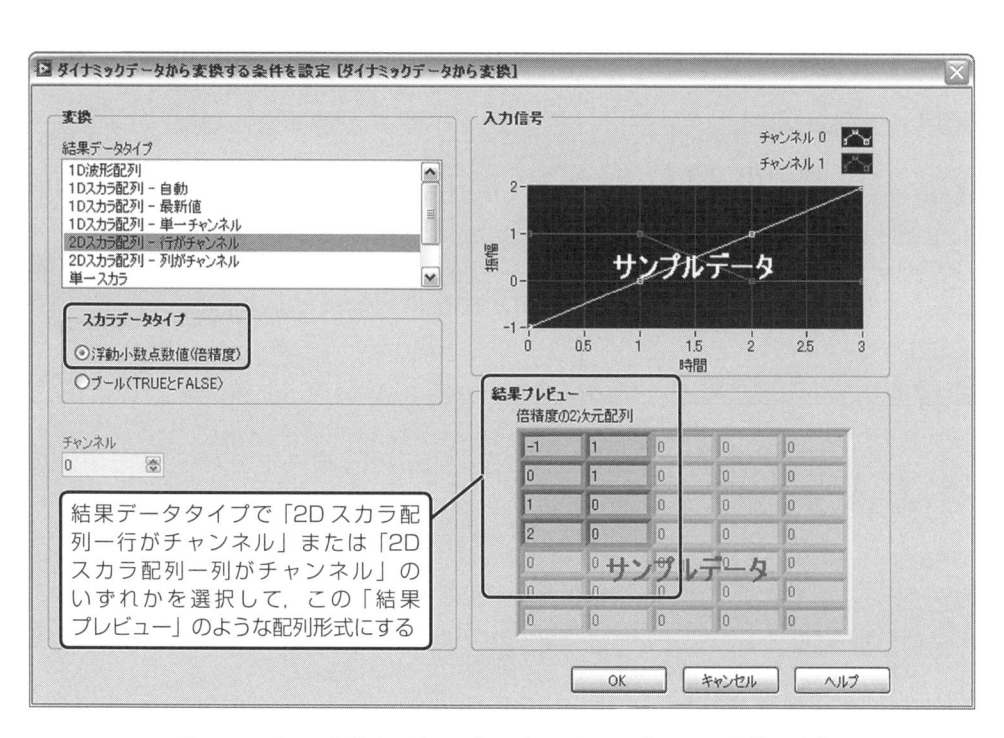

図 7.11 ブロックダイアグラム内のダイナミックデータから変換の設定

ブロックダイアグラムが完成したら，図 7.12 のようにフロントパネルを整えて，実行してみましょう．図 7.12 のフロントパネルの測定結果は，逆電圧 2.9 V で降伏するツェナーダイオードを実測したものです．

測定技術の基本は，ある測定対象物にアナログ出力で電圧を加え，その特性をアナログ入力で電圧を測定する動作の繰り返しですから，このブロックダイアグラムは多方面で応

第7章　アナログ入出力プログラミング応用例

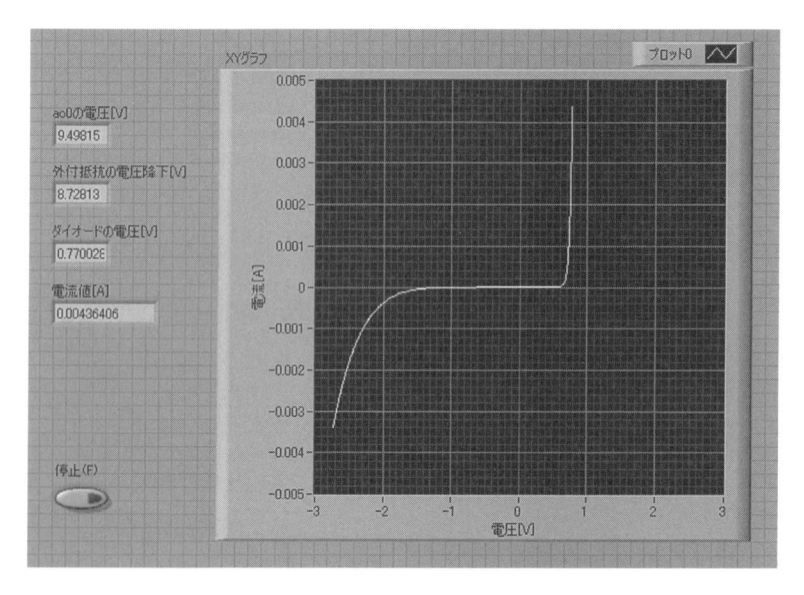

図7.12　ダイオード特性測定のフロントパネル

用できます．

## 7.3 交流のアナログ入出力を利用したネットワークアナライザ

　測定するものは，電圧の大きさだけではありません．**電圧の周波数依存性も測定の対象**になります．DAQデバイスのアナログ入力は高速サンプリングが可能であり，アナログ出力は高速アップデートが可能です．ここでは，DAQデバイスのレート変化を利用した周波数依存性の測定方法について紹介します．

### 7.3.1 ネットワークアナライザ

　ネットワークアナライザとは，周波数を変化させたときの回路の減衰特性や位相変化を測定できる装置です．ここでは，DAQデバイスのアナログ出力の電圧値を固定しながら出力周波数だけを変化させ，アナログ入力でフィルタ回路の減衰特性を測定する方法を紹介します．

### 7.3.2 測定項目

　アナログ出力ao0から振幅一定の電圧（±5V）を出力させて，段階的に周波数を変化させます．その電圧は，測定対象となるフィルタを通じて減衰するので，アナログ入力ai0を使用して測定し，減衰特性を得ます．

### 7.3.3 測定回路

図7.13は，アナログ出力ao0とアナログ入力ai0の間に，コンデンサと抵抗からなるRCローパスフィルタを差動入力で組み込んだ接続図です．なお，本書で用いたRCローパスフィルタの仕様は，キャパシタンス$C=1\mu F$，抵抗$R=2k\Omega$，フィルタのカットオフ周波数$f=1/(2\pi RC)\fallingdotseq 80Hz$です．

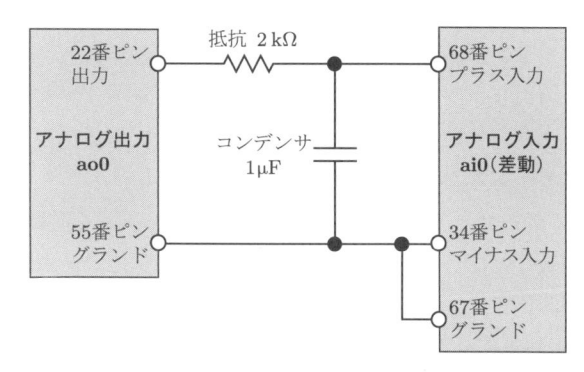

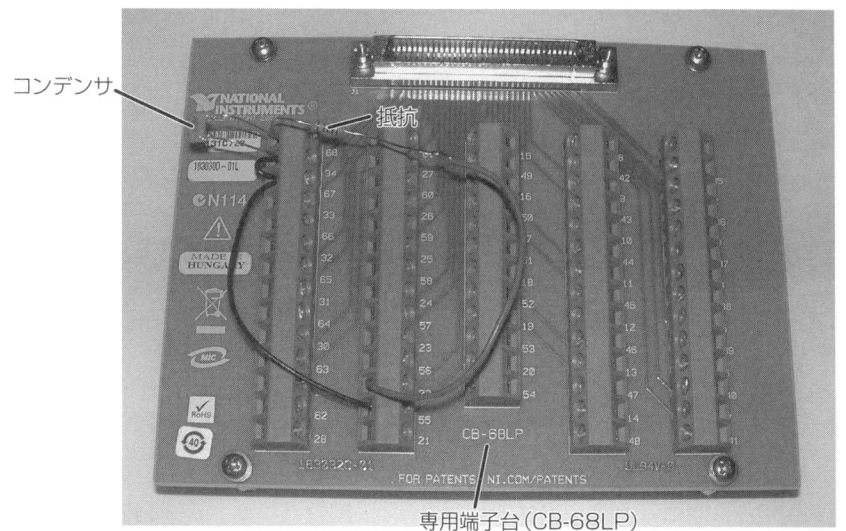

図7.13　DAQデバイスとRCローパスフィルタの接続（68ピン型DAQデバイス使用時）

### 7.3.4 計算方法

電圧の減衰率は，アナログ入力で測定した電圧値をアナログ出力の電圧値で割ることで求められます．本格的なネットワークアナライザは，減衰率をデシベルで表示しますが，ここでは理解しやすいように，減衰しないときを1，完全に減衰してしまったときを0とした割合表示に換算しています．

## 7.3.5 プログラミング

　ブロックダイアグラムは図7.14のようになります．このブロックダイアグラムは，1周期を100サンプルの数値配列で表現した正弦波をアナログ出力 ao0 から出力します．これを1000サンプル分，つまり10周期分を出力するように設定しています．アナログ出力のアップデートのタイミングは，外部クロックによる出力動作に設定して，アナログ入力のサンプリングレートに同期させています（LabVIEW7 と NI-DAQmx7 の組み合わせなどの比較的古いバージョンの場合，同期動作に対応していないことがあります）．

　なお，アナログ入力のサンプリングレートに同期動作してアップデートするアナログ出力は，アナログ入力よりも先に実行状態に移っておいて，アナログ入力が実行し始めることを待機している必要があるため，ブロックダイアグラムに次のミリ秒倍数まで待機関数を置くことで，アナログ入力とアナログ出力間にソフトウェア的な時間差を設けています．

　そして，出力周波数ごとに，アナログ入力で測定した電圧値の最大値をアナログ出力の電圧値の最大値で割ることで，減衰特性が得られます．

　図7.14に示すブロックダイアグラム内の関数の機能説明は省略し，以下に場所のみを示します．

- 指標配列関数は，ブロックダイアグラムで現れる「関数パレット」→「プログラミングパレット」→「配列パレット」→「指標配列」にあります．
- 四則演算関数は，ブロックダイアグラムで現れる「関数パレット」→「プログラミングパレット」→「数値パレット」内にあります．
- 部分配列関数や配列最大&最小関数，配列連結追加関数は，ブロックダイアグラムで現れる「関数パレット」→「プログラミングパレット」→「配列パレット」内にあります．
- Sine 関数は，ブロックダイアグラムで現れる「関数パレット」→「数学パレット」→「基本&特殊関数パレット」→「三角関数パレット」→「Sine」にあります【LabVIEW7 の場合は，ブロックダイアグラムで現れる「関数パレット」→「数値パレット」→「三角関数パレット」→「Sine」にあります】．
- 10 の X 乗関数は，ブロックダイアグラムで現れる「関数パレット」→「数学パレット」→「基本&特殊関数パレット」→「指数関数パレット」→「10 の X 乗」にあります【LabVIEW7 の場合は，ブロックダイアグラムで現れる「関数パレット」→「数値パレット」→「対数関数パレット」→「10 の X 乗」にあります】．
- 「大きい？」関数は，ブロックダイアグラムで現れる「関数パレット」→「プログラミングパレット」→「比較パレット」→「大きい？」にあります．
- Or 関数は，ブロックダイアグラムで現れる「関数パレット」→「プログラミングパレット」→「ブールパレット」→「Or」にあります．
- バンドルは，ブロックダイアグラムで現れる「関数パレット」→「プログラミングパレット」→「クラスタパレット」→「バンドル」にあります．
- XY グラフは，フロントパネルで現れる「制御器パレット」→「モダンパレット」→「グラフパレット」→「XY グラフ」にあります．

7.3 交流のアナログ入出力を利用したネットワークアナライザ

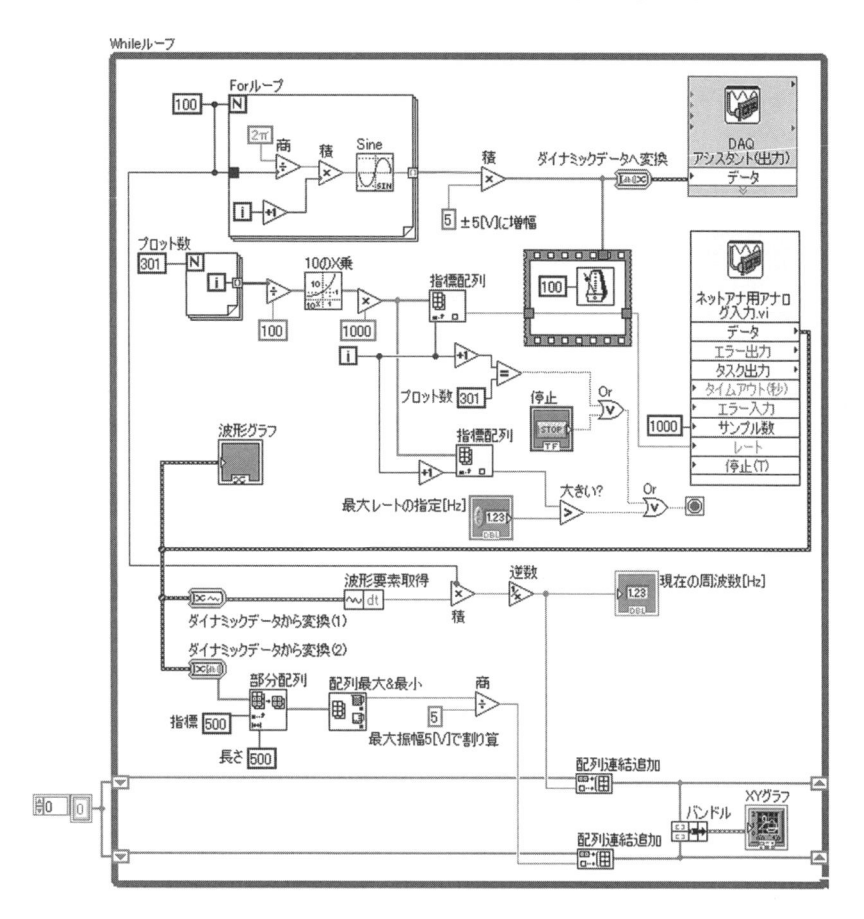

図 7.14　ネットワークアナライザのブロックダイアグラム

　図7.14のアナログ出力のDAQアシスタント（出力）関数の詳細設定は，図7.15のように設定してください（わからないときは6.3.3項を参照しましょう）．アナログ出力は，アナログ入力と同期動作させるため，サンプルクロックを「外部」に設定し，クロックソースを「ai/SampleClock」に設定しています．また，アナログ出力で出力する正弦波は，1周期を100サンプルの数値配列で表現しています．これを「再生成の許可」に設定し，書き込むサンプル数を「1000」に指定することで，10周期分が出力するようになります．
　図7.14の「ネットアナ用アナログ入力.vi」関数は，次の手順で作成してください．

1. はじめに，アナログ入力チャンネルai0のDAQアシスタント関数を作成します．詳細設定は図7.16のように設定してください（わからないときは5.3.1項を参照しましょう）．
2. アナログ入力のDAQアシスタント関数は，Whileループ内でプログラム的にサンプリングレートを変化させる必要があるので，付録Eを参照してサンプリングレートの更新が有効になるように変更してください．
3. ここでは，サンプリングレートの更新を有効にしたDAQアシスタント関数を「ネットアナ用アナログ入力.vi」という名前で保存しました．

第7章　アナログ入出力プログラミング応用例

　図7.14の「ブロックダイアグラム内のダイナミックデータへ変換」関数の設定は，図7.17と同じ設定にすることでDAQアシスタント（出力）関数に出力したい1周期分の数

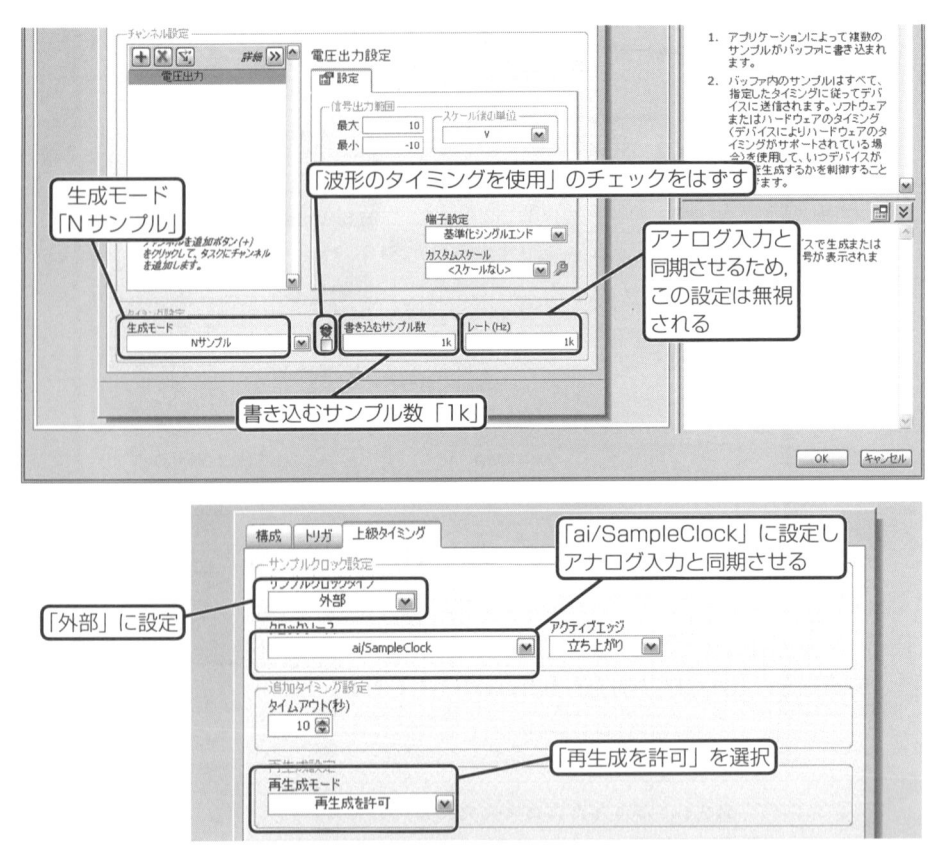

図7.15　アナログ出力のDAQアシスタントの詳細設定

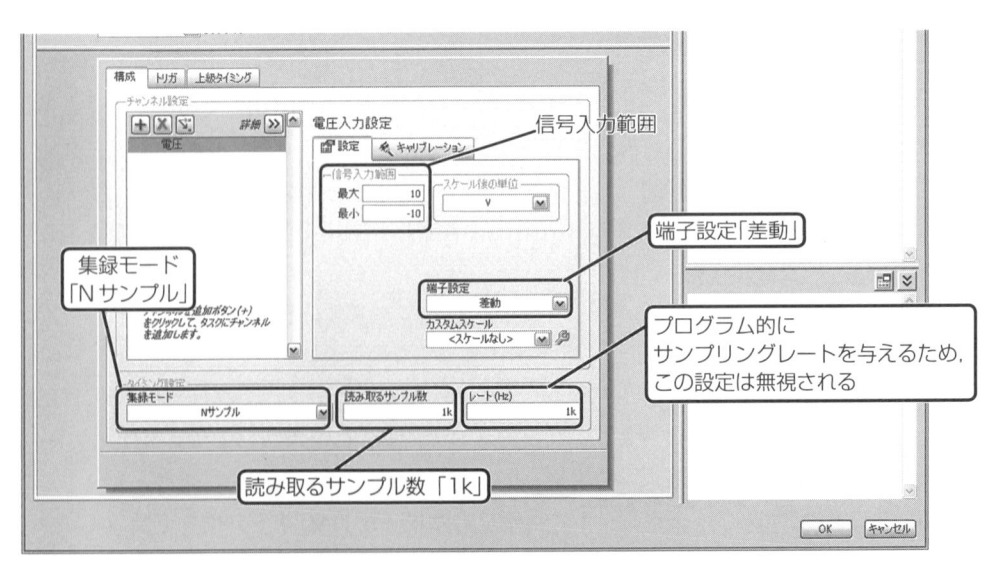

図7.16　アナログ入力のDAQアシスタントの詳細設定

## 7.3 交流のアナログ入出力を利用したネットワークアナライザ

値配列を渡せるようになります.ここでは,アナログ出力は1チャンネルのみなので,「単一チャンネル」を選択しています.

図7.14のブロックダイアグラム内の「ダイナミックデータから変換(1)」関数の設定は,図7.18になります.ここではサンプリング間隔(サンプリングレートの逆数)を引き出すために「単一波形」を選択しています.

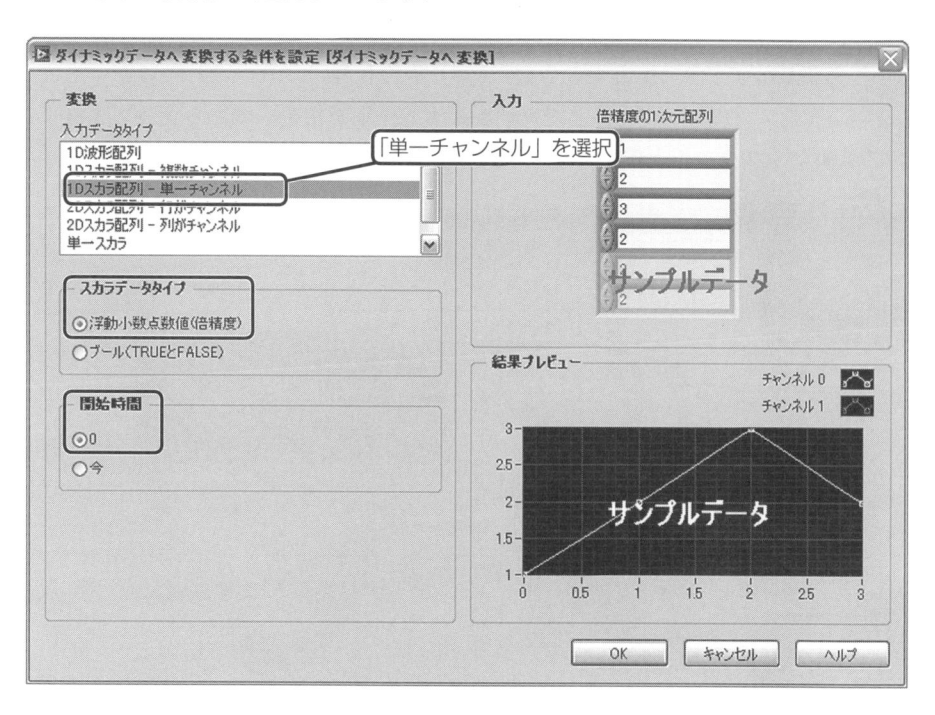

図7.17 ブロックダイアグラム内の「ダイナミックデータへ変換」の設定

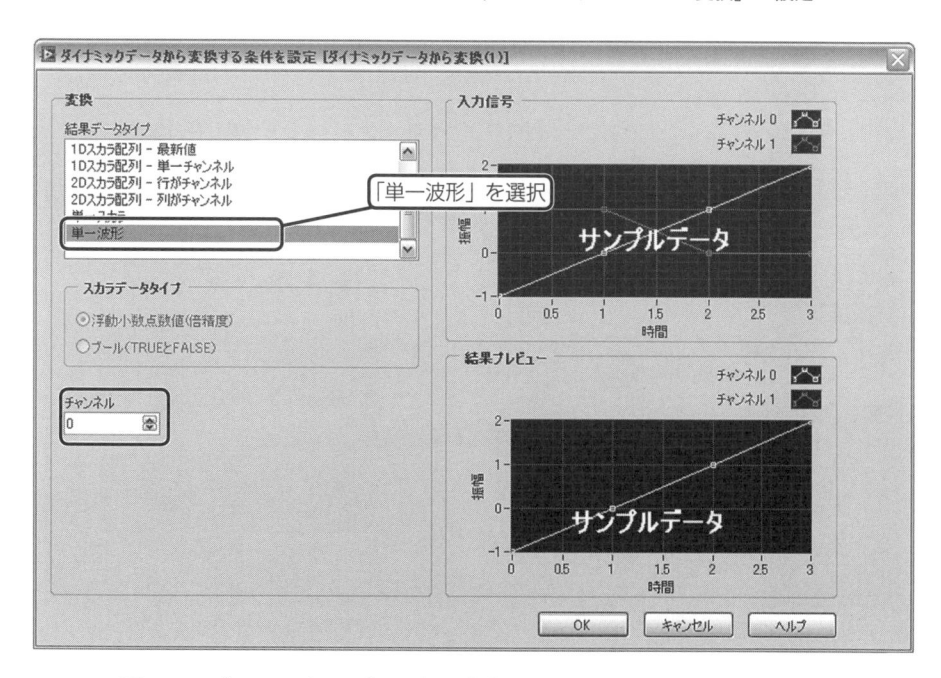

図7.18 ブロックダイアグラム内の「ダイナミックデータから変換(1)」の設定

第7章　アナログ入出力プログラミング応用例

　図7.14のブロックダイアグラム内の「ダイナミックデータから変換(2)」関数の設定は，図7.19になります．ここではアナログ入力ai0の測定電圧値を数値の一次元配列に変換するために，チャンネルは「0」，結果データタイプは「単一チャンネル」を選択しています．

　ブロックダイアグラムが完成したら，図7.20のようにフロントパネルを整えてください．

　図7.20のフロントパネルの設定は，アナログ入力の最大サンプリングレートを1 MHzに設定しているので，同期して動作するアナログ出力のアップデートレートも1 MHzで動作する必要があります．使用するDAQデバイスの仕様により，これらのレートで動作できない場合は，フロントパネル上で適切な最大レートを指定してから実行しましょう．なお，DAQアシスタント（出力）でエラーが発生し実行が停止してしまう場合は，ネッ

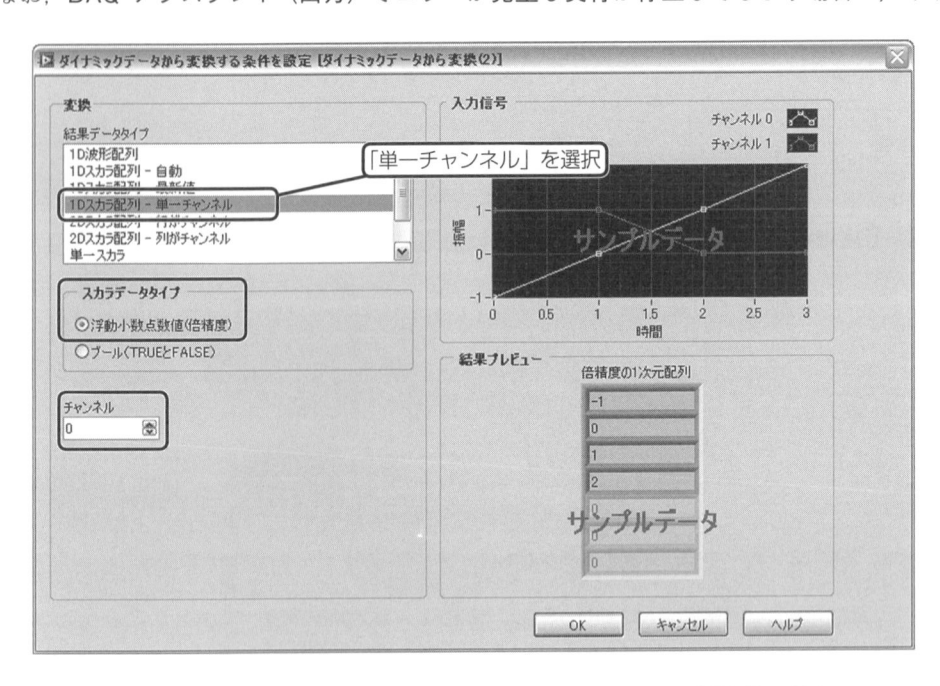

図7.19　ブロックダイアグラム内の「ダイナミックデータから変換(2)」の設定

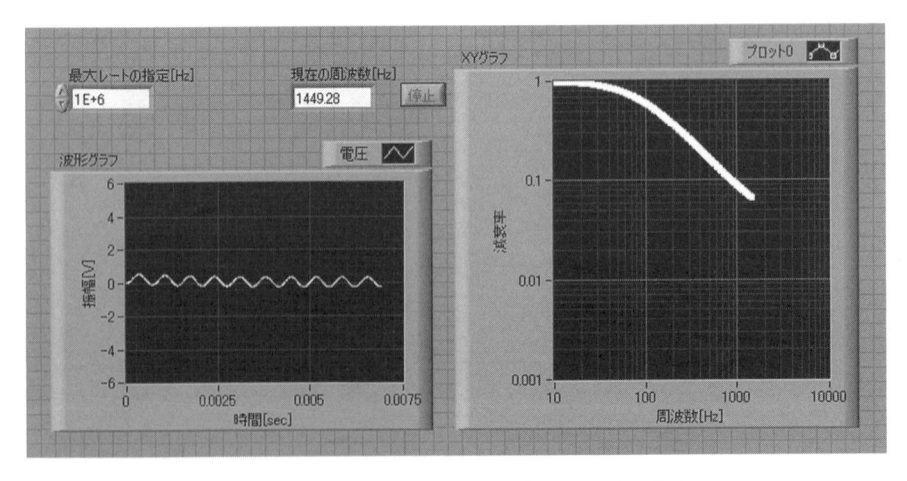

図7.20　ネットワークアナライザのフロントパネル

トアナ用アナログ入力.vi のサンプル数を 1500 に変更してください．

図 7.20 は，ローパスフィルタの特性を測定しているフロントパネルの様子であり，フィルタの減衰特性がきれいに測定されていることがわかります．なお，XY グラフの軸は，XY グラフ上で右クリックして表れるメニューで，座標を対数表示に変更してあります．

このプログラムは本書で最も難しいブロックダイアグラムになっていますが，さまざまな測定システムの動作原理として応用できるので，ぜひ，プログラム作成に挑戦してみてください．

付録A　文字化けの対処方法

# 付録 A　文字化けの対処方法

● Measurement & Automation Explorer の文字化け

　もし，Measurement & Automation Explorer が図 A.1 のように文字化けを起こしている場合は，文字化けを起こしている画面上で右クリックして現れるメニューから「エンコード」を選択して「日本語（シフト JIS）」を選ぶと，文字化けが修正できます．

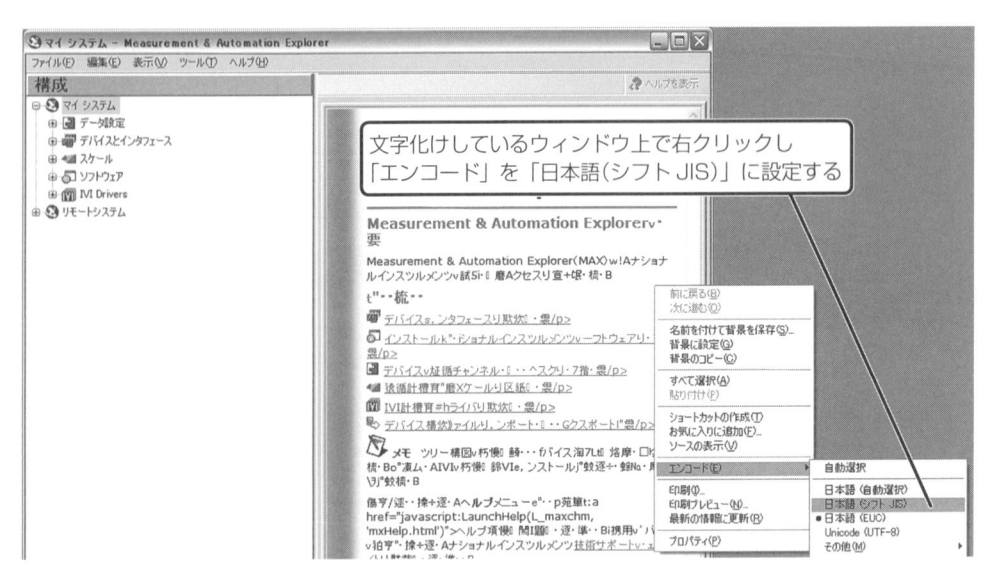

図 A.1　Measurement & Automation Explorer の文字化けの対処方法

● LabVIEW の文字化け

　使用している Windows の環境によっては，稀に LabVIEW が文字化けしてしまう場合があります．その場合は図 A.2 のように LabVIEW のウィンドウ上にある「アプリケーションフォント」を「システムフォント」などに変更して LabVIEW を再起動すると修正できます．

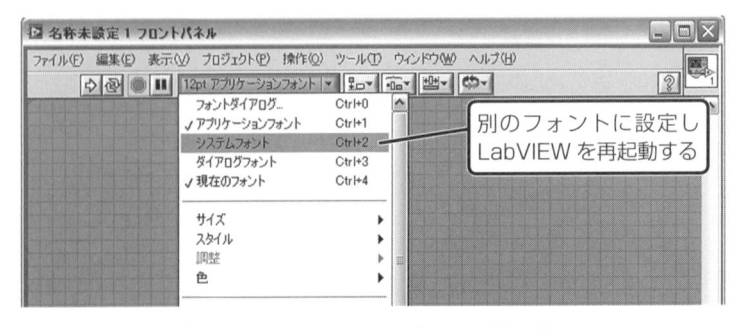

図 A.2　LabVIEW の文字化けの対処方法

# 付録 B  DAQ デバイスの認識方法

もし，インストールしたはずの DAQ デバイスが見えない場合は，図 B.1 のように Measurement & Automation Explorer のメニューの「表示」から「最新情報に更新」を選択してください．DAQ デバイスの情報が更新され，すべての DAQ デバイスが見えるようになります．

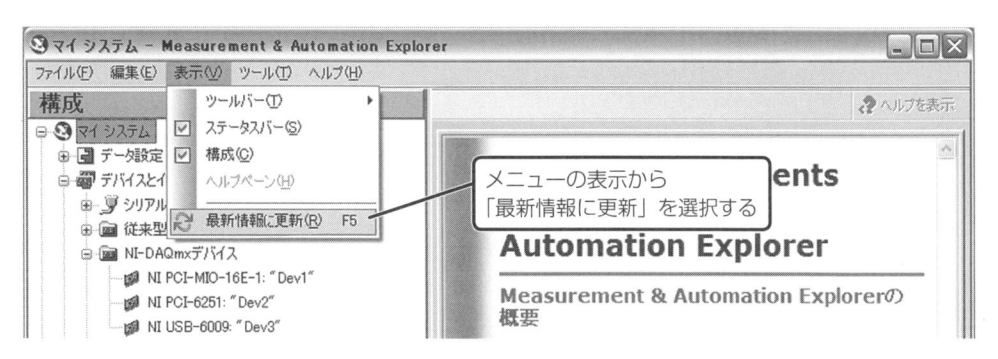

図 B.1　Measurement & Automation Explorer の「最新情報に更新」方法

Measurement & Automation Explorer のメニューの「表示」から「最新情報に更新」を選択しても，DAQ デバイスが認識されない，または，DAQ デバイスのセルフテストに成功しない場合は，Measurement & Automation Explorer の「ソフトウェア」をクリックして展開してください．インストールされているすべてのソフトウェアが見られるので，NI-DAQmx が確実にインストールされているかどうかを確認してください．

次に Windows 上で DAQ デバイスが認識されているかどうかを確認します．図 B.2 のように Windows のマイコンピュータ上で右クリックして，「プロパティ」を選択してください．

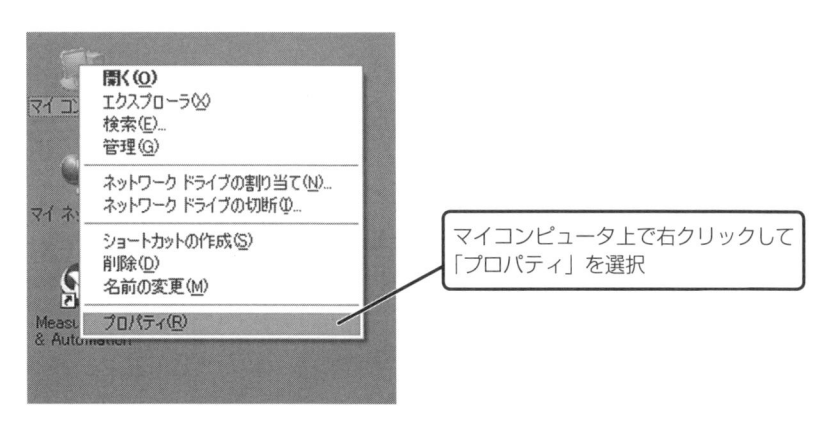

図 B.2　マイコンピュータのプロパティの選択

## 付録B　DAQ デバイスの認識方法

システムのプロパティウィンドウが現れるので，図 B.3 のように「ハードウェア」タブを選択して，「デバイスマネージャ」をクリックしてください

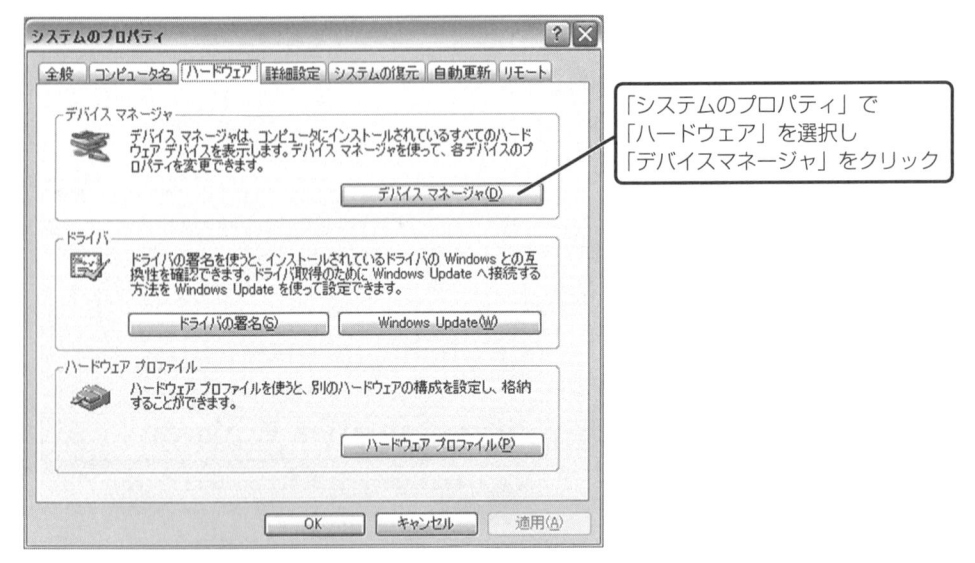

図 B.3　「システムのプロパティ」ウィンドウ

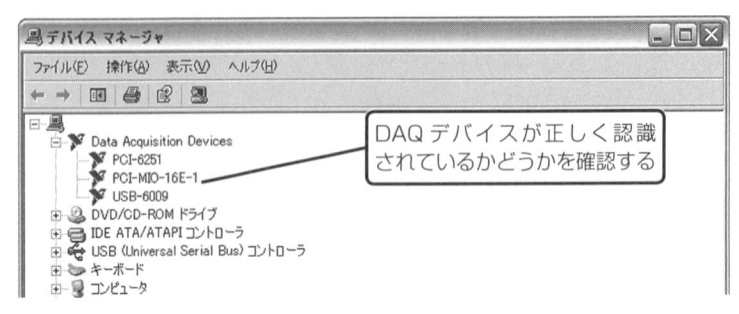

図 B.4　Windows のデバイスマネージャ

デバイスマネージャが起動したら，図 B.4 のように「Data Acquisition Devices」をクリックして，DAQ デバイスが正しく認識されているかどうかを確認してください．

もし，認識されていない場合は，DAQ デバイスが破損している可能性が高いといえます．

デバイスマネージャ上で DAQ デバイスが認識されていても，デバイス名に「？」や「！」マークが付いている場合は，Windows 上で正しく認識されておらず，Measurement & Automation Explorer でも認識されないという状態になります．このような場合は，パソコン側がリソース不足になっています．リソース不足とは，何枚まで外付けデバイスを加えられるかというパソコンの仕様上の制限，正確には IRQ（割込要求数）の制限と DMA（ダイレクトメモリアクセス）の制限数に到達してしまった状態のことです．この場合は，認識していない DAQ デバイスの接続バスの位置を距離的に CPU に近いほうに移動することで改善する場合があります．

もしくは図 B.5 のようにデバイスマネージャ上から，今後使用する予定がない外部接続（たとえば COM シリアルポートや LPT プリンタポートなど）を無効にすることでリソー

付録C　ファイルダイアログ関数の互換性

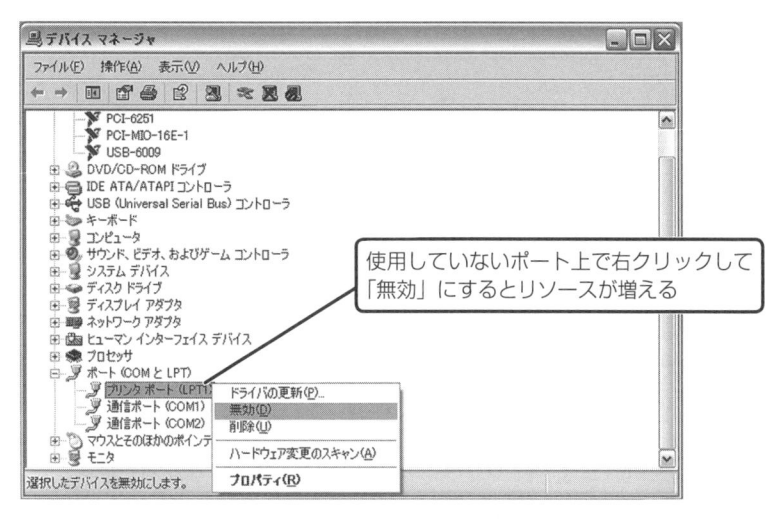

図 B.5　デバイスの無効方法

スが増え，パソコンを再起動するとDAQデバイスが正しく認識される場合があります．

　これらの解決策を講じてもDAQデバイスが認識されない場合は，パソコンの仕様上のリソース不足が解消されておらず，使用できるバスの数が多いパソコンに乗り換えなければなりません．

　USBの場合は，USBハブを使用すると，USB型DAQデバイスが正しく認識されず，データ転送量も少なくなってしまい，最大サンプリングレートで動作しない場合があります．

## 付録 C　ファイルダイアログ関数の互換性

　本書でファイル保存時に用いているLabVIEW8.5のファイルダイアログ関数がない場合は，「開く/作成/置換ファイル関数(Open/Create/Replace File.vi)」が代用できます．図C.1と図C.2の機能は同等です．

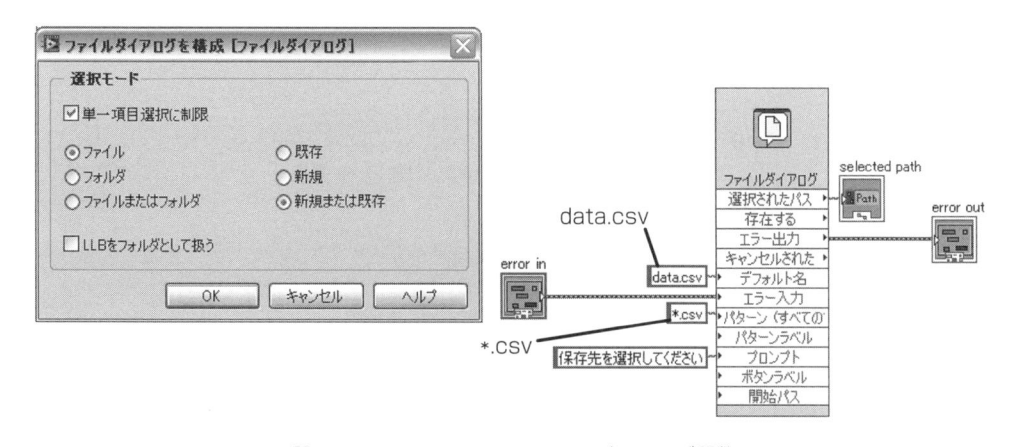

図 C.1　LabVIEW8.5のファイルダイアログ関数

付録D　カンマ区切りファイル保存方法

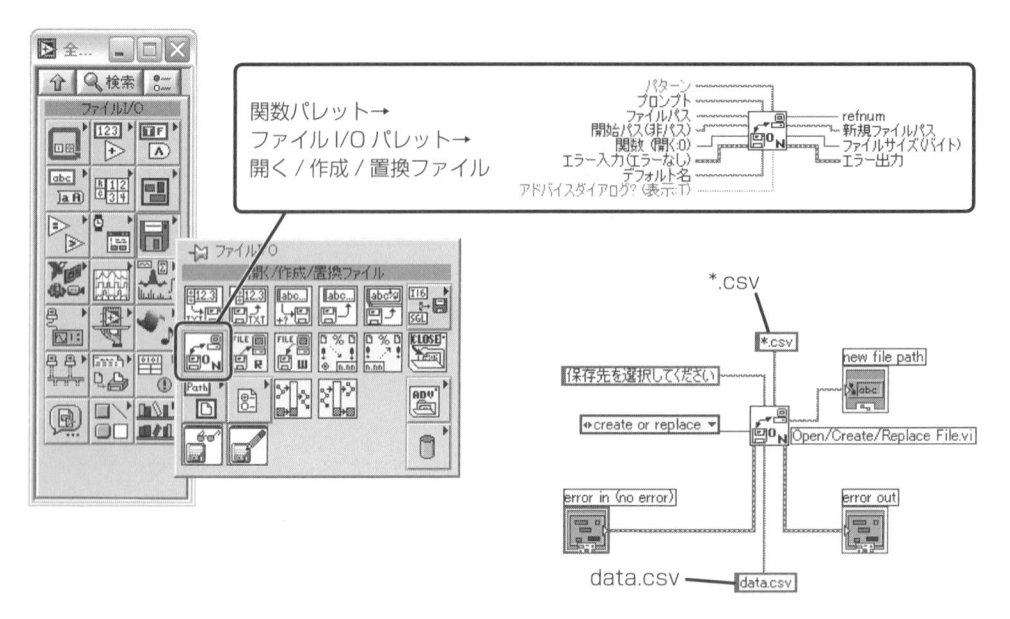

図 C.2　開く / 作成 / 置換ファイル関数（Open/Create/Replace File.vi）

# 付録 D　カンマ区切りファイル保存方法

「LabVIEW 計測ファイル書き込み」関数（計測ファイルへ書き込む関数）でカンマ区切りのファイル保存ができない場合は，図 D.1 のように関数上で右クリックして現れるメニューから，「フロントパネルを開く」を選択してください．

「フロントパネルを開く」を選択すると，図 D2. のような警告が現れます．

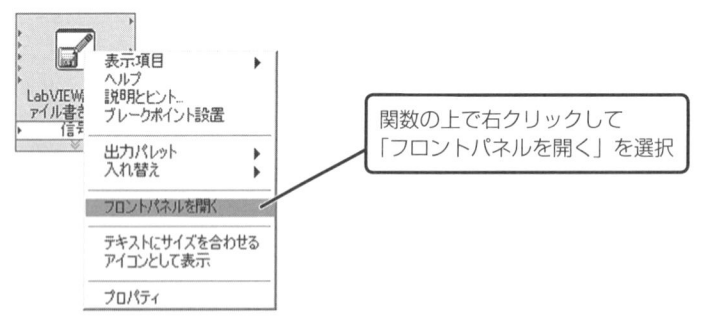

図 D.1　関数の「フロントパネルを開く」を選択

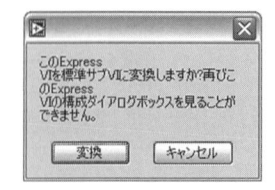

図 D.2　フロントパネルを開くときの警告

付録D　カンマ区切りファイル保存方法

図 D.3　構成ウィンドウ

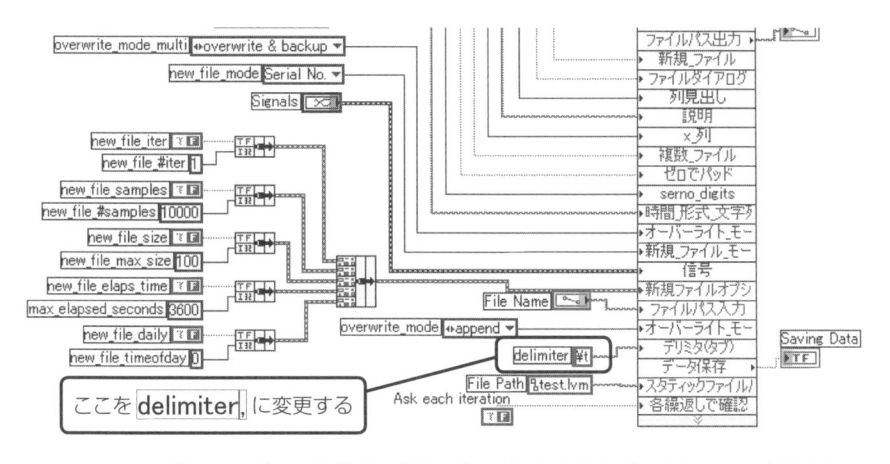

図 D.4　ブロックダイアグラム内のデリミタをタブからカンマに変更する

　図 D.2 は，図 D.3 のような構成ウィンドウを使用できなくなるとの警告です．フロントパネルを一度開いてしまうと，図 D.3 の構成ウィンドウは開かなくなるので，構成ウィンドウ上で必要な条件設定は済ませておくようにしてください．

　フロントパネルを開いたら，キーボードの「Ctrl キー＋ E キー」でブロックダイアグラムに切り替えてください．図 D.4 のようなブロックダイアグラム中のデリミタ（タブ）に入力されている値を「¥t」から「,」に変更してください．

　以上で，タブ区切りをカンマ区切りに変更できます．なお，ブロックダイアグラムを再編集できない場合は，LabVIEW のメニューバーの「操作」→「編集モードに変更」を選択すれば再編集できるようになります．

## 付録 E　連続実行中にレートを変更する方法

　LabVIEWのDAQアシスタント関数は，Whileループで連続実行すると，最初に実行したときのレートを保持して，2回目以降も同じレートで動作する特性があります．しかし，計測システムによっては，Whileループでアナログ入力やアナログ出力を連続実行しているときに，サンプリングレートやアップデートレートをプログラム的に変更しなければならない場合があります．Whileループで2回目実行時以降もレートを変更できるようにするには，以下の手順で操作してください．

　まず，図E.1のようにDAQアシスタント関数上で右クリックして現れるメニューから「フロントパネルを開く」を選択します．**フロントパネルを一度開いてしまうと，DAQアシスタントの詳細設定ウィンドウは，呼び出せなくなってしまうので注意してください．**

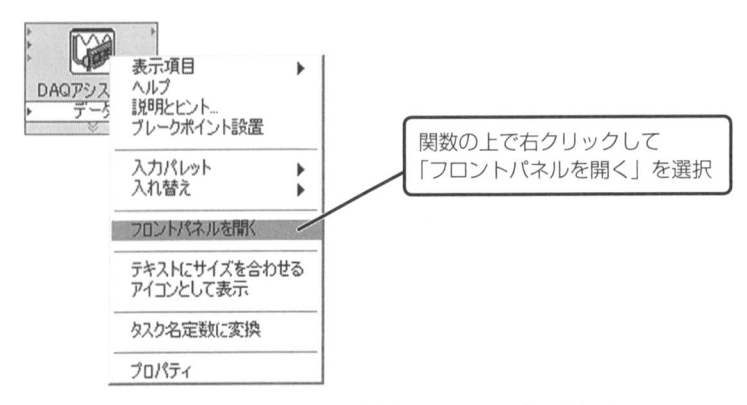

図E.1　DAQアシスタント関数のフロントパネルを開く

　DAQアシスタント関数のフロントパネルを呼び出したら，ブロックダイアグラムに切り替えて，図E.2のようにブロックダイアグラム内でレートを固定しているケースストラクチャ部分を見つけてください．

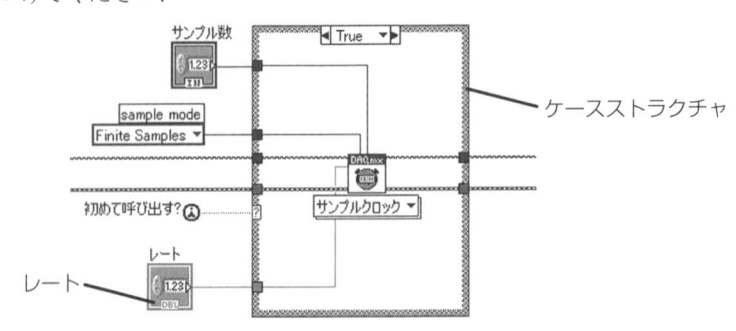

図E.2　DAQアシスタント関数のブロックダイアグラム

　ケースストラクチャの実行制御によって，レート変更を受け付けない状態になっているので，図E.3のようにケースストラクチャの枠の上で右クリックして「ケースストラクチャを削除」を選択して，枠を消し去ってください．

付録F　再生成を許可しない方法

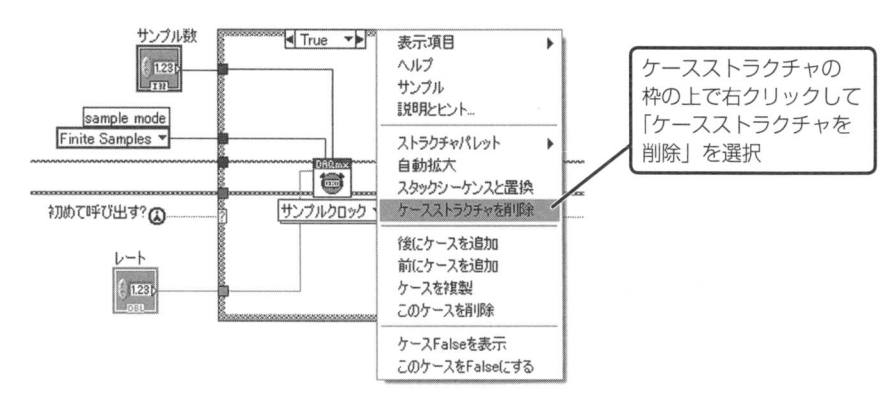

図 E.3　レートを固定しているケースストラクチャを削除

　枠を消し去ったら，「初めて呼び出す？」関数と壊れた破線状の配線も削除して，図 E.4 のように整えれば，レート変更ができるようになります．なお，ブロックダイアグラムを再編集できない場合は，LabVIEW のメニューバーの「操作」→「編集モードに変更」を選択すれば再編集できるようになります．

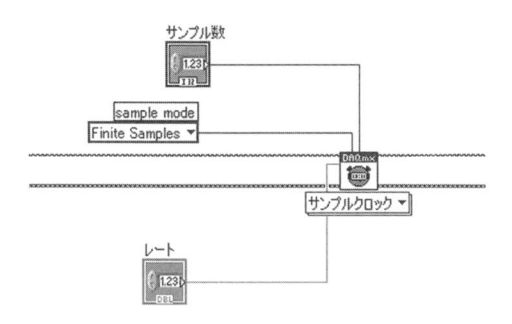

図 E.4　完成したダイアグラム

## 付録 F　再生成を許可しない方法

　LabVIEW のバージョンによっては，DAQ アシスタントのアナログ出力の上級タイミングで再生成モードを選択できない場合があります．そのときの再生成モードは，「再生成を許可する」がデフォルト設定になっています．

　しかし，アナログ出力の用途によっては，再生成を許可しない動作が必要になる場合があります．再生成を許可しないようにするには，以下の手順で操作してください．

　まず，図 F.1 のように DAQ アシスタント関数上で右クリックして現れるメニューから「フロントパネルを開く」を選択します．**フロントパネルを一度開いてしまうと，DAQ アシスタントの詳細設定ウィンドウは，呼び出せなくなってしまうので注意してください．**

　DAQ アシスタント関数のフロントパネルを呼び出したら，ブロックダイアグラムに切り替えて，図 F.2 のようなブロックダイアグラム部分を見つけてください．

　ブロックダイアグラムで現れる「関数パレット」→「アプリケーション制御」→「プロ

## 付録F　再生成を許可しない方法

パティノード」を組み込んで，図 F.3 のようなブロックダイアグラムを作成してください．

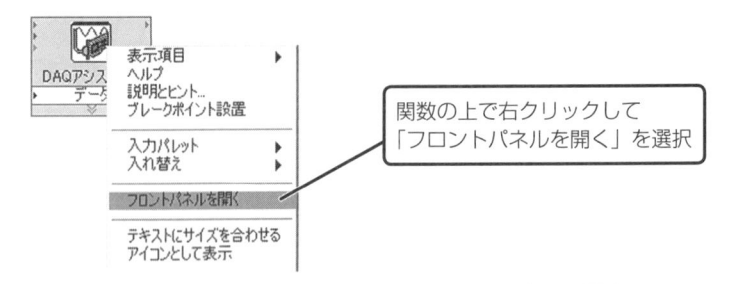

図 F.1　DAQ アシスタント関数のフロントパネルを開く

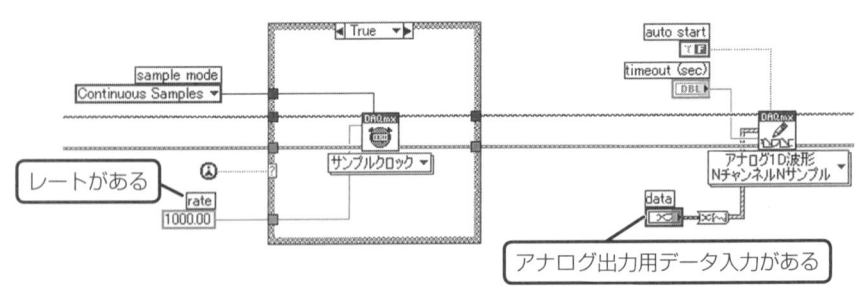

図 F.2　DAQ アシスタント関数のブロックダイアグラム

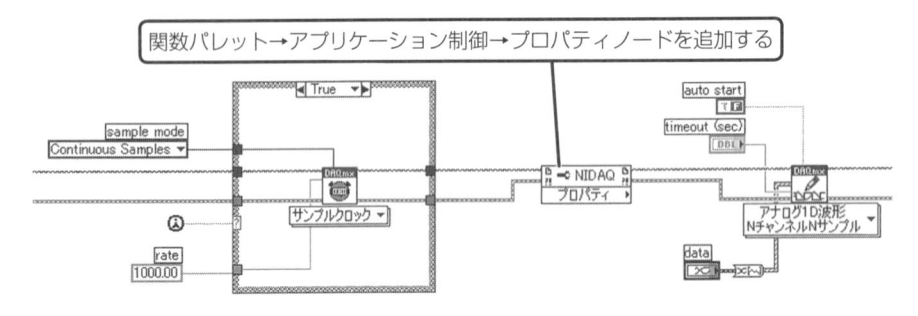

図 F.3　ブロックダイアグラムにプロパティノードを組み込む

次に，図 F.4 のようにプロパティノードの上半分の部分で右クリックして，「DAQmx クラスを選択」→「DAQmx 書き込み」を選択してください．

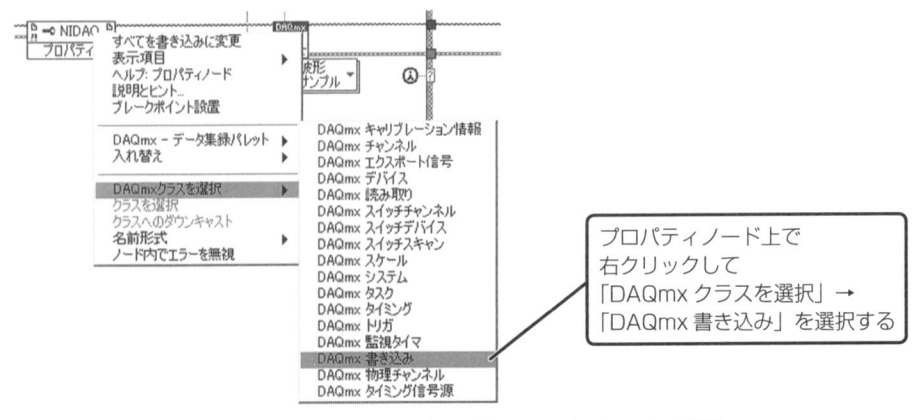

図 F.4　「DAQmx クラス」→「DAQmx 書き込み」を選択

同様に，図 F.5 のようにプロパティノードの上半分の部分で右クリックして，「すべてを書き込みに変更」を選択してください．

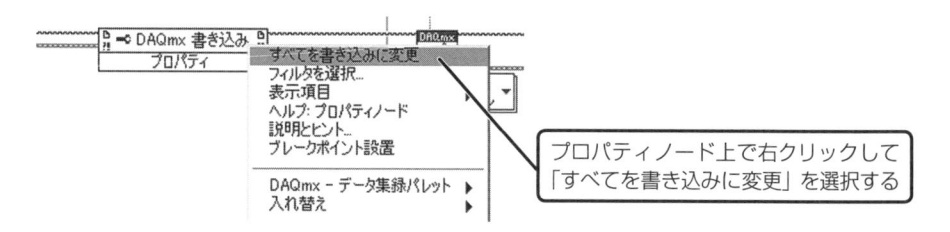

図 F.5　「すべてを書き込みに変更」を選択

次に，図 F.6 のようにプロパティノードのプロパティ上で右クリックして，「プロパティ」→「構成」→「再生成モード（ReGenMode）」を選択してください．LabVIEW のバージョンによっては，英語表記の場合もあります．

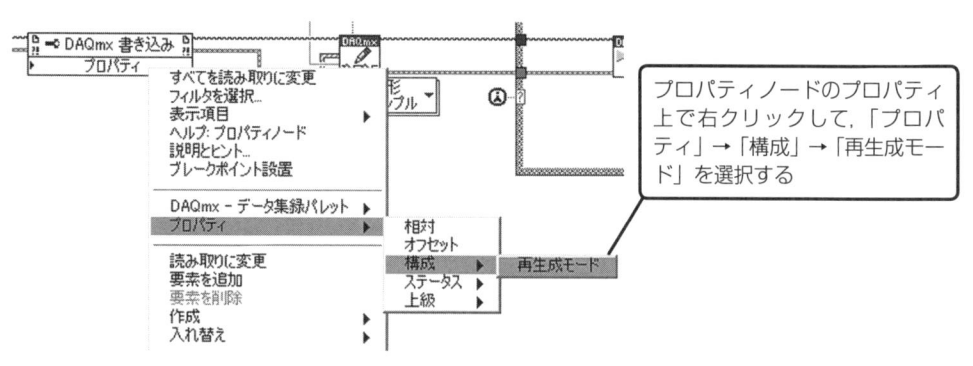

図 F.6　「再生成モード」を選択

プロパティが再生成モードになったら，図 F.7 のように右クリックして定数を作成してください．

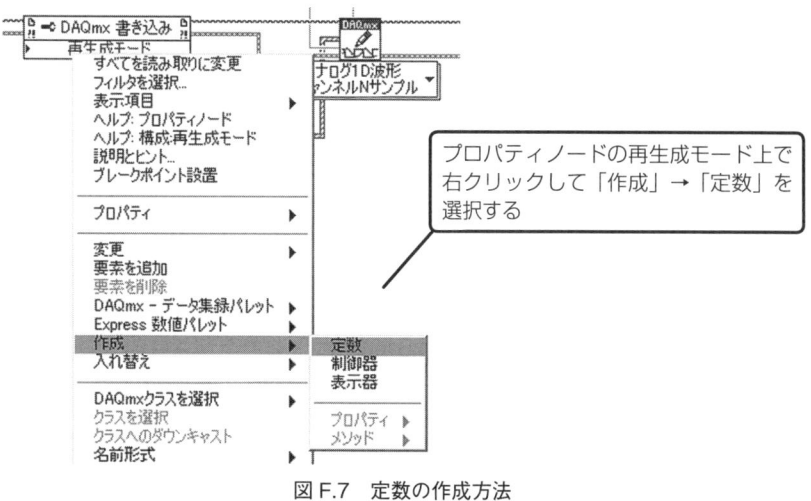

図 F.7　定数の作成方法

付録F　再生成を許可しない方法

　再生成モードの定数が作成できたら，図 F.8 のように「再生成を許可しない（Do Not Allow ReGen）」に設定すれば，再生成モードを許可しない設定になります．なお，ブロックダイアグラムを再編集できない場合は，LabVIEW のメニューバーの「操作」→「編集モードに変更」を選択すれば再編集できるようになります．

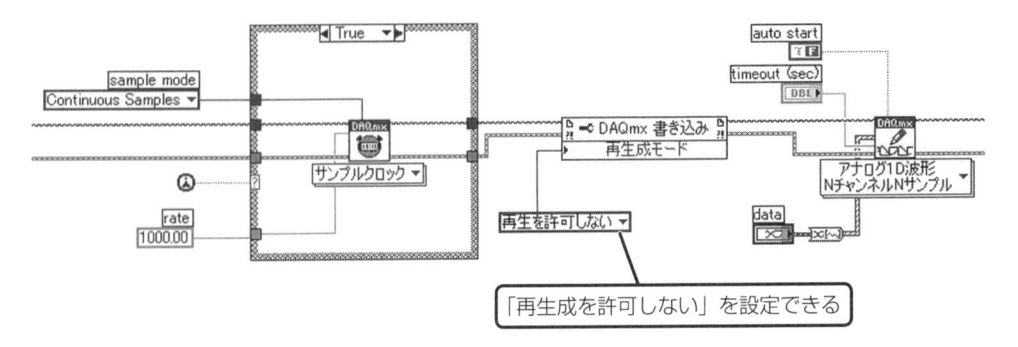

図 F.8　「再生成を許可しない」に設定

# さらに学びたい人へ

　本書の内容を理解するうえで参考になる文献や，読者の方々に読んでいただきたい文献について，以下に記します．

　DAQ デバイスの使い方については，
- 日本ナショナルインスツルメンツ株式会社（編），『初めてのデータ集録：成功への 7 つのステップ』（日本ナショナルインスツルメンツ株式会社にて直販）

が参考になります．

　LabVIEW の基本的な操作方法を習得するならば，
- 堀桂太郎，『図解 LabVIEW 実習』，森北出版，2006.

が参考になります．

　差動入力や CMRR などの測定時の増幅回路問題については，
- 遠坂俊昭，『計測のためのアナログ回路設計』，CQ 出版，1997.

が参考になります．

　データ集録する際に使用するセンサ回路の設計については，
- 松井邦彦，『センサ応用回路の設計・製作』，CQ 出版，1990.

が参考になります．

　日本ナショナルインスツルメンツが開催するトレーニングコースでは，マニュアルのみの購入も可能です．詳細は，本書の 1.1.9 項を参照して下さい．

# さくいん

## 数字

| | |
|---|---|
| 1 サンプル | 112, 116, 152, 155 |
| 20 MHz | 41, 65 |
| 50 ns | 41, 65 |

## 欧文

| | |
|---|---|
| ACH0 | 29, 30 |
| ACH8 | 29, 30 |
| ADC | 38 |
| ai/SampleClock | 185 |
| AI 0 | 29 |
| AI 0/AI 0+ | 29 |
| AI 4/AI 0- | 29 |
| AI 8 | 29 |
| AI GND | 29, 30 |
| AI SENSE | 49 |
| AO 0 | 32, 33, 62 |
| AO GND | 32, 33 |
| BNC コネクタ | 29, 33 |
| B シリーズ | 18 |
| CB-68LP | 30 |
| CMRR | 53 |
| CompactPCI | 7 |
| csv | 94 |
| DAC | 63 |
| DAC0OUT | 32, 33, 62 |
| DAQ アシスタント | 14 |
| DAQ アシスタント関数 | 109, 148 |
| DAQ デバイス | 5, 18 |
| Dev | 22 |
| Dev1/ai0 | 28, 32 |
| Dev1/ao0 | 32 |
| DIFF | 44 |
| DMA | 192 |
| dt | 126 |
| Excel | 94 |
| EXE 形式 | 11 |
| Express 関数 | 109 |
| E シリーズ | 18 |
| False | 81 |
| FIFO メモリ | 38, 123 |
| For ループ | 79 |
| GND | 29, 33 |
| GPIB | 2 |
| HW タイミング | 112, 152, 158 |
| IMAQ Vision | 4 |
| Internet Explorer | 12 |
| IRQ | 192 |
| LabVIEW | 4, 11 |
| LabVIEW Real-Time | 5, 158 |
| LSB | 31, 51, 59 |
| MAX | 21 |
| Measurement & Automation Explorer | 12, 20 |
| MUX | 37 |
| M シリーズ | 18 |
| NI-DAQmx | 15, 18, 19, 22 |
| NI-DAQmx タスク | 27 |
| NI-SCOPE | 41, 56, 124 |
| NI デバイスドライバ | 15 |
| N サンプル | 112, 123, 149, 152, 161 |
| P/N 番号 | 13 |
| PCI | 17 |
| PCI Express | 17 |
| PFI0 | 128 |
| PGIA | 38, 44 |
| PID 制御 | 5 |
| ppm | 58 |
| PXI | 6, 17 |
| RSE | 43 |
| S/N 番号 | 13 |
| SCXI | 7, 52 |
| SignalExpress | 14 |
| SN 比 | 52 |
| S シリーズ | 18, 39 |
| True | 81 |
| TTL レベル | 42, 60, 128 |
| USB | 17 |
| USB ハブ | 193 |
| VI | 68 |
| While ループ | 79, 81 |

## ア～オ

| | |
|---|---|
| アクセサリ | 27 |
| アクティブ化 | 12, 15 |
| アップデートレート | 63 |
| アナログウィンドウ | 137 |
| アナログエッジ | 137 |
| アナログデジタルコンバータ | 38 |
| アナログトリガ | 61, 137 |
| アナログ入力レンジ | 51, 52 |
| アライアンスパートナー | 10 |
| インストール | 13 |
| 英語版 LabVIEW | 12 |
| エラー出力 | 101 |
| オンデマンド | 112, 116, 152, 155 |

## カ～コ

| | |
|---|---|
| 開始トリガ | 132 |
| 外部クロック | 42, 128, 184 |
| 書き込むサンプル数 | 152, 164 |
| 仮想計測器 | 68 |
| カットオフ周波数 | 183 |
| 関数パレット | 71 |
| カンマ区切り | 94 |
| 基準化シングルエンド | 43, 115 |
| 基準トリガ | 134 |
| 許容電圧値 | 25, 61 |
| 許容電流値 | 133 |
| 矩形波 | 159 |
| クロストーク | 58, 59 |
| クロックソース | 185 |
| グリッジ | 67 |
| ゲイン | 52 |
| 減衰特性 | 182 |
| 故　障 | 24 |
| コード幅 | 51 |
| コモンモード | 44, 53 |
| コモンモード除去比 | 53 |

## サ～ソ

| | |
|---|---|
| 最新情報に更新 | 191 |
| 再生成モード | 150 |
| 再生成を許可 | 152, 164, 168, 171 |

さくいん

| 再生成を許可しない | 153, 161, 166, 170, 200 |
| 再生成を許可する | 197 |
| 先入れ先出しの記憶素子 | 38 |
| 差　動 | 25, 44, 114 |
| サーミスタ | 172 |
| 三角波 | 159 |
| サンプリングレート | 39, 41 |
| システムインテグレーション | 10 |
| 四則演算 | 102 |
| 実行回数 | 99 |
| シフトレジスタ | 85 |
| 集録モード | 112 |
| 出力インピーダンス | 37, 48, 58 |
| 出力許容電流値 | 61 |
| 商用周波数 | 146 |
| シリアル番号 | 12 |
| スタティックアナログ出力 | 62 |
| スルーレート | 66 |
| 制御器属性 | 75, 78 |
| 制御器パレット | 70 |
| 正弦波 | 159 |
| 生成モード | 149 |
| 整定時間 | 54 |
| 静電気 | 24 |
| 絶縁増幅器 | 49 |
| 接続ダイアグラム | 28, 115 |
| セトリングタイム | 54, 56, 58 |
| ゼロでパッド | 145 |
| センサ | 16 |

**タ～ト**

| 帯域幅 | 55 |
| ダイオード | 177 |
| ダイナミックデータタイプ | 116 |
| タイミングクロック | 41, 65 |
| 立ち上がり | 137 |
| 立ち下がり | 137 |
| 端子台 | 17 |
| 地域設定 | 12 |
| チャート記録の長さ | 97 |
| ツールパレット | 71 |
| ツェナーダイオード | 177 |
| デジタル/アナログコンバータ | 63 |
| デジタルエッジ | 132 |
| デジタルトリガ | 60, 61 |
| テストパネル | 23, 32 |
| データ設定 | 27 |
| デバイスピン配列 | 25, 32 |
| デバイスプロパティ | 27 |
| デバイスマネージャ | 192 |
| デリミタ | 195 |
| 電圧差 | 44 |
| 電圧入力設定 | 111 |
| 電位差 | 44 |
| 同期動作 | 4, 6, 7, 184, 185, 188 |
| 同相弁別比 | 53 |
| トレーニングコース | 9 |
| トレンド表示 | 86 |

**ナ～ノ**

| ナイキストの定理 | 40 |
| 入力インピーダンス | 37, 61 |
| 任意波形 | 170 |
| ネットワークアナライザ | 182 |
| ノイズ | 146 |
| ノイズの影響 | 147 |
| ノコギリ波 | 159 |

**ハ～ホ**

| バイアス抵抗 | 46 |
| 配列転置 | 89 |
| 波形グラフ | 84 |
| 波形チャート | 96 |
| 波形データの時間情報を使用 | 161 |
| 波形のタイミングを使用 | 161 |
| 箱型計測器 | 1 |
| バスマスタ | 17, 38 |
| バッファアンプ | 48, 59 |
| バッファ型アナログ出力 | 62 |
| バッファサイズ | 38 |
| バッファメモリ | 124, 135 |
| バンドル | 99 |
| 非基準化シングルエンド | 49, 114 |
| 評価版 | 13 |
| 表示器属性 | 75, 78 |
| ファイルダイアログ | 92, 193 |
| ファイル保存 | 90 |
| 不安定な電圧値 | 24, 44 |
| フィルタ | 182 |
| フーリエ変換 | 56 |
| プレトリガ | 134 |
| プログラム可能な増幅器 | 38 |
| ブロックダイアグラム | 69 |
| フローティング | 44 |
| フロントパネル | 69 |
| 分解能 | 50, 138 |
| 分周器 | 41 |
| 分周比 | 41 |
| ヘルプウィンドウ | 74 |
| ポストトリガ | 134 |
| ポータブルUSB DAQ | 18 |
| ボルテージフォロワ | 48, 59 |

**マ～モ**

| マルチプレクサ | 37, 58 |
| 文字化け | 190 |
| モジュール式計測器 | 8 |

**ヤ～ヨ**

| 有　限 | 112 |
| 有限アナログ出力モード | 159 |
| 有限アナログ入力モード | 122 |

**ラ～ロ**

| リソース不足 | 192 |
| 履歴データ | 98 |
| レート変更 | 196 |
| 連　続 | 112 |
| 連続アナログ出力モード | 165 |
| 連続アナログ入力モード | 140 |
| 連続サンプル | 112, 140, 152, 166 |

# 日本ナショナルインスツルメンツ株式会社 アカデミック製品／認定プログラムのご案内

## LabVIEW Student Edition（学生版 LabVIEW）

ナショナルインスツルメンツでは，授業で学んだ内容を自宅のPCで再現できる，予習・復習に最適な学習用パッケージ「LabVIEW Student Edition」を提供しています．お求めになりやすい価格での提供となります．
詳しくは，**http://japan.ni.com/academic/lvse** をご覧ください．

[製品概要]
■ 製品名称：LabVIEW Student Edition
■ 価　　格：4,320 円（消費税および送料込み）
■ 対 象 者：学生のみ（在学証明書（学生証のコピー）の提出がご購入の際，必要になります．）

＊学生の個人学習用ですので，それ以外の利用は禁止されています．
　研究目的でご利用になりたい方は，ナショナルインスツルメンツ営業部（TEL：0120-527196）までご連絡下さい．
＊「LabVIEW Student Edition」に対する標準サポート・保守プログラム（電話／電子メールでの技術サポート）は一切提供しておりません．
＊ご購入は，お一人様1パッケージ限定とさせて頂きます．

## 認定プログラム

ナショナルインスツルメンツ製品に関する高度な知識や技術を持つ開発者としての能力が証明できる認定資格です．自動計測業界において，上司や同僚さらにはクライアントに対し，ナショナルインスツルメンツ製品を使いこなす技術力があることを証明することができます．認定試験には下記の3種類があります．
詳しくは **http://sine.ni.com/nips/cds/view/p/lang/ja/nid/201888** をご覧ください．

■ LabVIEW 準開発者認定試験（CLAD：Certified LabVIEW Associate Developer）
■ LabVIEW 開発者認定試験（CLD：Certified LabVIEW Developer）
■ LabVIEW 設計者認定試験（CLA：Certified LabVIEW Architect）

上記の Web サイトの URL や価格などは変更になる場合があります．

#### 著者略歴
小澤 哲也（おざわ・てつや）
1991 年　福島県立会津工業高等学校電子科卒業
1995 年　山形大学工学部電子情報工学科卒業
1998 年　東北大学大学院工学研究科応用物理学専攻博士前期課程修了
2006 年　東北大学大学院工学研究科電気通信工学専攻博士後期課程修了　博士（工学）
株式会社明電舎総合研究所および日本ナショナルインスツルメンツ株式会社技術部勤務を経て，
2006 年　宮城工業高等専門学校電気工学科　准教授（専門：データ集録システム）
2009 年　仙台高等専門学校 CO-OP 教育センター副センター長（専門：地域連携教育）
2011 年　東北学院大学工学部電子工学科　准教授（専門：電子制御）
2016 年　東北学院大学工学部電気電子工学科　教授
現在に至る
（NI アカデミックフォーラム 2006 講師，LabVIEW Days 2007 講師）

---

図解 LabVIEW データ集録プログラミング　　Ⓒ 小澤哲也　2008

2008 年 11 月 10 日　第 1 版第 1 刷発行　　【本書の無断転載を禁ず】
2018 年 6 月 30 日　第 1 版第 5 刷発行

著　　者　小澤哲也
発行者　　森北博巳
発行所　　森北出版株式会社
　　　　　東京都千代田区富士見 1-4-11（〒102-0071）
　　　　　電話 03-3265-8341 ／ FAX 03-3264-8709
　　　　　http://morikita.co.jp/
　　　　　日本書籍出版協会・自然科学書協会　会員
　　　　　JCOPY ＜（社）出版者著作権管理機構　委託出版物＞

落丁・乱丁本はお取替えいたします　　印刷／シナノ・製本／ブックアート
　　　　　　　　　　　　　　　　　組版／プラウ 21

**Printed in Japan ／ ISBN978-4-627-84821-4**